# Office 2007 案例教程

# （第3版）

杨彩云 方 曦 李 晗 主编

电子工业出版社

**Publishing House of Electronics Industry**

北京·BEIJING

## 内 容 简 介

Office 2007 是 Microsoft 公司推出的一组办公软件，具有丰富且强大的功能：文字编排功能，可用于文档编辑处理；表格数据处理功能，可用于财务分析、数据处理、统计分析等方面；制作清晰明了、引人入胜的幻灯片演示文稿、投影片演示文稿和多媒体演示文稿功能。在计算机办公的各个领域都有广泛应用，极大地提高了办公效率和办公质量，为实现办公自动化起着重要的作用。

本书包括 Office 2007 的三大组件 Word、Excel 和 PowerPoint，全书共 11 个模块，主要讲解 Word 2007 的基本操作；设置文档格式；插入和编辑文档对象；文档排版的高级操作；Excel 2007 电子表格的基本操作；编辑和美化电子表格；计算和管理电子表格数据；PowerPoint 2007 基础；演示文稿制作基础；美化演示文稿；放映演示文稿。

本书适用于中职学生及社会培训人员。本书配有电子教学参考资料包，内容包括电子教案、素材。

未经许可，不得以任何方式复制或抄袭本书之部分或全部内容。

版权所有，侵权必究。

**图书在版编目（CIP）数据**

Office 2007 案例教程 / 杨彩云，方曦，李晗主编 . —3 版 . —北京：电子工业出版社，2019.6

ISBN 978-7-121-36268-2

Ⅰ. ①O… Ⅱ. ①杨… ②方… ③李… Ⅲ. ①办公自动化—应用软件—职业教育—教材 Ⅳ. ①TP317.1

中国版本图书馆 CIP 数据核字（2019）第 064160 号

责任编辑：柴　灿　　文字编辑：张　广
印　　刷：北京天宇星印刷厂
装　　订：北京天宇星印刷厂
出版发行：电子工业出版社
　　　　　北京市海淀区万寿路 173 信箱　邮编　100036
开　　本：787×1 092　1/16　印张：22.5　字数：662 千字
版　　次：2013 年 3 月第 1 版
　　　　　2019 年 6 月第 3 版
印　　次：2025 年 2 月第 15 次印刷
定　　价：45.00 元

凡所购买电子工业出版社图书有缺损问题，请向购买书店调换。若书店售缺，请与本社发行部联系，联系及邮购电话：（010）88254888，88258888。

质量投诉请发邮件至 zlts@phei.com.cn，盗版侵权举报请发邮件至 dbqq@phei.com.cn。

本书咨询联系方式：（010）88254617，luomn@phei.com.cn。

# 前言

中等职业教育是我国教育体系的重要组成部分，在我国社会、经济发展中的地位日益呈现，但是职业教育依然面临许多问题，改革之路任重而道远。如何培养高素质的、具备岗位能力的中、初级技能型人才，成为目前职业学校的主要培养目标和改革的核心问题。教材改革是其中一项主要内容。让任务引领成为此次教材编写的指导方向，也是教学改革迈出的第一步。

本书主要内容包括 Word 文字编排、Excel 表格数据处理和 PowerPoint 精美演示文稿制作三大部分，全书共 11 个模块，各模块主要内容如下。

| Word 文字编排 | 模块 1 | Word 2007 的基本操作 |
| --- | --- | --- |
| | 模块 2 | 设置文档格式 |
| | 模块 3 | 插入和编辑文档对象 |
| | 模块 4 | 文档排版的高级操作 |
| Excel 表格数据处理 | 模块 5 | Excel 2007 电子表格的基本操作 |
| | 模块 6 | 编辑和美化电子表格 |
| | 模块 7 | 计算和管理电子表格数据 |
| PowerPoint 精美演示文稿制作 | 模块 8 | PowerPoint 2007 基础 |
| | 模块 9 | 演示文稿制作基础 |
| | 模块 10 | 美化演示文稿 |
| | 模块 11 | 放映演示文稿 |

本书的特点是分模块讲解，每个模块根据知识点设定具体任务，明确目标及操作思路和步骤，通过这种任务驱动的教与学的方式，为学生提供体验实践和感悟问题的情境，围绕任务展开学习，以任务的完成结果检验和总结学习过程，改变学生的学习状态，使学生主动建构探究、实践、思考、运用、解决问题的学习体系。

为了方便教学，本书配有电子教学参考资料包，内容包括教学指南、电子教案（电子版），如有需求请登录华信教育资源网（http://www.hxedu.com.cn）下载。

本书由杨彩云、方曦、李晗担任主编，参加编写的还有杨珂瑛、苏菲、王诚、刘爱国、王慧青、葛宗占。

虽在编写中力求谨慎，但限于编者的学识、经验，难免有疏漏和不足之处，恳请广大同行和读者不吝赐教，以便今后修改提高。

编　者

2019 年 6 月

# 目录

# 模块 1
# Word 2007 的基本操作

**内容摘要**

　　Word 2007 是 Office 2007 办公软件中的一个组件，是 Windows 环境下最受用户欢迎的文字处理软件。利用它可以制作日常办公中所需的各种文档，如公文、通知、信函、传真、说明书、宣传单、书刊和报纸等。本模块通过 3 个任务来介绍 Word 2007 的基本操作，以及在 Word 2007 中输入与编辑文本的操作。

**学习目标**

　　📖 掌握启动和退出 Word 2007 的方法。
　　📖 熟悉 Word 2007 的工作界面。
　　📖 掌握 Word 2007 文档的打开、新建、保存，以及查找替换文本等基本操作。
　　📖 熟悉文档加密和打印文档参数设置的操作。
　　📖 熟练掌握文本的输入、修改等编辑操作。

# 任务 1 初识 Word 2007

## 任务目标

本任务的目标是对 Word 2007 的操作环境进行初步认识，包括启动和退出 Word 2007，认识 Word 2007 的工作界面，以及使用 Word 2007 帮助系统等。

本任务的具体目标要求如下：

（1）掌握启动和退出 Word 2007 的方法。

（2）了解 Word 2007 的工作界面。

（3）了解 Word 2007 的帮助系统。

### 操作 1 启动和退出 Word 2007

图 1-1 Word 2007 工作窗口

（1）执行以下任意一种操作可启动 Word 2007。

◆ 执行"开始"→"所有程序"→"Microsoft Office"→"Microsoft Office Word 2007"菜单命令。启动后的工作窗口如图 1-1 所示。

◆ 双击桌面上的快捷图标。

◆ 双击保存在计算机中的 Word 2007 格式文档（.docx 或.doc）。

（2）执行以下任意一种操作可退出 Word 2007。

◆ 单击标题栏上的关闭按钮 。

◆ 单击"Office"按钮，再单击右下角的"退出 Word"按钮。

◆ 在标题栏空白处单击鼠标右键，在弹出的快捷菜单中选择"关闭"选项。

◆ 在工作界面中按【Alt+F4】组合键。

### 操作 2 认识 Word 2007 的工作界面

Word 2007 的工作界面与以前的版本有很大的不同。Word 2007 把以前版本的菜单栏改成了现在的智能功能区，以选项卡的方式代替了传统的下拉菜单，并且把绝大多数的操作命令以按钮的形式统一放在功能区中显示出来，如图 1-2 所示。

另外，Word 2007 增加了许多新功能，界面设计更加美观，主要包括"Office"按钮、快速访问工具栏、标题栏、功能选项卡、功能区、"帮助"按钮、标尺、文档编辑区、状态栏和视图栏等部分，如图 1-3 所示。

图 1-2　Word 2007 功能区

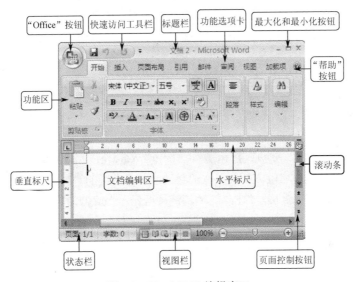

图 1-3　Word 2007 编辑窗口

◆ "Office" 按钮：位于工作界面的左上角，类似于一个下拉菜单，这个菜单分两个部分，左边是一些常用命令，如 "新建" "打开" "保存" "打印" 和 "发送文档" 等选项；右边显示 "最近使用的文档" 列表，如果列表中有需要的文档，可以直接单击将其打开。

◆ 快速访问工具栏：为了方便用户快速进行操作，Word 2007 将最常用的命令从选项卡中挑选出来，以小图标的形式排列在一起，这就形成了快速访问工具栏。默认情况下，快速访问工具栏包括 "保存" "撤销" 和 "重复" 按钮。单击 ▼ 按钮，在弹出的下拉菜单中选择常用的工具命令，可将该工具命令添加到快速访问工具栏中，也可以选择其他命令自定义快速访问工具栏。

◆ 标题栏：位于窗口的最上方，用于显示正在操作的文档和程序名称等信息，标题栏的右侧包括 3 个控制按钮，即 "最小化" 按钮 ─ 、"最大化" 按钮 □ 和 "关闭" 按钮 ✕ ，单击这些按钮可以执行相应的操作命令。

◆ 功能选项卡：类似于传统菜单命令的集合，单击各个功能选项卡，可以切换到相应的功能区。

◆ 功能区：代替了传统的下拉菜单和工具条界面，用选项卡代替下拉菜单，并将命令菜单排列在选项卡的各个对应组中。

选项卡包含了用于文档编辑排版的所有命令，在默认状态下，Word 2007 主要显示 "开始""插入""页面布局""引用""邮件""审阅""视图"和"加载项"8 个选项卡。

◆ "帮助"按钮：位于功能选项卡右侧，单击该按钮可打开"Word 帮助"窗口，在其中可查找需要的帮助信息。

◆ 标尺：位于文档编辑区的左侧和上侧，其作用是确定文档在屏幕和纸张上的位置，分为水平标尺和垂直标尺。

◆ 文档编辑区：窗口的主要组成部分，包含编辑区和滚动条，在编辑区中闪烁的光标即文本插入点，用于控制文本输入的位置；滚动条是用来移动文档的，拖动滚动条可显示文档的其他内容，包括水平滚动条和垂直滚动条。

◆ 状态栏：用于显示与当前文档有关的基本信息。

◆ 视图栏：主要用于切换文档的视图模式。

**操作3　使用 Word 帮助系统**

使用 Word 帮助系统可以获取关于使用 Microsoft Office Word 的帮助信息，下面介绍具体的使用方法。

（1）单击窗口右侧的"帮助"按钮 ，打开"Word 帮助"窗口，如图 1-4 所示。

（2）在"搜索"文本框中输入需要获取的帮助，单击右侧的"搜索"按钮，在浏览区中将显示查找到的与帮助相关的超链接，单击相应的超链接可显示相应的内容，搜索结果如图 1-5 所示。

图 1-4　"Word 帮助"窗口　　　　　　　图 1-5　搜索结果

 知识延伸

本任务介绍了 Word 2007 的基础知识，包括启动和退出 Word 2007、Word 2007 的工作界面和 Word 帮助系统。

另外，对 Word 2007 的工作界面还可以进行以下设置，以提高工作效率。

**1．添加和删除快速访问工具栏按钮**

快速访问工具栏是一个可以自定义的工具栏，它包含一组独立于当前显示选项卡的命令，用户可以根据自己的需要在快速访问工具栏中添加命令按钮，具体操作方法有以下两种。

（1）单击"自定义快速访问工具栏"按钮 ，在弹出的下拉菜单中选择"其他命令"

选项，打开"Word 选项"对话框，从左侧列表框中选择要添加的命令，单击"添加"按钮，在右侧的列表框中将显示添加的命令，如图 1-6 所示。单击"确定"按钮，即可在快速访问工具栏中显示新添加的命令，如图 1-7 所示。

图 1-6　"Word 选项"对话框

图 1-7　显示新添加的命令

（2）将鼠标指针移动到功能区中任意一个按钮上，单击鼠标右键，在弹出的快捷菜单中选择"添加到快速访问工具栏"命令，如图 1-8 所示，该按钮即被添加到左上角的快速访问工具栏中，如图 1-9 所示。

图 1-8　"添加到快速访问工具栏"快捷菜单

图 1-9　显示新添加的命令

单击"自定义快速访问工具栏"按钮，在弹出的下拉菜单中选择"在功能区下方显示"选项，可将快速访问工具栏移动到功能区下方，以便各种操作。

### 2．隐藏功能区

功能区中的内容较多，会占据较大的编辑区域，影响用户的使用，此时可以将功能区隐藏起来，方便用户操作，具体操作方法有以下三种。

（1）单击"自定义快速访问工具栏"按钮 ，在弹出的下拉菜单中选择"功能区最小化"选项，最小化功能区，若要还原功能区只需再次执行相同的操作即可。

（2）在功能区单击鼠标右键，在弹出的快捷菜单中选择"功能区最小化"命令，所有的功能区将全部隐藏起来。

（3）按【Ctrl+F1】组合键可以快速最小化功能区，如图 1-10 所示。

功能区最小化后，单击任意选项卡按钮，就可以像菜单一样将功能区调出，再次单击其他区域，功能区又自动隐藏。

如果想恢复功能区的原始展开方式，可在功能选项卡中单击鼠标右键，在弹出的快捷菜单中选择"功能区最小化"命令。

### 3．隐藏标尺

单击水平标尺最右侧的"标尺"按钮，可隐藏或显示标尺。

### 4．更改状态栏

如果想更改状态栏中显示的项目，可在状态栏上单击鼠标右键，在弹出的快捷菜单中选择相应的选项即可，如要显示行号，可在菜单中选择"行号"命令，系统将在行号前打一个对勾，此时状态栏中显示行号，如图 1-11 所示。

图 1-10　功能区最小化效果

图 1-11　"自定义状态栏"快捷菜单

**提示：** 单击"Office"按钮，在弹出的下拉菜单中单击"Word 选项"按钮，可对 Word 2007 进行高级设置。单击左侧的"自定义"选项卡，也可以在右侧自定义快速访问工具栏。

 任务小结

通过本任务的学习，应学会 Word 2007 的启动和退出；了解 Word 2007 工作界面中各部分的名称和功能；学会自定义快速访问工具栏，显示/隐藏功能区、标尺，以及更改状态栏等操作；并且能够借助 Word 帮助系统，解决实际操作中遇到的问题。

任务 2 ┃┃ Word 2007 文档的基本操作

### 任务目标

本任务的目标是掌握 Word 文档的基本操作，包括新建、保存、打开、关闭和打印文档，以及为文档加密等操作。

本任务的具体目标要求如下：

（1）掌握新建、保存、打开和关闭 Word 文档的方法。

（2）了解打印文档的方法。

（3）了解文档加密操作。

### 操作 1　新建文档

在使用 Word 2007 编辑文档前，首先要新建一个文档。启动 Word 2007 后，程序将自动新建一个名为"文档 1"的空白文档以供使用，也可以根据需要新建其他类型的文档，如根据模板新建带有格式和内容的文档，以提高工作效率。下面分别介绍新建 Word 文档的各种方法。

#### 1．新建空白文档

（1）启动 Word 2007，打开 Word 2007 工作窗口。

（2）单击"Office"按钮 ，在弹出的下拉菜单中选择"新建"选项，打开"新建文档"对话框，如图 1-12 所示。

（3）在"模板"栏中选择"空白文档和最近使用的文档"选项，在中间的列表中选择"空白文档"选项。

（4）单击"创建"按钮，创建一个名为"文档 1"的空白文档，如图 1-13 所示。

图 1-12　"新建文档"对话框

图 1-13　新建的空白文档

**提示：** 在"新建文档"对话框的"Microsoft Office Online"选项下，有许多比较实用的文档模板，如果计算机连接了 Internet，可在其中选择任意选项，Word 将自动从 Internet 上搜索相应的模板，选择模板后，单击"下载"按钮，即可将模板下载到计算机中使用。

**2. 根据模板新建文档**

（1）启动 Word 2007，执行"Office"→"新建"菜单命令，打开"新建文档"对话框。

（2）在"模板"栏中选择"已安装的模板"选项。

（3）在中间列表中选择一个模板选项，如选择"平衡简历"选项，如图 1-14 所示。

（4）单击"创建"按钮，将创建一个名为"文档3"的带有模板的文档，如图 1-15 所示。

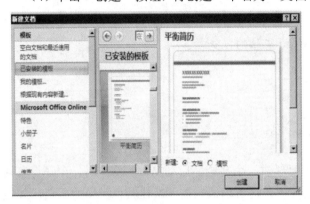

图 1-14　选择"平衡简历"模板　　　　图 1-15　新建的"平衡简历"模板文档

　　另外，也可以在线从微软公司的网站上下载模板，在"模板"选项栏中选择"简历"选项，在"简历"选项中选择"基本"选项，此时，各种简历模板会显示在"简历"选项中，如图 1-16 所示。

　　选择"实用简历"模板，在预览窗口中将显示该模板的预览效果，单击"下载"按钮，系统将从微软公司的网站上下载该模板到本地计算机，下载完成后，简历模板将在新的文档中显示，效果如图 1-17 所示。

图 1-16　"简历"模板　　　　　　图 1-17　新建的简历模板

**操作2　保存文档**

对 Word 文档进行编辑后，需要将其保存在计算机中，否则编辑的文档内容将会丢失。保存文档包括对新建文档的保存、对已保存过的文档进行保存和对文档进行另存为保存。下面分别介绍各种保存文档的方法。

### 1．保存新建文档

保存新建文档的方法有以下几种。

◆ 在当前文档中单击快速访问工具栏中的"保存"按钮　。

◆ 在当前文档中按【Ctrl+S】组合键。

◆ 在当前文档中执行"Office"→"保存"菜单命令。

执行以上任意操作都将打开"另存为"对话框，如图 1-18 所示，在"保存位置"下拉列表框中选择文档的保存位置；在"文件名"下拉列表框中输入文档的文件名；在"保存类型"下拉列表框中选择文件的保存类型，单击"保存"按钮，即可将新建文档保存到计算机中。

图 1-18　"另存为"对话框

### 2．保存已保存过的文档

保存已保存过的文档在操作上比较简单，只需单击"Office"按钮　，在弹出的菜单中选择"保存"命令，或者直接单击快速访问工具栏上的"保存"按钮　即可，此时文档会自动按照原有的路径、名称及格式进行保存。

### 3．另存为其他文档

对一个已保存过的文档进行修改后，要将其再次保存，同时希望保留原文档时，可通过文档的"另存为"命令来实现，具体操作步骤如下。

（1）执行"Office"→"另存为"→"Word 文档"菜单命令，打开"另存为"对话框。

（2）在对话框中进行相应的设置，其中在"保存类型"下拉列表框中，选择不同的选项，可将现有的文档保存为不同类型的文档，各选项的作用如下。

◆ Word 97-2003 文档：Word 2007 生成的文档后缀名为".docx"，早期 Word 版本的后缀名为".doc"，因此，低版本 Word 软件不支持 Word 2007 文档的某些功能，另存为低版本的 Word 文档能够与旧版本兼容。

◆ Word 模板：在需要新建具有现有文档内容的新文档时，在"新建文档"对话框中的"已安装的模板"或"我的模板"中选择即可。

◆ 网页：便于在 Internet 上发布 Web 页。

（3）单击"保存"按钮，即可将现有文档保存在选择的位置。

## 操作3　打开和关闭文档

当要修改或查看计算机中已有的文档时，必须先将其打开，然后才能进行其他操作，对文档进行编辑并保存后要将其关闭。下面以打开保存在 D 盘"办公文档"文件夹中的"2012年伦敦奥运会金牌榜"文档，然后关闭该文档为例讲解打开和关闭文档的方法。

### 1. 打开文档

（1）启动 Word 2007，执行"Office"→"打开"菜单命令。

（2）弹出"打开"对话框，在"查找范围"下拉列表框中选择"本地磁盘（D:）"选项。

（3）双击打开"办公文档"文件夹，并在其中选择"2012年伦敦奥运会金牌榜"文档，如图 1-19 所示。

（4）单击"打开"按钮，打开"2012年伦敦奥运会金牌榜"文档，如图 1-20 所示。

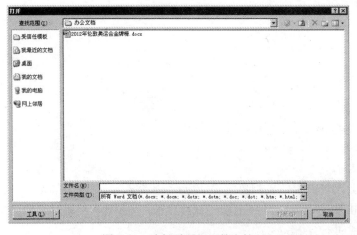

图 1-19　选择需要打开的文档　　　　　图 1-20　打开文档

### 2. 关闭文档

（1）执行以下任意一种操作，可关闭打开的文档并退出 Word 2007。

◆ 单击标题栏上的关闭按钮 。

◆ 单击"Office"按钮，单击右下角的"退出 Word"按钮。

◆ 在标题栏空白处单击鼠标右键，在弹出的快捷菜单中选择"关闭"选项。

◆ 按【Alt+F4】组合键。

（2）执行以下操作，可关闭打开的文档，但是不退出 Word 2007。

◆ 单击"Office"按钮，在弹出的下拉菜单中选择"关闭"选项。

提示：在关闭未保存的文档时，系统将打开"是否进行保存"提示对话框，如果要保存可单击"是"按钮，如果不保存单击"否"按钮，如果不关闭文档单击"取消"按钮。

## 操作4　加密保护文档

（1）打开素材"公司财务制度"文档，执行"Office"→"另存为"菜单命令。

（2）在打开的"另存为"对话框中单击"工具"按钮，在弹出的下拉菜单中选择"常规选项"选项，打开"常规选项"对话框，如图 1-21 所示。

（3）在"打开文件时的密码"文本框中输入打开文档的密码，在"修改文件时的密码"文本框中输入修改文档的密码。

（4）单击"确定"按钮，再次打开"确认密码"对话框，在文本框中输入打开文档时的密码，如图 1-22 所示。

（5）单击"确定"按钮，打开"确认密码"对话框，在文本框中再次输入修改文档时的密码。

（6）单击"确定"按钮，返回"另存为"对话框，单击"保存"按钮，完成对文档的加密设置。

（7）当打开已设置密码的文档时，将打开"密码"对话框，在其中输入打开文档时的密码，如图 1-23 所示。单击"确定"按钮，在"密码"对话框的文本框中再次输入修改文档时的密码，单击"确定"按钮，打开加密保护文档。

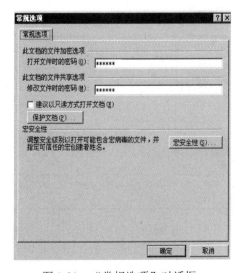

图 1-21　"常规选项"对话框

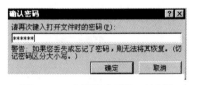

图 1-22　"确认密码"对话框

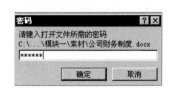

图 1-23　"密码"对话框

提示：在设置打开和修改文件的密码时，建议设置两个不同的密码，以提高文档的保密级别。在打开已加密的文档时，如果不知道修改密码，则只能通过单击"只读"按钮来打开文档。

## 操作5　打印文档

（1）执行"Office"→"打印"→"打印预览"菜单命令。

（2）进入打印预览窗口，并打开"打印预览"工具栏，查看打印文档无误后，单击"关闭打印预览"按钮，退出打印预览。

（3）单击"Office"按钮，在弹出的下拉菜单中选择"打印"选项，打开如图 1-24 所示的"打印"对话框。

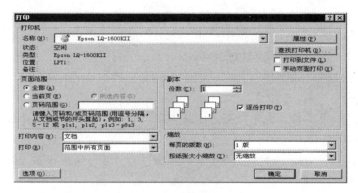

图 1-24　"打印"对话框

（4）在该对话框中可对打印机的类型、文档的打印范围、文档的打印份数、文档的缩放和打印的内容等进行设置。

① 页面范围设置：除对整篇文档打印外，用户还可只打印文档中的一部分，打印文档各个部分的方法如表 1-1 所示。

表 1-1　打印文档各个部分的方法

| 打 印 部 分 | 方　　法 |
| --- | --- |
| 全部文档内容 | 单击"打印"按钮 |
| 只打印当前页面 | 打开"打印"对话框，在"页面范围"栏中选择"当前页"选项，单击"确定"按钮开始打印 |
| 选择部分文本块 | 首先在文档中选择文本块，打开"打印"对话框，在"页面范围"栏中选择"所选内容"选项，单击"确定"按钮开始打印 |
| 某些页码文档 | 在"打印"对话框的"页码范围"文本框中输入页码范围（如 1-5）、页面列表（页码之间使用逗号隔开，如 1, 3, 4, 6）或使用这两种方式的组合形式（如 1, 4, 9-12），单击"确定"按钮开始打印 |
| 所有奇数/偶数页文档 | 在"打印"对话框左下角的"打印"下拉列表中，单击下拉按钮，在弹出的下拉列表中根据需要选择"奇数页"/"偶数页" |

② 双面打印设置：某些打印机提供了在一张纸的双面自动打印的功能（自动双面打印）。无法进行自动双面打印的打印机则提供了相应的说明，解释如何手动将打印纸翻面，以便在另一面上打印（手动双面打印）。绝大多数打印机不支持自动双面打印，如果打印机不支持自动双面打印，可以用以下方法进行操作。

◆ 奇数页和偶数页。执行"文件"→"打印"菜单命令，弹出"打印"对话框，选择"打印"下拉列表框中的"奇数页"选项，如图1-25所示。连续打印整篇文档的奇

数页，奇数页打印完毕后，将打印完的文档按顺序排好，按同样的方法选择"偶数页"选项，完成偶数页的打印。这样就可以实现正反面打印。需要注意的一点是，双面打印时，往往会因为首次打印时的纸张静电造成纸张粘连甚至卡纸，所以，如果对上述方法把握不准，为了保险起见，反面打印时最好能一页一页地手动放纸。

图1-25　选择"奇数页"选项

◆ 手动双面打印。如果用户的打印机不支持自动双面打印，可以在"打印"对话框中选中"手动双面打印"复选框，如图1-26所示。Word 2007 将打印出纸张正面的所有页面。然后提示用户将纸叠翻过来，再重新装入打印机中进行打印。

图1-26　选中"手动双面打印"复选框

③ 多版打印：Word 2007 可以在一张纸上打印多页文档内容，通过设置可以在一张纸上分别打印2、4、6、8、16个页面。在"打印"对话框"缩放"栏中的"每页的版数"下拉列表中，选择每页纸上要打印的文档页数，如图1-27所示，如要将两页文档打印在一张纸上，可选择"2版"选项。

④ 缩放打印：如果按一种纸张尺寸生成文档，但是想使用大小不同的另外一种纸张打印，这时就可以使用 Word 2007 的"按纸张大小缩放"功能。该功能和许多复印机提供的缩小/放大功能类似。

在"打印"对话框"缩放"组中的"按纸张大小缩放"下拉列表框中，如图1-28所示，单击该框右侧的下拉按钮，从弹出的下拉列表中选择打印当前文档要使用的纸张大小即可。

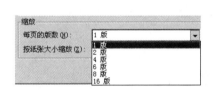

图1-27　多版打印

图1-28　缩放打印

（5）单击"属性"按钮，打开"打印机属性"对话框，在其中选择相应的选项卡，进行相应设置，如设置打印机纸张的尺寸与类型、输入尺寸、送纸方向、纸盘、图像类型、水印及字体等。

 知识延伸

本任务主要讲解 Word 文档的基本操作，包括新建、保存、打开和关闭文档，以及加密保护文档和打印文档等操作。

另外，对 Word 2007 文档还可以进行以下设置，以提高工作效率。

## 1. 设置自动保存文档

在实际应用中，用户经常忘记对文档进行保存，此时一旦出现意外的情况，就会使文档内容丢失，在 Word 2007 中，用户可以通过设置自动保存的方式来避免这种情况，使损失降到最低。其具体操作步骤如下。

（1）执行"Office"→"Word 选项"菜单命令，打开"Word 选项"对话框。

（2）在左侧的列表中选择"保存"选项。

（3）在右侧列表的"保存文档"栏选中"保存自动恢复信息时间间隔"复选框，在其后的数值框中输入每次进行自动保存的时间间隔，这里输入"5"，如图 1-29 所示，单击"确定"按钮即可。

图 1-29　设置自动保存文档

## 2. "打印预览"工具栏中各按钮功能

在 Word 2007 中打开"打印预览"窗口后将显示"打印预览"工具栏，如图 1-30 所示，其中各按钮的功能如下。

◆ "页边距"按钮：单击该按钮，在弹出的列表中可选择页边距的样式，从而确定文本在页面中的位置。

◆ "纸张方向"按钮：单击该按钮，在弹出的列表中可选择纸张横向或纵向放置。

◆ "纸张大小"按钮：单击该按钮，在弹出的列表中可选择纸张大小，如 A4、16 开、32 开等。

◆ "显示比例"按钮：单击该按钮，在打开的对话框中可选择页面的显示百分比。

◆ "单页"和"双页"按钮：单击按钮，可设置在打印预览窗口显示一页或两页文档。

◆ "页宽"按钮：单击该按钮，可改变页面宽度，使页面宽度和窗口宽度保持一致。

◆ "放大镜"复选框：选中该复选框后，鼠标指针将变为 🔍 形状，单击鼠标可放大预览文档的显示效果，此时鼠标指针变为 🔍 形状，再次单击鼠标可缩小预览文档的显示大小；取消对该复选框的选择可将插入点定位在文档中对文本进行修改。

◆ "关闭打印预览"按钮 🗙：单击该按钮，退出打印预览状态。

图 1-30　"打印预览"工具栏

任务小结

通过本任务的学习，应能够利用 Word 2007 自带模板或利用在线功能下载模板，创建具有一定格式的、新颖的 Word 文档。当具备了一定 Word 2007 基础知识后，还可以自创个性模板。对于 Word 文档保存，要学会选择保存位置、保存类型，及命名文件。Word 文档加密一般是出于安全考虑，要学会加密和解密这两个相反的操作。Word 文档打印，要学会打印机类型、页面范围、打印份数等简单设置。

# 任务 3　Word 2007 文档的输入与编辑

## 任务目标

本任务的目标是掌握文档的输入与编辑，包括文档的输入、复制、移动、查找与替换，以及文本的选中等。

本任务的具体目标要求如下：

（1）掌握输入普通文档的方法。

（2）掌握输入特殊文档的方法。

（3）掌握编辑文档的方法。

**操作 1　输入文档内容**

打开模块 1 素材库中的"个人简历"文档，双击鼠标使用即点即输功能定位光标插入点，根据情况输入必要的内容。

（1）输入汉字。

默认情况下，"语言栏"显示为小键盘图标 ，表示当前可以输入英文字符。单击"小键盘"图标 ，在弹出的菜单中选择中文输入法，如选择"搜狗拼音输入法"输入汉字，如图1-31所示。

在中、英文两种不同输入法之间切换，可按【Ctrl+空格】组合键。

（2）插入符号和特殊字符。

若要在Word文档中输入箭头、方块、几何图形等符号，可先定位插入点，然后打开"符号"对话框，如图1-32所示，选择一种符号后单击"插入"按钮即可。如果想插入版权所有、商标、注册、小节等特殊字符，可以在"符号"对话框中选择"特殊字符"选项卡。

图1-31 选择中文输入法

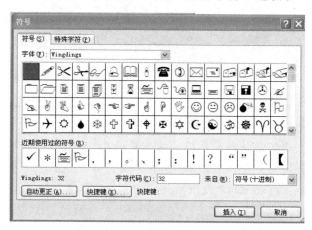

图1-32 "符号"对话框

（3）插入特殊符号。

若要在Word文档中输入单位符号、数学符号、拼音、箭头、方块、几何图形、希腊字母及带声调的拼音等特殊字符，可切换至"插入"选项卡，单击"特殊符号"组中的"符号"按钮 ，可在打开的面板中选择所需符号，如图1-33所示；或者选择面板中的"更多"选项，打开如图1-34所示的"插入特殊符号"对话框，从中选择所需符号。

图1-33 选择特殊符号

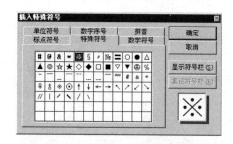

图1-34 "插入特殊符号"对话框

（4）输入日期和时间。

Word为用户输入文本提供了很多便利条件，如插入预定格式的日期与时间。可先确定要插入日期和时间的位置，选择"插入"选项卡，在"文本"功能区中单击"日期和时间"按钮，打开如图1-35所示的"日期和时间"对话框，在其中选择一种日期格式即可。

如果用户希望下次编辑该文档时，文档中插入的日期和时间可以自动更新，可选中"日期和时间"对话框右下角的"自动更新"复选框。

**操作 2　　修改文本**

### 1．插入文本

在 Word 中录入文本时，有两种编辑模式：插入和改写。默认处于"插入"编辑模式，在该模式下，用户只需确定插入点，然后输入所需内容，即可完成插入文本操作。

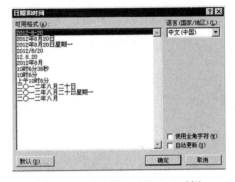

图 1-35　"日期和时间"对话框

### 2．改写文本

在输入文本的过程中，如果要以新输入的内容取代原有内容，可使用"改写"模式。单击状态栏上的"插入"按钮，此时该按钮变为"改写"，然后在要输入文本的地方进行输入即可。

### 3．删除文本

文档中多余的内容可直接删除，下面介绍几种删除文本的方法。

◆ 如果要删除插入点左侧的内容，可按【Backspace】键。

◆ 如果要删除插入点右侧的内容，可按【Delete】键。

◆ 如果要删除的内容较多，可在选取这些内容后按【Backspace】或【Delete】键。

### 4．复制文本

文本的复制包括复制和粘贴两个步骤。

（1）执行以下任意操作可复制文本。

◆ 单击"开始"选项卡"剪贴板"功能区中的"复制"按钮，将选择的文本复制到剪贴板中。

◆ 在选择的文本上单击鼠标右键，在弹出的快捷菜单中选择"复制"选项。

◆ 按【Ctrl+C】组合键复制文本。

（2）执行以下任意操作可粘贴文本。

◆ 单击"开始"选项卡"剪贴板"功能区中的"粘贴"按钮。

◆ 单击鼠标右键，在弹出的快捷菜单中选择"粘贴"选项。

◆ 按【Ctrl+V】组合键粘贴文本。

### 5．移动文本

文本的移动包括剪切和粘贴两个步骤。执行以下任意操作可剪切文本。

◆ 单击"开始"选项卡"剪贴板"功能区中的"剪切"按钮，将选择的文本剪切到剪贴板中。

◆ 在选择的文本上单击鼠标右键，在弹出的快捷菜单中选择"剪切"选项。

◆ 按【Ctrl+X】组合键剪切文本。

掌握了以上操作后，即可输入简历内容，输入完成的效果如图1-36所示。

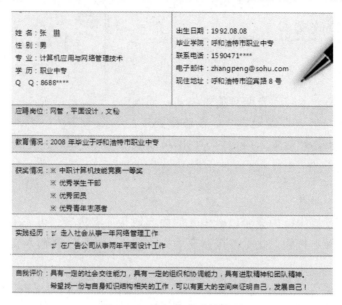

图 1-36　输入内容后的简历

 知识延伸

本任务主要讲解在 Word 2007 文档中输入文本的方法，包括输入普通文本、输入特殊文本和修改文本。

下面介绍 Word 2007 文档编辑过程中还要用到的其他操作。

### 1. 快速更改大小写

要输入一篇英文大小写方式不一的文章，用户可以在英文小写状态下输入，然后应用 Word 提供的"更改大小写"功能进行快速转换。具体方法是选择要更改大小写的文本，然后在"开始"选项卡"字体"功能区中的"更改大小写"下拉列表中选择一种方式。

### 2. 自动更正功能

Word 2007 中的"自动更正"功能可自动修改用户在输入文字或符号时的一些特定错误。

对于英文，"自动更正"功能可自动更正常见的输入错误、拼写错误和语法错误。但不要以为对于中文它就无能为力了。其实，在 Word 自动更正中还内置了相当多的中文词语，在选择这些词语时考虑到了常犯的各类错误，如可将"按步就班"更正为"按部就班"等。

"自动更正"功能还有另外一种用途，即简化录入。例如，用户需经常输入"Microsoft Office"，可以利用"自动更正"功能实现简化录入。打开 Word 2007 窗口，执行"Office"→"Word 选项"→"校对"→"自动更正选项"菜单命令，如图 1-37 所示。打开"自动更正"对话框，在"替换"和"替换为"文本框中分别进行设置，单击"添加"按钮，如图 1-38 所示。然后退出对话框，当在文档中输入"替换"文本框中的文本后，按空格键会自动显示为"替换为"文本框中的文本。

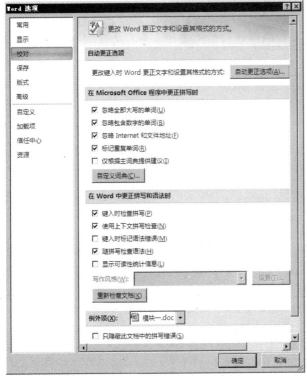

图 1-37　"自动更正选项"按钮

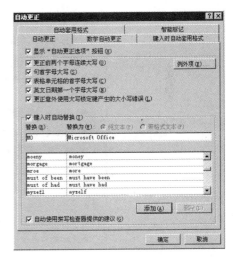

图 1-38　添加自动更正条目

### 3. 撤销、恢复与重复

（1）撤销

在编辑文档的过程中若误删了某段文本，如果要重新输入那真是太痛苦了，可单击快速访问工具栏中的"撤销"按钮 ，撤销最近一步操作，要撤销多步操作，可单击"撤销"按钮 右侧的下拉按钮，在打开的列表框中选择要撤销的操作，如图 1-39 所示。

（2）恢复

应用快速访问工具栏中的"恢复"按钮 ，可以恢复撤销的操作，如用户使用"撤销"按钮撤销了清除文本操作，单击快速访问工具栏中的"恢复"按钮 ，可恢复清除，即恢复撤销的操作。

若用户要恢复撤销的多步操作，可连续单击快速访问工具栏中的"恢复"按钮 。

（3）重复

"恢复"按钮是一个可变按钮，当用户撤销了某些操作时，该按钮变为"恢复"按钮 ，当用户进行输入文本、编辑文档等操作时，该按钮变为"重复"按钮 ，允许用户重复执行最近所

图 1-39　"撤销"下拉列表

做的操作。

按【Ctrl+Z】组合键可撤销操作，按【Ctrl+Y】组合键可恢复或重复操作。

### 4．选择文本的方法

在 Word 中输入文本后，若要对文本进行编辑，必须先选择文本，选择文本的方法有很多，下面介绍几种常用的方法。

| | |
|---|---|
| 选择一行文本 | 将鼠标移到需要选择文本行左侧的空白位置，当光标变为反箭头 ⟋ 形状时单击鼠标，即可选择整行文本 |
| 选择多行文本 | 将光标移动到所选连续多行文本的首行左侧空白位置，当光标变为反箭头 ⟋ 形状时按住鼠标左键并拖动到所选连续多行的末行行首，释放鼠标即可 |
| 选择一段文本 | 将光标移动到所需选择段落左侧空白区域，当光标变为反箭头 ⟋ 形状时，双击鼠标即可选择鼠标所指的整个段落 |
| 选择整篇文本 | 执行以下任意一种操作都可以选中整篇文本<br>◆ 将光标定位在文档中，按【Ctrl+A】组合键<br>◆ 将光标移到文档左侧的空白位置，当光标变为反箭头 ⟋ 形状时，三击鼠标左键<br>◆ 按住【Ctrl】键不放，单击文本左侧的空白区域<br>◆ 在"开始"选项卡"编辑"功能区中单击"选择"按钮，在弹出的下拉菜单中选择"全选"选项 |
| 选择连续的文本 | 可以将光标定位在需要选择文本的开始位置，按住【Shift】键不放，然后单击需要选择文本的结束位置 |
| 选择不连续的文本 | 选择文本后，按住【Ctrl】键不放可以选择不连续的文本 |
| 选择一列或几列文本 | 将光标插入点定位在需要选择的列前，按住【Alt】键不放并拖动鼠标，可以选择一列或几列文本 |
| 选择一个句子 | 按住【Ctrl】键，在句子中单击鼠标 |

### 5．"查找和替换"对话框的设置

打开"查找和替换"对话框的方法除了可以单击"开始"选项卡"编辑"功能区中的"查找"按钮外，还可以按【Ctrl+F】组合键，打开"查找和替换"对话框的"查找"选项卡，按【Ctrl+H】组合键，打开"查找和替换"对话框的"替换"选项卡。"查找和替换"对话框中各按钮的作用如下。

◆ 单击"替换"按钮，Word 2007 自动在文本中从插入点位置开始查找，找到第1个需要查找的内容，并以蓝底黑字显示在文档中。再次单击该按钮将替换该处文本内容，并将下一个查找到的文本以蓝底黑字显示。

◆ 单击"全部替换"按钮，将文档中所有符合条件的文本替换为设定的文本。

◆ 单击"更多"按钮，将展开如图 1-40 所示的"搜索选项"面板，在其中可设置查找方法，如查找时区分大小写、使用通配符及查找带有某种字体格式的文本等。

图 1-40　"搜索选项"面板

◆ 单击"格式"按钮，可以查找或替换带有格式的文本。

◆ 单击"特殊格式"按钮，可以查找或替换特殊字符，如段落标记、制表符等。

◆ 单击"查找下一处"按钮，跳过查找到的这一处文本，即不对该处文本进行替换。

◆ 单击"阅读突出显示"按钮，在弹出的下拉菜单中选择"全部突出显示"选项，在文档中当前被查找到的所有内容会呈黄底黑字显示。

### 6. 使用快捷键提高 Word 文档编辑的工作效率

在办公中利用 Word 编辑文档，除本模块学习的内容外，还应该多查阅资料，反复练习文档的编辑。为方便用户的操作，提高工作效率，这里将补充一些快捷键的使用方法。

◆ 按【F1】键可打开"帮助"窗口或访问 Microsoft Office 的联机帮助。

◆ 按【F4】键可重复上一步操作。

◆ 按【F5】键可打开"定位"选项卡。

◆ 按【F8】键可扩展所选内容。

◆ 按【Shift+F3】组合键可更改字母大小写。

◆ 按【Shift+F4】组合键可重复"查找"或"定位"操作。

◆ 按【Shift+F5】组合键可移至文档最后一处更改位置。

◆ 按【Shift+F8】组合键可缩小所选内容。

◆ 按【Shift+F10】组合键可显示快捷菜单。

◆ 按【Shift+F12】组合键可打开"另存为"对话框。

◆ 按【Alt+F4】组合键可关闭当前 Word 窗口。

◆ 按【Alt+F6】组合键可从打开的对话框切换到文档（适用于支持该操作的对话框，如"查找和替换"对话框）。

◆ 按【Alt+F5】组合键可还原程序窗口大小。

◆ 按【Ctrl+F2】组合键可打开"打印预览"窗口。

◆ 按【Ctrl+F10】组合键可在文档窗口最大化和还原之间进行切换。

 任务小结

通过本任务的学习，不仅要学会文字、英文、符号、日期等不同类型文本的输入，而且要熟练掌握删除、撤销、恢复、复制及移动等编辑操作。在选择文本操作中，要主动应用快捷方式，实现对一行、一段、一列，或多行、多段、多列及全文的快速选择。查找和替换功能是本节的一个难点，尤其是替换为带格式的文本、通配符等问题，需要反复练习才能掌握扎实。

## 实战演练 1  制作荣誉证书文档

 演练目标

利用 Word 2007 输入文档内容和编辑文档的相关知识制作一张荣誉证书，如图 1-41 所示，掌握用

图 1-41  荣誉证书

Word 2007 输入文本和编辑文本的基本操作。

 演练分析

具体分析及思路如下。

（1）打开模块1素材中的"荣誉证书"文档。

（2）利用 Word 2007 提供的即点即输功能，在文档的相应位置双击鼠标，按照样文输入文本。

## 实战演练2　编辑和打印招聘启事文档

 演练目标

在已有的一篇招聘广告文档基础上，利用输入特殊文本和修改文本等操作，编辑如图 1-42 所示的招聘启事文档，并打印输出。

演练分析

具体分析及思路如下。

（1）打开模块1素材库中的"招聘启事"文档，输入特殊文本，如特殊符号，如图 1-43 所示。

（2）利用改写和删除等操作修改文本。

（3）保存文档，在打印预览下查看文档，无误后打印文档。

图 1-42　招聘启事文档　　　　　　　　　图 1-43　输入特殊文本

## 拓展与提升

根据本模块所学的内容，动手完成以下课后练习。

**课后练习 1　制作信封文档**

打开模块 1 素材中的"信封"文档，使用 Word 2007 的即点即输功能，制作一个信封文档，最终效果如图 1-44 所示。

图 1-44　信封文档

**课后练习 2　制作通信录文档**

打开模块 1 素材中的"通信录"文档，如图 1-44 所示。使用 Word 2007 的即点即输功能，根据自己的实际情况输入内容。

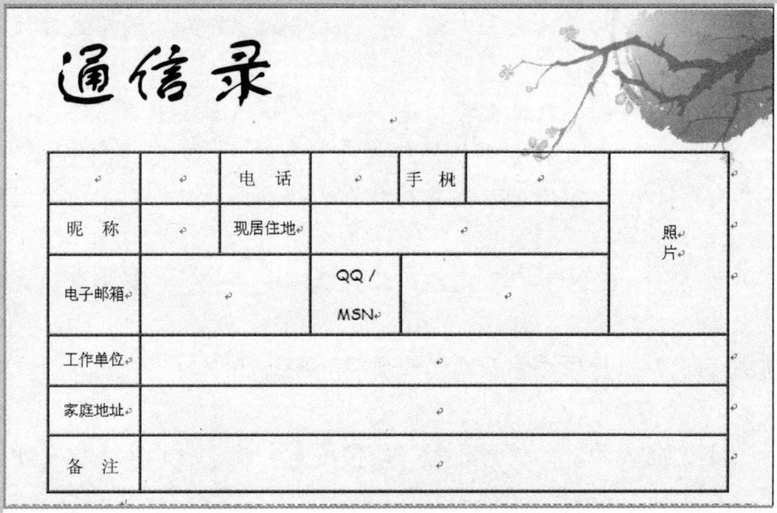

图 1-45　通信录文档

**课后练习3　制作会议议程文档**

运用 Word 2007 文本输入方法输入特殊文本和普通文本，并修改在输入文档内容时的错误，制作一份会议议程安排文档，如图 1-46 所示。

图 1-46　会议议程安排文档

**课后练习4**

1. 打开模块 1 素材中的"电子商务"文档，将正文中的"电子商务"替换为"电子商务（E-Business）"，并且格式变为华文行楷和蓝色。

2. 打开模块 1 素材中的"内存"文档，将正文中的"内存"的格式替换为楷体、三号字、红色、加红色波浪下画线。

3. 打开模块 1 素材中的"机器翻译系统"文档，将第二段中"语法规则"的格式设置为绿色、四号、隶书，将"惯用法规则"的格式设置为红色、四号、隶书。

4. 打开模块 1 素材中的"CNAPS 网络结构"文档，将第二段中"中国国家金融网络"替换为"中国国家金融网络（CNFN）"。

5. 打开模块 1 素材中的"乔丹"文档，将第二段中"《　　》"里的文字设为粗体、小四。

6. 打开模块 1 素材中的"广东和广西"文档，将文档中的"广西""广东"全部替换为"两广地区"。

7. 打开模块 1 素材中的"电子商务面临的问题"文档，将正文各段中的"电子商务"设置为"绿色"，并设为"斜体"。

8. 打开模块 1 素材中的"人与自然"文档，查找文章中所有的"自然界"一词，在其后插入"Nature"。

9. 打开模块 1 素材中的"周总理答记者问"文档，查找文章中所有的人工分行符并换成段落标记。

10. 按照要求完成下列操作。

（1）利用向导建立自己的"英文专业型简历"。

（2）为试题 1"英文专业型简历"编写文档属性，文件命名为"my Professional Resume"。作者改为"123"，关键词为"resume"。

11. 打开"模块 1\素材\珍惜时间"，完成以下操作。

（1）在当前文档中添加能够自动更新的日期和时间，其格式为 yyyy/mm/dd.

（2）对全文进行拼写检查，纠正发现的拼写和语法错误。

（3）使用"打印预览"多页预览文件。

12. 打开模块 1 素材中的"珍惜时间"，给某个文档设置打开权限密码为 111，修改权限密码为 222。

13. 打开模块 1 素材中的"比尔·盖茨"，插入页码。要求：页码位于页面顶端(页眉)，格式为-1-，-2-…且首页不显示页码。

14. 打开模块 1 素材中的"不要让未来的你，讨厌现在的自己"，打印本文档的第 2 节的第 3 页一直到第 5 节，要求草稿输出且附加打印文档属性。

15. 将 Word 2007 的默认度量单位设为"厘米"，然后用全屏显示的方式查看模块 1 素材中的"不要让未来的你，讨厌现在的自己"文档，最后关闭全屏。

16. 打开"模块 1\素材\计算机硬件系统"文件，请将文档的浏览方式设置为按图形浏览，并查找"下一张图形"。

17. 使用模板提供的名片样式（样式 1），制作名片，采用已有的名片内容，其他选项取默认值。

18. 请采用自动图文集在光标处插入"机密、页码、日期"。

19. 打开模块 1 素材中的"不要让未来的你，讨厌现在的自己"文档，在当前的页面视图中，设置显示垂直标尺和水平滚动条，然后以 200%的显示比例显示当前文档。

20. 在状态栏中显示行号和列号。

# 模块 2
# 设置文档格式

**内容摘要**

在默认情况下，Word 2007 文档中输入的所有文本为同一种格式，为了使文档能够体现主题、突出重点，且更加美观，可以为文档设置格式，包括字体格式、段落格式和页面格式等。本模块通过 5 个操作实例介绍设置文档格式的方法。

**学习目标**

📖 熟练掌握设置文本格式的方法。
📖 熟练掌握设置段落格式的方法。
📖 熟练掌握设置项目符号和编号的方法。
📖 掌握设置边框和底纹的方法。
📖 熟练掌握设置页面的方法。

## 任务 1 ▌▌ 制作朗诵比赛通知文档

### 任务目标

本任务的目标是通过对文本格式的设置制作一份通知，最终效果如图 2-1 所示。

本任务的具体目标要求如下：

（1）掌握字体和字号的设置方法。

（2）掌握字体颜色和字符间距的设置方法。

（3）掌握文本效果的设置方法。

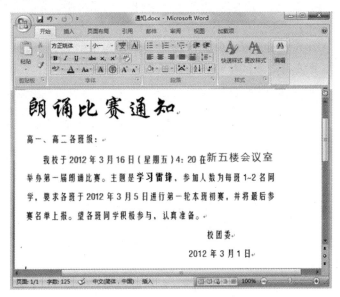

图 2-1　朗诵比赛通知文档

### 专业背景

通知是以一种文本形式表现出来的，通过各种设置使文本醒目、直观、重点明确、通俗易懂，达到告知目的的一种文档。

### 操作思路

本任务的操作思路如图 2-2 所示，涉及的知识点有设置字体、字号、文本效果和字符间距等，具体操作及要求如下：

（1）新建文档，设置字体和字号，然后输入文本。

（2）设置文本字体格式。

（3）设置文本效果和字符间距，以突出重点。

图 2-2　制作通知文档操作思路

**操作 1　输入通知内容**

（1）启动 Word 2007，在"开始"选项卡"字体"功能区中，单击"字体"下拉列表框右侧的下拉按钮，在弹出的列表中选择"方正姚体"选项。

（2）单击"字号"下拉列表框右侧的下拉按钮，在弹出的列表中选择"四号"选项。

（3）在文档中需要输入文本的位置单击鼠标，输入文本，如图 2-3 所示。

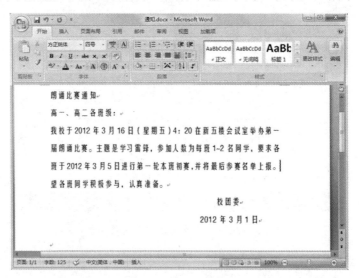

图 2-3　输入通知内容

**提示**：将光标定位在文档的空白处，然后打开"字体"对话框并进行设置，文档中输入的文本将全部应用所设置的格式，如果要取消设置，可单击"字体"功能组中的 按钮。

**操作 2　设置字体格式**

（1）拖动鼠标选择"朗诵比赛通知"文本，单击"字体"功能组中的"对话框启动器"按钮，打开"字体"对话框的"字体"选项卡。

（2）在"中文字体"下拉列表框中选择"华文行楷"选项。

（3）在"字号"下拉列表框中选择"初号"选项。

（4）按住【Ctrl】键，选中"2012 年 3 月 16 日（星期五）4:20"和"2012 年 3 月 5 日"文本，单击"字体颜色"下拉列表框右侧的下拉按钮，在弹出的列表框中选择"红色"选项，如图 2-4 所示。

（5）选中"学习雷锋"文本，在"字号"下拉列表框中选择"三号"选项，在浮动工具栏中单击加粗 **B** 按钮，如图 2-5 所示。

图 2-4 "字体"对话框

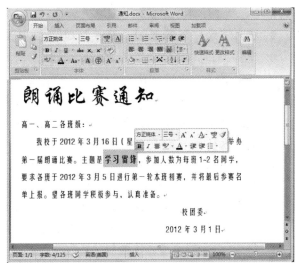

图 2-5 通过浮动工具栏设置字体格式

**提示：** 通过浮动工具栏设置字体格式后，该工具栏将自动隐藏，当需要对文本的字体格式再次进行设置时，则需要重新选择文本才能显示浮动工具栏。

**操作3** 设置文字效果

（1）选中"新五楼会议室"文本，在"中文字体"下拉列表框中选择"微软雅黑"选项，"字号"下拉列表框中选择"三号"选项。

（2）选择"字体"对话框中的"字符间距"选项卡，在"间距"下拉列表框中选择"加宽"选项，在其后的"磅值"数值框中选择"1.5 磅"，在"位置"下拉列表框中选择"提升"选项，默认值为"3 磅"，如图 2-6 所示。

图 2-6 设置字符间距

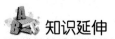 知识延伸

本任务讲解了对文本字体格式的设置方法，设置时，可以先设置好字体格式和文字效果再输入文本，也可以先输入文本再设置字体格式和文字效果。在学习中会发现，在一般的计算机中，自带的字体有时不能满足编辑的需要，这时可以利用网络进行下载，然后进行安装，使文本看起来更加清晰。

另外，在"字体"功能组中还有很多的设置，下面介绍各选项的作用。

◆ 增大字号按钮 A 和减小字号按钮 A：增大或减小所选文本的字号。

◆ 下标按钮 x₂ 和上标按钮 x²：单击相应的按钮可将选择的文字设置为下标或上标，一般用于公式或特殊文字。

◆ 删除线按钮 abc：单击该按钮，将为文字添加删除线效果。

◆ 更改大小写按钮 Aa：单击该按钮，在弹出的下拉菜单中选择相应的选项，可定义所选文本的大小写格式。

◆ 以不同颜色显示文本按钮：单击该按钮，可以为文字添加背景，使文字看上去像用荧光笔做过标记一样。

◆ 带圈字符 ⊕：单击该按钮，在打开的对话框中进行相应的设置，可以给输入的文本周围设置圆圈或边框，加以强调。

◆ 拼音指南：单击该按钮，在打开的对话框中进行设置后，可以为选中的文本添加相应的拼音。

◆ 字符底纹 A：单击该按钮可以为文本添加灰色底纹。

 任务小结

通过本任务的学习，不仅要学会对文本进行字体和字号的设置，而且要学会运用不同的方法进行设置。为了突出文章中的重点内容，还可以对文本进行文字颜色的调整及字符间距的设置，应反复练习达到熟练掌握的程度。

任务2 制作租房协议书文档

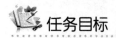 任务目标

本任务的目标是运用设置段落格式的相关知识，制作一份租房协议文档，最终效果如图 2-7 所示。

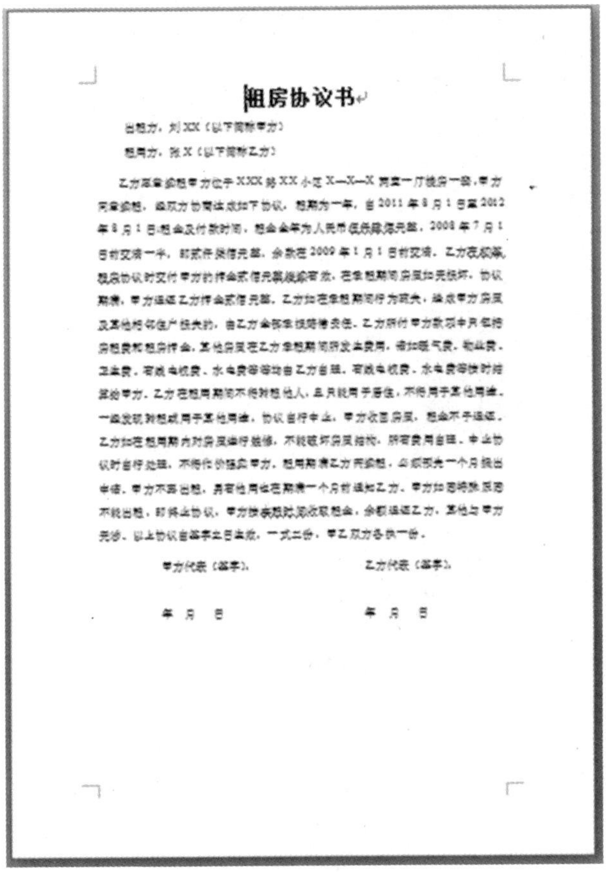

租房协议书

出租方：刘XX（以下简称甲方）

租房方：张X（以下简称乙方）

乙方同意承租甲方位于XXX路XX小区X—X—X两室一厅楼房一套，甲方同意出租，经双方协商达成如下协议。租期为一年，自2011年8月1日至2012年8月1日。租金及付款时间，租金全年为人民币伍仟捌佰元整，2008年7月1日前交清一半，即贰仟玖佰元整，余款在2009年1月1日前交清。乙方在双方签订租房协议时交付甲方的押金贰佰元整做抵押，若在租期间房屋如无损坏，协议期满，甲方退还乙方押金贰佰元整。乙方如在租期间行为疏失，造成甲方房屋及其他财物遭受损失的，由乙方全部承担赔偿责任。乙方所付甲方款项中只包括房租费和租房押金。其他房屋在乙方承租期间所发生费用，诸如暖气费、物业费、卫生费、有线电视费、水电费等均由乙方自理。有线电视费、水电费等按时缴给甲方。乙方在租用期间不得转租他人，且只能用于居住，不得用于其他用途。一经发现转租或用于其他用途，协议自行中止，甲方收回房屋，租金不予退还。乙方如在租用期内对房屋进行装修，不能破坏房屋结构，所有费用自理。中止协议时自行处理，不得作价转卖甲方。租用期满乙方再续租，必须预先一个月提出申请。甲方不再出租，另有他用也在期满一个月前通知乙方。甲方如因特殊原因不能出租，即终止协议，甲方按实际居住天数收取租金，余额退还乙方，其他与甲方无涉。以上协议自签字之日生效，一式二份，甲乙双方各执一份。

甲方代表（签字）：　　乙方代表（签字）：

年　月　日　　年　月　日

图 2-7　租房协议书效果

本任务的具体目标要求如下：

（1）掌握使用“段落”功能组设置段落格式的方法。

（2）掌握使用“段落”对话框设置段落格式的方法。

## 专业背景

在本任务的操作中，需要了解租房时的注意事项，甲乙双方的权利与责任，双方的签字等。在制作协议时要注意正文缩进，对齐方式，段间距的设置等。

## 操作思路

本任务的操作思路如图 2-8 所示，涉及的知识点有“段落”功能组和“段落”对话框的应用，以及通过标尺来设置格式等，具体思路及要求如下：

（1）利用“段落”功能组设置文档标题。

（2）利用标尺设置缩进。

（3）利用“段落”对话框设置其他段落格式。

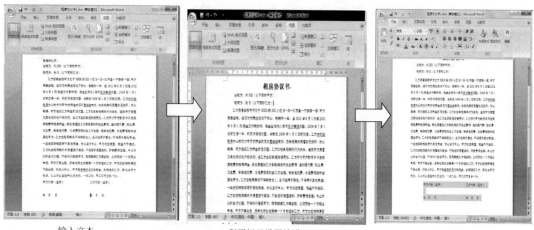

输入文本　　　　　　　利用标尺设置缩进　　　　　利用按钮设置缩进量

图 2-8　制作租房协议书操作思路

　　**输入协议书文本**

输入协议书的文本内容，效果如图 2-9 所示。

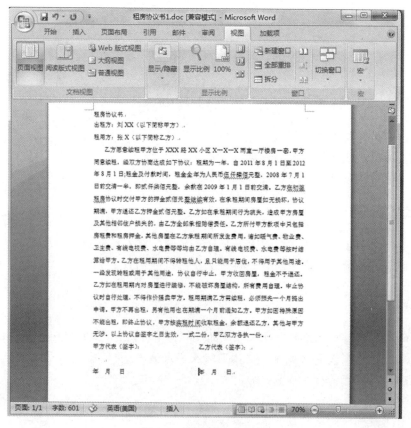

图 2-9　输入协议书内容

**操作2**　**使用标尺设置段落格式**

（1）选中文本"租房协议书"，在"段落"功能组中，单击"居中"按钮 ≣，设置标题居中显示，字号为"二号"并加粗。

（2）选择"出租方"和"租用方"的段落文本，将鼠标移动到标尺栏中的"首行缩进"滑块 ▽ 上，按住鼠标左键不放并拖动滑块，缩进 3 个字符，效果如图 2-10 所示。

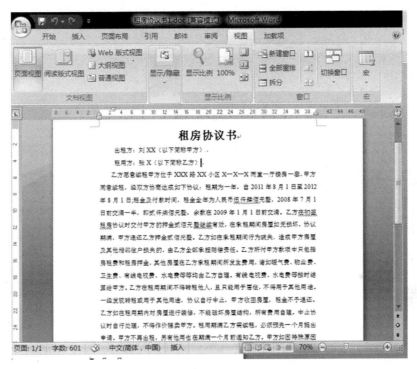

图 2-10　设置首行缩进

**提示：** 通过视图菜单，可显示或隐藏标尺，也可单击滚动条上方的"标尺"按钮 显示或隐藏标尺。

**操作3**　**使用"段落"对话框设置段落格式**

（1）选择"乙方愿意……"的一段文本，单击"段落"工具栏中右下角的"对话框启动器"按钮，打开"段落"对话框。

（2）在"段落"对话框"常规"栏中选择文本的对齐方式为"两端对齐"，在"间距"栏中设置段前、段后间距均为"0.5 行"，行距为"1.5 倍行距"，如图 2-11 所示。

（3）选择"中文版式"选项卡，在"字符间距"栏中设置文本对齐方式为"居中"，如图 2-12 所示。

（4）选中"甲方代表（签字）及年月日"文本，利用"段落"功能组中的"增加缩进量"按钮，使其缩进 6 个字符。

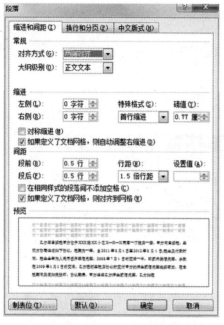

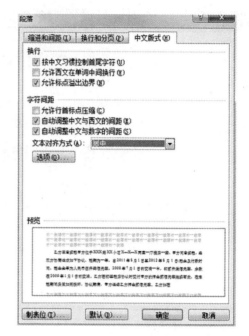

图 2-11　"段落"对话框的设置　　　图 2-12　"段落"对话框"中文版式"选项卡

知识延伸

本任务练习了段落格式的设置，除了可以通过"段落"功能组和"段落"对话框来设置段落格式外，也可以通过浮动工具栏进行设置。段落设置中各按钮的作用分别如下。

◆ "增加缩进量"按钮 和"减少缩进量"按钮 ：单击该按钮，可改变段落与左边界的距离。

◆ "行距"按钮 ：单击该按钮，在弹出的快捷菜单中可以选择段落中行与行之间的磅值，磅值越大，行与行之间的间隔距离越宽，还可增加段与段之间的距离。

◆ "左对齐"按钮 ：单击该按钮，使段落文本左对齐。

◆ "右对齐"按钮 ：单击该按钮，使段落文本右对齐。

◆ "两端对齐"按钮 ：单击该按钮，使段落同时与左\右边距对齐，并根据需要增加字间距，段落文本的最后一行相当于左对齐。

◆ "分散对齐"按钮 ：单击该按钮，使段落同时与左\右边距对齐，并根据需要增加字间距，最后一行文本将均匀分布在左右页边距之间。

任务小结

通过本任务的学习，应能够利用"段落"功能组或"段落"对话框对所选段落进行设置，通过练习应能区分4种对齐方式及4种缩进，在今后的排版中做到灵活应用。

## 任务3 ▎▎ 制作环保小常识文档

### 任务目标

本任务的目标主要是利用项目符号和编号的相关知识来美化文档，以达到重点突出、结构清晰的作用，最终效果如图2-13所示。

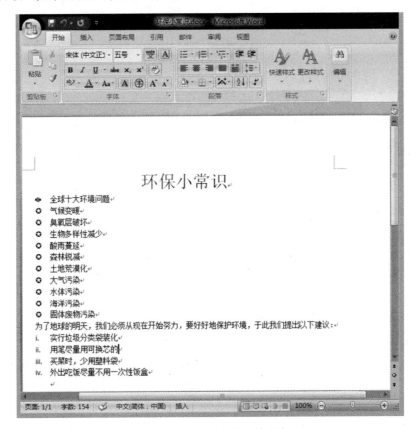

图2-13 环保小常识效果

### 操作思路

本任务的操作思路如图 2-14 所示，涉及的知识点有项目符号的设置和编号的设置，具体思路及要求如下：

（1）选中要进行设置的文本。

（2）为文本设置项目符号。

（3）为文本添加编号。

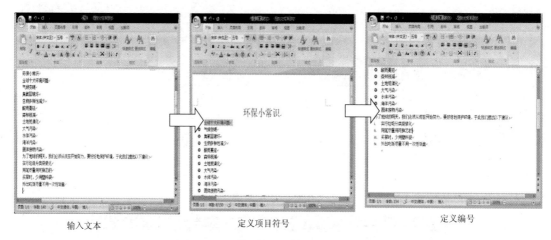

输入文本　　　　　　　　　　　定义项目符号　　　　　　　　　　　定义编号

图 2-14　制作环保小常识文档操作思路

## 操作1　设置项目符号

（1）输入文本，选中"气候变暖"到"固体废物污染"的十行文本，在"段落"功能组中单击"项目符号"按钮 右侧的下拉按钮，在弹出的下拉菜单中选择"定义新项目符号"选项，打开"定义新项目符号"对话框。

（2）单击"符号"按钮，打开"符号"对话框，在其中的列表框中选择 符号，单击"确定"按钮，返回"定义新项目符号"对话框。

（3）在"预览"栏中将显示添加项目符号的效果，如图 2-15 所示，单击"确定"按钮。

（4）选中"全球十大环境问题"文本，单击"项目符号"按钮 右侧的下拉按钮，在弹出的下拉菜单中选择"定义新项目符号"选项，打开"定义新项目符号"对话框。

（5）在打开的对话框中单击"图片"按钮，打开"图片项目符号"对话框，在其中选择 图片，单击"确定"按钮，关闭该对话框。

（6）单击"确定"按钮，应用项目符号样式，如图 2-16 所示。

图 2-15　定义新项目符号的预览效果

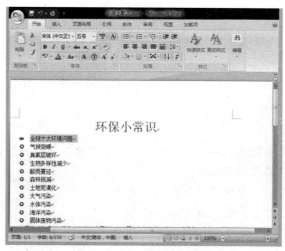

图 2-16　定义图片项目符号

**操作2**　设置编号

（1）选择"实行垃圾分类袋装化"及以下的四行文本，在"段落"功能组中单击"编号"按钮  右侧的下拉按钮，在弹出的下拉菜单中选择"定义新编号格式"选项。

（2）打开"定义新编号格式"对话框，在"编号格式"下拉列表中选择 i, ii, iii, … 选项，在"预览"栏中可查看应用后的效果，如图2-17所示。

（3）单击"确定"按钮，关闭对话框，设置编号的效果如图2-18所示。

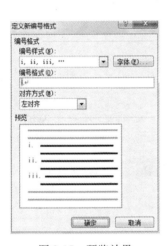

图 2-17　预览效果

图 2-18　设置编号的效果

### 知识延伸

本任务练习了设置项目符号和编号的方法，可以看出添加了项目符号和编号的文档更加有条理。在设置项目符号和编号时，除了可以定义添加的项目符号和编号样式外，还可以添加 Word 中预设的项目符号和编号样式。下面介绍添加预设项目符号和编号的方法。

#### 1. 添加预设项目符号

添加预设项目符号可将光标插入点定位在需要添加项目符号的位置，在"段落"功能组中单击"项目符号"按钮右侧的下拉按钮，在弹出的下拉菜单中选择要添加的项目符号即可。

#### 2. 添加预设编号

添加预设编号可将光标插入点定位到需要插入编号的位置，在"段落"功能组中单击"编号"按钮，在弹出的下拉菜单中的"编号库"栏中选择要添加的编号样式即可。

另外，如果在项目符号和编号的段落后，按【Enter】键不能自动编号时，可执行"Office"→"Word 选项"菜单命令，在打开对话框中选择"校对"选项，然后单击"自动更正选项"

按钮，并在打开的对话框中选择"键入时自动套用格式"选项卡，选中"自动项目符号列表"和"自动编号列表"复选框即可。

 任务小结

通过本任务的学习，应能够为已有文档添加项目符号和编号，方法比较简单，但在操作中要细心。如果需要的符号在列表中没有，可以定义新的项目符号或编号格式，还要注意项目符号与特殊符号的区别，在练习中要认真分析。

任务 4　制作个人简历文档

任务目标

本任务的目标是制作一份个人简历文档，并利用边框和底纹的方法美化文档，效果如图 2-19 所示。通过练习应掌握边框和底纹的设置方法，了解边框和底纹在文档中的作用。

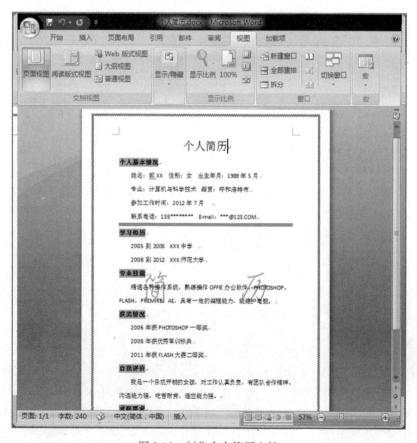

图 2-19　制作个人简历文档

本任务的具体要求如下：

（1）掌握设置边框的方法。

（2）掌握设置底纹的方法。

### 专业背景

在本任务的操作中要了解什么是个人简历，个人简历又称个人履历、求职简历等，是求职者将自己与所申请职位紧密相关的个人信息经过分析整理并清晰明了地表述出来的书面求职资料，是一种应用写作文体。个人简历是招聘者在阅读求职者求职申请后对其产生兴趣，进一步决定是否给予面试机会的重要依据材料，因此，在制作文档时，求职者需用真实准确的事实向招聘者展示自己的经历、经验、技能及成果等内容。

### 操作思路

本任务的操作思路如图 2-20 所示，涉及的知识点有段落边框的设置，页面边框的设置和底纹的设置等，具体思路及要求如下：

（1）选择文本，设置段落边框。

（2）为整个文档设置页面边框，美化文档。

（3）选择文本，为其添加底纹以突出显示，完成制作。

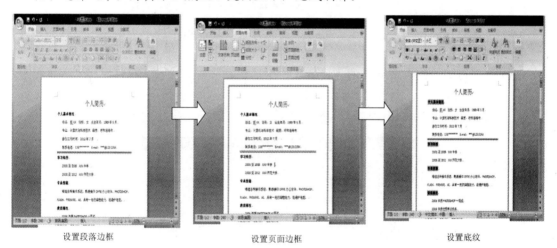

　　设置段落边框　　　　　　　　　设置页面边框　　　　　　　　　　设置底纹

图 2-20　制作个人简历文档操作思路

### 操作 1　设置边框

（1）选择"个人基本情况"及下面的四行文本，单击"段落"功能组中的"添加边框"按钮 右侧的下拉按钮，在弹出的下拉菜单中选择"边框和底纹"选项，打开"边框和底纹"对话框。

（2）在其中的"设置"栏中选择"自定义"选项，在"样式"列表框中选择一种边框样式，在"颜色"下拉列表框中选择"深蓝，文字 2，深色 50%"。

（3）在"宽度"下拉列表框中选择"2.25 磅"选项，在"预览"栏中单击"下框线"按钮▦，单击"确定"按钮，完成设置，如图 2-21 所示。

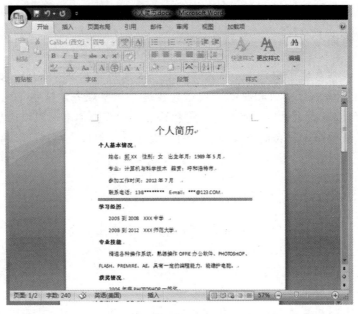

图 2-21　设置段落边框的效果

（4）选择"页面布局"选项卡，单击"页面背景"功能组中的"页面边框"按钮，打开"边框和底纹"对话框。

（5）在"页面边框"选项卡的"设置"栏中选择"方框"选项，在"样式"下拉列表框中选择一种样式。

（6）单击"确定"按钮，应用设置，效果如图 2-22 所示。

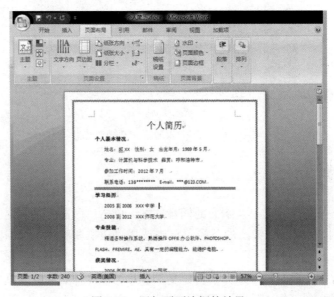

图 2-22　添加页面边框的效果

操作 **2**　设置底纹

（1）按住【Ctrl】键，选择"个人基本情况""学习经历""专业技能""获奖情况""自我评价"及"求职要求"文本，选择"开始"功能选项卡，在"段落"功能组中单击"边框"按钮右侧的下拉按钮，在弹出的下拉菜单中选择"边框和底纹"选项。

（2）打开"边框和底纹"对话框，选择"底纹"选项卡。

（3）在"填充"下拉列表框中选择"白色，背景1，深色35%"，在"预览"栏的"应用于"下拉列表框中选择"文字"选项。

（4）单击"确定"按钮，应用设置，如图2-23所示。

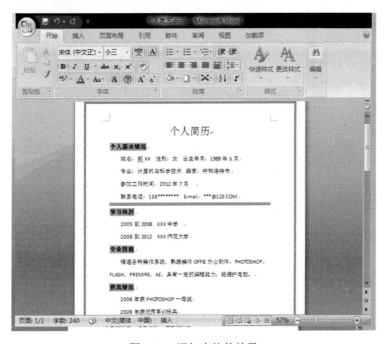

图2-23　添加底纹的效果

 知识延伸

本任务练习了为文本设置边框和底纹的方法，除可以为文档添加边框和底纹，还可以为文档设置水印背景来美化文档，下面介绍设置水印背景的操作步骤。

（1）选择"页面布局"功能卡，在"页面背景"功能组中单击"水印"按钮，在弹出的下拉菜单中选择"自定义水印"选项。

（2）打开"水印"对话框，选中"文字水印"单选按钮，激活下面的选项，设置其中各选项参数，文字为"简历"，字体为"迷你行楷"，字号为"80"，颜色为"黑色，文字1，淡色25%"，版式为"水平"。

（3）单击"确定"按钮，关闭对话框，应用设置，添加水印的效果如图2-24所示。

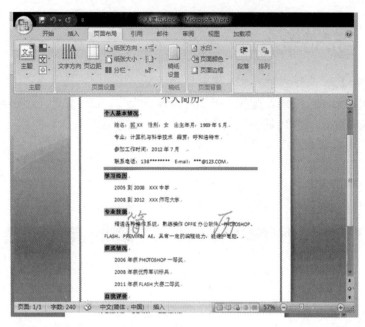

图 2-24　添加水印的效果

提示：如果不想有水印，则在"水印"按钮的下拉菜单中选择"删除水印"选项。

任务小结

通过本任务的学习，应学会为文档添加页面边框，为段落添加段落边框及底纹。在练习中会发现段落底纹与之前所学的突出显示文本及字符底纹很类似，但三者区别很大，应多做练习多琢磨多研究，做到活学活用。

任务5　设置并打印中英文对照文档

任务目标

本任务的目标是对一份中英文对照文档进行页面设置，使文档更加清晰，富有条理，利用页面大小，页眉和页脚，特殊版式等操作进行设置，效果如图 2-25 所示。最后将文档打印出来。通过练习应掌握页面设置的操作，以及打印文档的方法。

本任务的具体目标要求如下：

（1）掌握设置页面大小的方法。

（2）熟练掌握设置页眉和页脚的方法。

（3）熟悉设置特殊版式的操作。

（4）熟练掌握打印文档的操作。

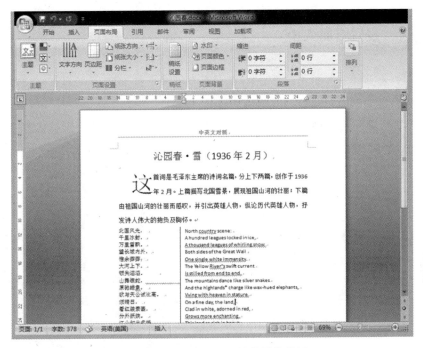

图 2-25　中英文对照文档的最终效果

## 专业背景

在本任务的操作中，需要了解中英文对照文档的设置，在日常学习和生活中，有很多时候需要用到中英文对照文档，在制作文档时，需注意两种文字的对应及整体的美观。

## 操作思路

本任务的操作思路如图 2-26 所示，涉及的知识点有设置页面大小、设置页眉和页脚、复制格式，以及设置分栏、首字下沉等特殊格式，具体思路及要求如下：

（1）输入文档，设置页面大小。

（2）为整个文档设置页眉和页脚。

（3）设置特殊格式，如首字下沉和分栏等版式。

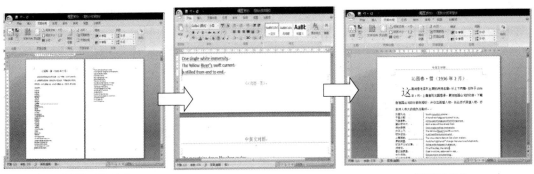

输入文本并设置页面大小　　　　设置页眉和页脚　　　　设置特殊格式

图 2-26　设置并打印中英文对照文档操作思路

**操作1** 设置页面大小

（1）输入文本，在"页面布局"功能区"页面设置"功能组中单击"对话框启动器"按钮，打开"页面设置"对话框。

（2）在"页边距"栏中的"上""下""左""右"数值框中分别输入相应的数值，并设置"装订线"和"装订线位置"。

（3）在"纸张方向"栏中选择"纵向"选项，在"预览"栏中的"应用于"下拉列表框中选择"整篇文档"选项，如图 2-27 所示。

（4）选择"纸张"选项卡，在"纸张大小"栏中设置纸张的大小为"A4"，其他设置保持默认，单击"确定"按钮，如图 2-28 所示。

图 2-27　设置页边距

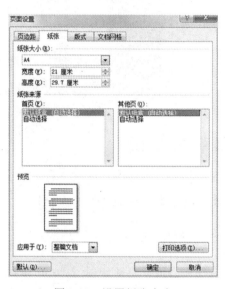

图 2-28　设置纸张大小

**操作2** 设置页眉和页脚

（1）选择"插入"选项卡，在"页眉和页脚"功能组中单击"页眉"按钮，在弹出的下拉菜单中选择"空白"选项。

（2）输入页眉"中英文对照"，在浮动工具栏中设置页眉字体为"宋体"，字号为"小四"。

（3）单击"页脚"按钮，在弹出的下拉菜单中选择"空白"选项，输入页脚"《沁园春·雪》"，单击"居中"按钮。

（4）单击"确定"按钮，应用设置，单击"关闭页眉和页脚"按钮 ，添加"页眉和页脚"的效果如图 2-29 所示。

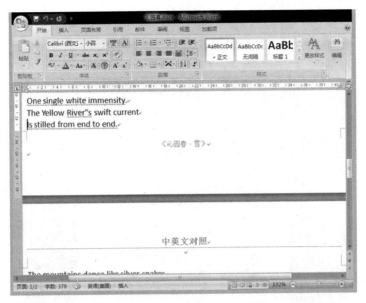

图 2-29　添加"页眉和页脚"效果

**操作3　设置特殊格式**

（1）将文本插入点定位到第一段文本中，选择"插入"功能选项卡。

（2）单击"文本"功能组中的"首字下沉"按钮，在弹出的快捷菜单中可选择首字下沉的样式，选择"下沉"选项。

（3）打开"首字下沉"对话框，设置位置为"首字下沉"，下沉行数为"2"，单击"确定"按钮，设置完成的效果如图 2-30 所示。

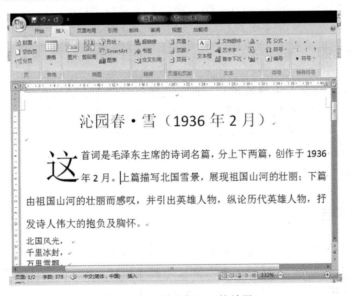

图 2-30　设置首字下沉的效果

（4）选择"北国风光"及下面所有文本，在"页面布局"功能选项卡的"页面设置"功能组中单击"分栏"按钮，在弹出的下拉菜单中选择"更多分栏"选项，打开"分栏"对话框。

（5）在"预设"栏中选择"左"，选中"分隔线"复选框，单击"确定"按钮，应用设置，设置分栏的效果如图 2-31 所示。

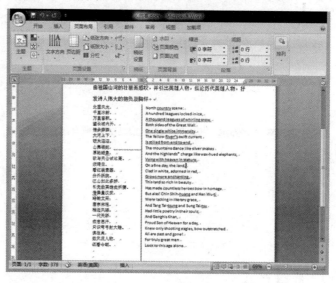

图 2-31　分栏效果

（1）执行"Office"→"打印"→"打印预览"菜单命令，如有不符合要求的参数，可在"页面设置"功能组中进行相应的设置。

（2）单击"打印"工具栏中的"打印"按钮，进行相应设置。

### 知识延伸

本任务练习了文档页面设置的操作，包括设置页面的大小、设置页眉和页脚，以及设置文档特殊版式等。综合本模块所学内容，下面介绍通过复制格式来提高工作效率的操作方法。

（1）选择已设置格式的文本或段落。

（2）单击"剪贴板"功能组中的"格式刷"按钮，此时鼠标指针变为形状，用鼠标选择要应用该格式的文本或段落即可。

通过本任务的学习，应学会页面的相关设置，主要应用"页面布局"选项卡。在现实生活中分栏和首字下沉的用途比较广，但在设置分栏操作时，要注意分清对象是整篇文档还是某个段落，进行首字下沉操作时，需要注意选择的是否为本段的首字，如果不是，应及时做出处理。

# 实战演练1　制作学校介绍文档

演练目标

本演练要求利用设置字体格式、设置段落格式和设置边框和底纹的相关知识，制作如图2-32所示的文档。

演练分析

本演练的操作思路如图2-33所示，具体分析及思路如下：

（1）打开素材文件"模块2\素材\学校介绍"，利用字体格式的设置体现文本主题，通过设置字体、字号及文本效果美化文档。

（2）通过设置段落格式美化文档，使文档更加富有层次感。

（3）为文档设置边框和底纹，使其中的主要内容更加醒目。

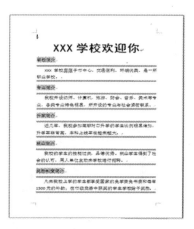

图2-32　学校介绍文档最终效果

设置字体格式　　　　　　设置段落格式　　　　　　设置边框和底纹

图2-33　制作学校介绍文档操作思路

# 实战演练2　制作书中的一页文档

演练目标

本演练要求利用文字效果、段落格式、项目符号、边框和底纹的设置，以及页面设置的相关知识，制作如图2-34所示的文档。

图 2-34　一页文档最终效果

## 演练分析

本演练的操作思路如图 2-35 所示，具体分析及思路如下：

（1）打开素材文件"模块 2\素材\21 世纪合格人才必备 7 大技能"，利用设置字体、字号、字符间距和缩进等方法，设置文字效果与段落格式。

（2）通过添加项目符号及设置边框和底纹突出文档主题。

（3）利用页面设置的操作美化文档。

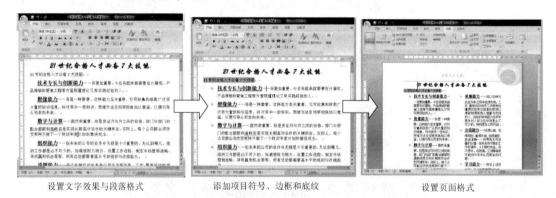

设置文字效果与段落格式　　　　添加项目符号、边框和底纹　　　　设置页面格式

图 2-35　制作一页文档操作思路

# 实战演练 3　制作校刊文档

## 演练目标

本演练要求利用设置文档基本格式的相关知识，制作如图 2-36 所示的校刊文档。

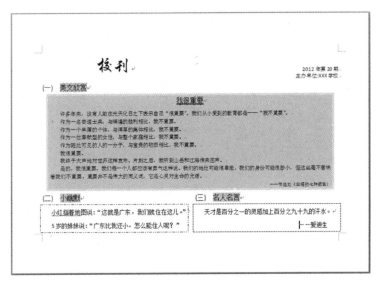

图 2-36 校刊文档最终效果

## 演练分析

本演练的操作思路如图 2-37 所示，具体分析及思路如下：

（1）打开素材文件"模块 2\素材\校刊"，设置页面大小。

（2）设置文本效果和段落格式，为段落添加编号。

（3）设置页面格式，美化文档。

设置页面大小、页面格式　　　　设置文字效果与段落格式、添加编号

图 2-37 制作校刊文档操作思路

## 拓展与提升

根据本模块所学的内容，动手完成以下实践内容。

**课后练习 1 制作文学常识文档**

本练习将制作一份文学常识文档，打开素材文件"模块 2\素材\文学常识"，需要用到设置字体、字号和文本效果，以及设置段落格式、添加项目符号和编号等操作，最终效果如

图 2-38 所示。

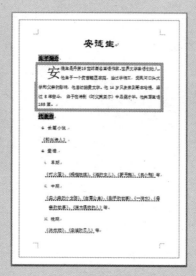

图 2-38　文学常识文档最终效果

### 课后练习 2　制作数据库试卷文档

本练习将制作一份数据库试卷文档，打开素材文件“模块 2\素材\数据库试卷”，需要用到设置页面格式、分栏、编号，以及页眉、页脚及页码的设置等操作，最终效果如图 2-39 所示。

数据库试卷

数据库应用技术——Visual FoxPro 6.0（满分 100 分）

一、填空题（每题 1 分，共 10 分）

1、在 VFP6.0 中，复合索引文件分结构复合索引和非结构复合索引，结构复合索引文件与其表文件同名，且____________随表文件的打开而自动打开。(填“能”或“不能”)

2、打开某表文件，执行 GO TOP 命令后，再执行 SKIP -3，此时 BOF( )函数值为__________

3、打开过程文件 AAA 的命令是________________________

4、MOD (25,-3) =________,LOWER("ABC")________,TYPE([DATE()])=______

5、执行 USE 成绩，然后执行 GO 5，之后再执行 INSERT BLANK，则空白记录的记录号为_____。

6、对 XJ 表已按出生日期升序建立索引，查找 90 年 6 月 12 日出生的同学的命令是________

7、A="3 月 30 日星期五"，从 A 中截取出“星期”两字用函数表示为________________

8、清除第 10 行第 5 列后的该行内容的命令是____________________

二、选择题（每题 2 分，共 40 分）

1、下列哪个不是命令的范围表示方法(　　)

A、ALL　B、NEXT N　C、REST N　D、RECORD N

2、VFP 默认的查询去向是（　　）。

A、浏览窗口　B、表　C、主窗口　D、报表文件

3、关系型数据库采用（　　）表示实体和实体间联系的。

A、对象　B、字段　C、二维表　D、表单

4、表文件 roda.dbf 中共有 20 个记录，执行下列操作：

USE roda
Go BOTTOM
SKIP -5
? RECNO( )

最后一条命令执行后，屏幕显示的结果是（　　）。

A、14　B、15　C、16　D、20

5、一个表文件的数值型字段有 5 位宽度,那么该字段的小数位最大可定义成（　　）位。

A、1　B、2　C、3　D、4

6、表备注文件的扩展名为（　　）。

A、DBF　B、DBC　C、CDX　D、FPT

7、执行 LIST NEXT 1 命令之后，记录指针指向的位置是（　　）。

A、下一条记录　B、上一条记录　C、最后一条记录　D、原记录

8、退出 Visual FoxPro 6.0 可以使用下列除（　　）外的几种方法。

A、打开“文件”菜单，选择“退出”

B、单击右上角的"关闭"按钮

C、按 CTRL+F4 组合键

D、在命令窗口中输入 QUIT

9、工资.DBF 共有 10 条记录，当前记录号为 3，用 SUM 命令计算工资总和，如果不给出范围短句，那么命令（　　）

A、计算全部记录工资值之和　B、计算后 8 条记录工资值之和

C、计算后 7 条记录工资值之和　D、只计算当前记录工资值

10、物理删除记录可用两条命令，分两步来完成，这两个命令分别为（　　）

A、DELETE 和 PACK　B、PACK 和 RECALL

C、PACK 和 ZAP　D、DELETE 和 RECALL

11、把当前表文件中“民族”字段及值全部清除，并且不进入编辑状态，应当使用命令（　　）

A、MODIFY STRUCTURE　B、DELETE

C、REPLACE　D、ALTER TABLE

12、若用如下命令创建一个数据表文件：

CREA TABL aa（学号 C(4)，姓名 C(8)，性别 C(2)，年龄 N(2)）

则下列记录中，可以插入到 aa 表中的是（　　）。

A、('1031'，'张一'，女，23)　B、('1031'，'张华'，'女'，23)

C、(1031，'张华'，'女'，'23')　D、('1031'，张华，'女'，23)

13、打开 XS 表，共有 15 条记录，当前记录号为 4，执行 APPEN BLANK 后，空白记录号为（　　）

A、15　B、5　C、4　D、16

14、将 XS.DBF 从磁盘上删除。（　　）

A、REMOVE TABLE XS　B、DROP TABLE XS

C、DELE FROM XS　D、DROP TABLE XS DELE

15、已知当前工作区为 C，打开学籍表，学籍表中有入学成绩字段，执行如下操作：

入学成绩=100
REPLACE RECORD 6 入学成绩 WITH M.入学成绩+50
STORE 500 TO 入学成绩
?入学成绩,M.入学成绩　在屏幕上显示的值为(　)

A、100 500　B、不确定 500　C、500 150　D、150 500

16、查询显示学生表中的不同民族的正确命令是（　）

A、SELE COUNT (DIST 民族) FROM 学生

B、SELE 民族 FROM 学生

C、SELE 民族 FROM 学生 GROUP BY 民族

D、SELE 民族 FROM 学生 ORDER BY 民族

17、下列（　　）命令可以计算出每门课程的总分

A、COUNT　B、SUM　C、REPL　D、RECCOUNT ( )

18、在表单中想设置密码显示，应选择（　　）属性

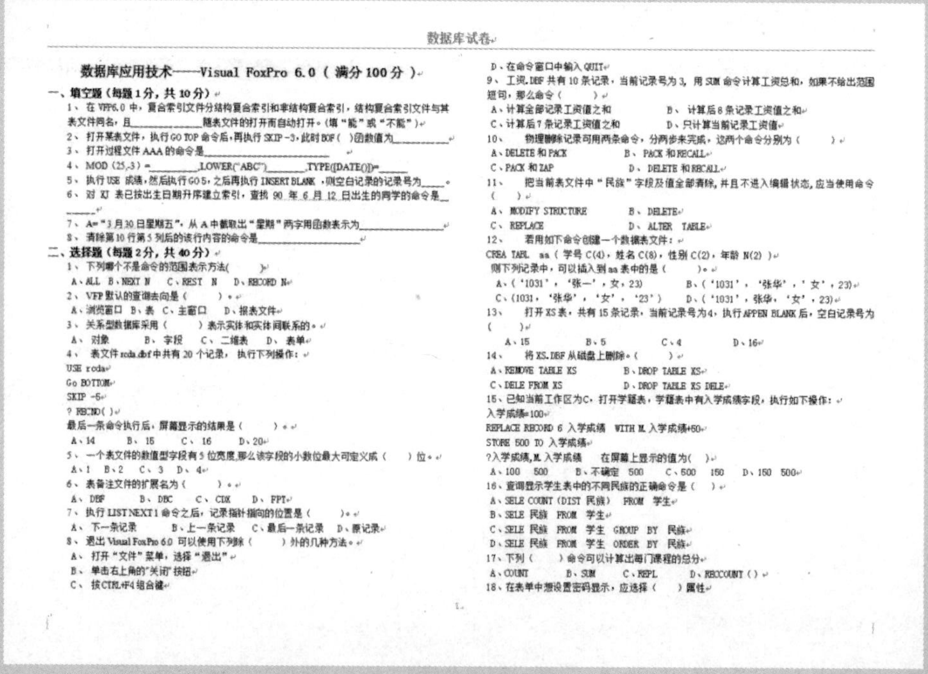

图 2-39　数据库试卷最终效果

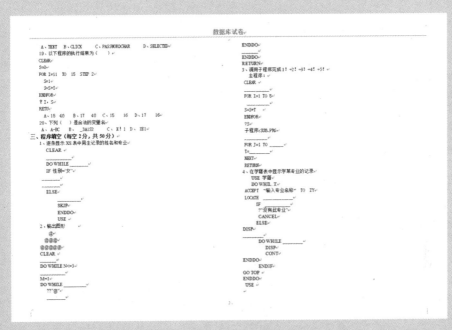

图 2-39　数据库试卷最终效果（续）

**课后练习 3**

打开素材文件"模块 2\素材\LX1"文件夹，应用字体设置、段落设置、页面设置等知识完成相应操作。

**课后练习 4**

打开素材文件"模块 2\素材\LX2"文件夹，应用字体设置、段落设置、页面设置等知识完成相应操作。

**课后练习 5**

打开素材文件"模块 2\素材\LX3"文件夹，应用字体设置、段落设置、页面设置等知识完成相应操作。

**课后练习 6**

打开素材文件"模块 2\素材\LX4"文件夹，应用字体设置、段落设置、页面设置等知识完成相应操作。

**课后练习 7**

打开素材文件"模块 2\素材\LX5"文件夹，应用字体设置、段落设置、页面设置等知识完成相应操作。

**课后练习 8**

打开素材文件"模块 2\素材\LX6"文件夹，应用字体设置、段落设置、页面设置等知识完成相应操作。

**课后练习 9**

打开素材文件“模块 2\素材\LX7”文件夹，应用字体设置、段落设置、页面设置等知识完成相应操作。

**课后练习 10**

打开素材文件“模块 2\素材\LX8”文件夹，应用字体设置、段落设置、页面设置等知识完成相应操作。

**课后练习 11**

打开素材文件“模块 2\素材\LX9”文件夹，应用字体设置、段落设置、页面设置等知识完成相应操作。

**课后练习 12**

打开素材文件“模块 2\素材\LX10”文件夹，应用字体设置、段落设置、页面设置等知识完成相应操作。

**课后练习 13**

打开素材文件“模块 2\素材\LX11”文件夹，应用字体设置、段落设置、页面设置等知识完成相应操作。

**课后练习 14**

打开素材文件“模块 2\素材\LX12”文件夹，应用字体设置、段落设置、页面设置等知识完成相应操作。

**课后练习 15**

打开素材文件“模块 2\素材\LX13”文件夹，应用字体设置、段落设置、页面设置等知识完成相应操作。效果如图 2-40 所示。

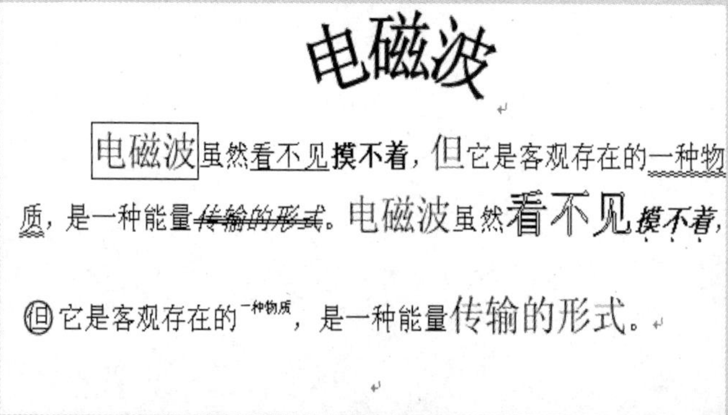

电磁波

电磁波虽然看不见摸不着，但它是客观存在的一种物质，是一种能量传输的形式。电磁波虽然看不见摸不着，但它是客观存在的一种物质，是一种能量传输的形式。

图 2-40

**课后练习 16**

打开素材文件“模块 2\素材\LX14”文件夹，应用字体设置、段落设置、页面设置等知识完成相应操作。效果如图 2-41 所示。

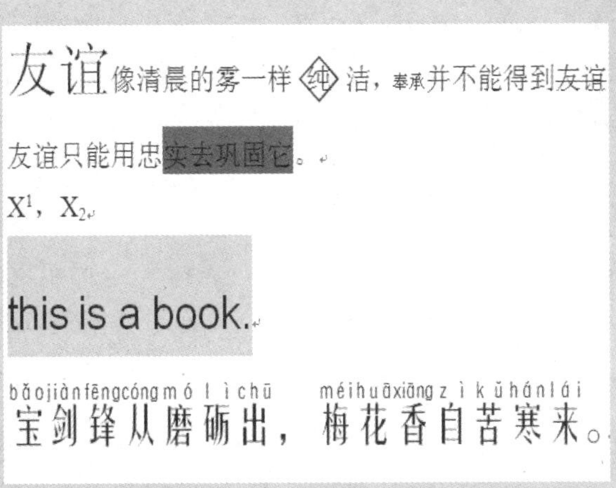

友谊像清晨的雾一样纯洁，奉承并不能得到友谊，
友谊只能用忠实去巩固它。

$X^1$，$X_2$

this is a book.

bǎojiànfēngcóngmó lì chū　　méihuāxiāng zì kǔhánlái
宝剑锋从磨砺出，梅花香自苦寒来。

图 2-41

**课后练习 17**

打开素材文件"模块 2\素材\LX15"文件夹，应用字体设置、段落设置、页面设置等知识完成相应操作。效果如图 2-42 所示。

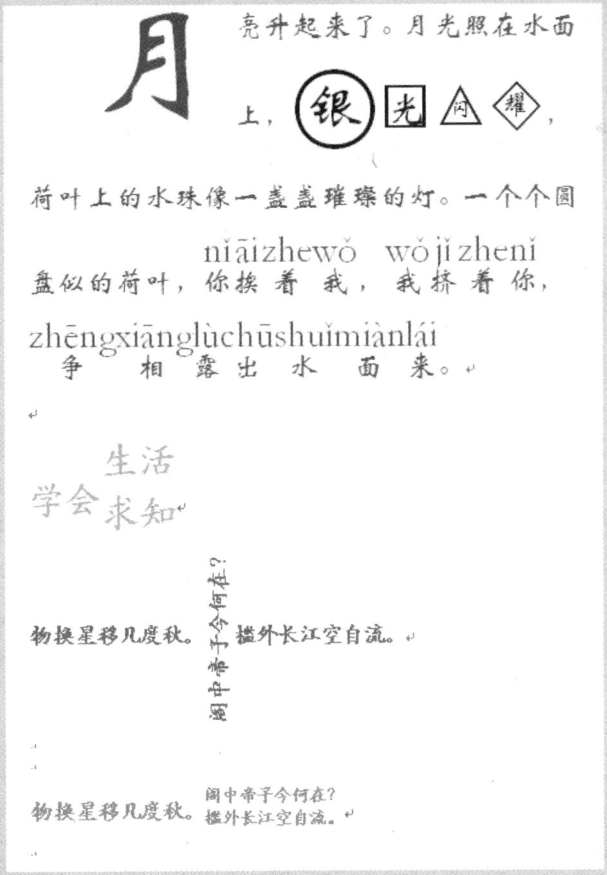

月　亮升起来了。月光照在水面

上，银光闪耀，

荷叶上的水珠像一盏盏璀璨的灯。一个个圆

nǐ āizhewǒ　wǒ jǐ zhenǐ
盘似的荷叶，你挨着我，我挤着你，

zhēngxiānglùchūshuǐmiànlái
争　相露出水　面来。

生活
学会 求知

物换星移几度秋 阁中帝子今何在？槛外长江空自流。

阁中帝子今何在？
槛外长江空自流。

物换星移几度秋。阁中帝子今何在？
槛外长江空自流。

图 2-42

**课后练习** 18

打开素材文件"模块 2\素材\LX16"文件夹，应用项目符号和编号相关知识完成相应操作，效果如图 2-43 所示。

◆Nearly all our food comes from the soil. Some of us eat meat, of course; but animals live in plants. If there were no plants, we would have no animals and no meat. So the soil is necessary for life.

◆The top of the ground is usually covered with grass or other plants. There may be deed leaves and deed plants in the grass, plant grow in soil which has a dark color. This dark soil humus.

（一）打开 Windows "开始" 菜单中的 "设置" 子菜单，单击 "打印机" 命令，打开 "打印机" 对话框。

（二）用鼠标右键单击希望将其设置为默认打印机的图标，打开快捷菜单，单击快捷菜单中的 "设为默认值" 命令。

（1）单击 "文件" 菜单中的 "页面设置" 命令，打开 "页面设置" 对话框后，再选中 "纸型" 选项卡。

（2）打开 "纸型" 下拉列表框，选择所使用的纸张类型，如果不是标准的纸型，可单击 "自定义" 选项，并在 "宽度" 和 "高度" 框中，输入确定数值。

（3）在 "方向" 选项卡中，选定纸张纵向放置还是横向设置。

（4）在 "应用于"：下拉列表框中选定本设置适用范围。

📖整篇文档：将设置应用到整篇文档。

📖插入点之后：从插入点到文档末尾应用所选设置，在插入点之前将插入分节符。

📖所选文字：将设置应用到选定的文字，WORD 会在所选文字的前后各加一个分节符。

📖所选节：将设置应用到选定的节中。

📖本节：将设置应用到包含插入点的当前节中。

（5）单击 "确定" 按钮，关闭对话框。

图 2-43

**课后练习** 19

打开素材文件"模块 2\素材\LX17"文件夹，应用多级编号相关知识完成相应操作。效果如图 2-44 所示。

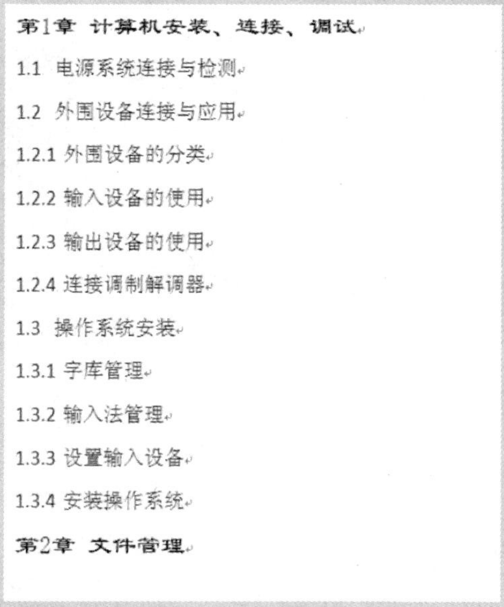

第1章　计算机安装、连接、调试

1.1　电源系统连接与检测

1.2　外围设备连接与应用

1.2.1　外围设备的分类

1.2.2　输入设备的使用

1.2.3　输出设备的使用

1.2.4　连接调制解调器

1.3　操作系统安装

1.3.1　字库管理

1.3.2　输入法管理

1.3.3　设置输入设备

1.3.4　安装操作系统

第2章　文件管理

图 2-44

**课后练习 20**

打开素材文件"模块 2\素材\LX18"文件夹，应用项目符号和编号相关知识完成相应操作。效果如图 2-45 所示。

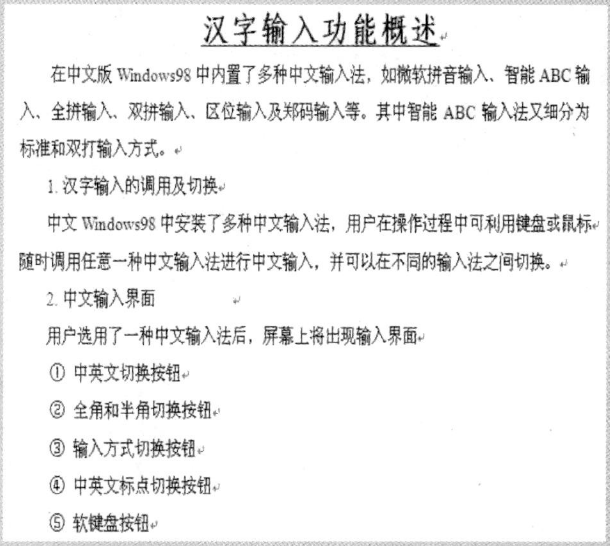

### 汉字输入功能概述

在中文版 Windows98 中内置了多种中文输入法，如微软拼音输入、智能 ABC 输入、全拼输入、双拼输入、区位输入及郑码输入等。其中智能 ABC 输入法又细分为标准和双打输入方式。

1. 汉字输入的调用及切换

中文 Windows98 中安装了多种中文输入法，用户在操作过程中可利用键盘或鼠标随时调用任意一种中文输入法进行中文输入，并可以在不同的输入法之间切换。

2. 中文输入界面

用户选用了一种中文输入法后，屏幕上将出现输入界面

① 中英文切换按钮

② 全角和半角切换按钮

③ 输入方式切换按钮

④ 中英文标点切换按钮

⑤ 软键盘按钮

图 2-45

# 模块 3
# 插入和编辑文档对象

**内容摘要**

　　在 Word 2007 中不仅可以输入和编排文本，还可以插入图片、艺术字、表格和文本框及公式等。这样可以丰富文档的内容，扩大文档的信息量，还可更加突出重点，更直接地传达意图，使文档图文并茂，提升文档的专业性和可读性。本模块通过 6 个操作实例来介绍插入和编辑文档对象的方法。

**学习目标**

📖 熟练掌握在文档中插入和编辑图片的方法。
📖 熟练掌握在文档中插入和编辑艺术字的方法。
📖 熟练掌握在文档中插入和编辑文本框的方法。
📖 掌握在文档中插入和编辑 SmartArt 图形的方法。
📖 熟练掌握在文档中插入和设置表格的方法。
📖 熟练掌握在文档中插入公式的方法。

## 任务 1　制作汽车车贴

### 任务目标

本任务的目标是运用在文档中插入图片和图形的相关知识，制作一个汽车车贴，最终效果如图 3-1 所示。

本任务的具体目标要求如下：

（1）熟练掌握在文档中插入和编辑图片的方法。

（2）熟练掌握在文档中插入和编辑图形的方法。

### 专业背景

汽车日益走进寻常百姓家庭，已逐渐形成了一种汽车文化。小小的汽车贴纸不但装扮了车身，也装点了生活。从车贴中能发现不少的智慧和乐趣，就让我们利用 Word 2007 对图片和图形的操作，打造让人眼前一亮的车贴吧！

图 3-1　汽车车贴最终效果

### 操作思路

本任务的操作思路如图 3-2 所示。涉及的知识点有插入和编辑图片、剪贴画、自选图形及文本框等，具体思路及要求如下：

（1）插入自选图形，制作背景。

（2）插入图片和剪贴画。裁剪图片，插入自选图形"云形标注"，放置在剪切掉的位置。

（3）插入文本框，输入文字。

图 3-2　制作汽车车贴操作思路

### 操作 1　插入自选图形，制作背景

（1）新建空白文档。

（2）插入自选图形。

在"插入"功能选项卡的"插图"分组中，单击"形状"按钮，在弹出的下拉菜单

中选择自选图形"流程图：延期"选项，如图 3-3 所示。

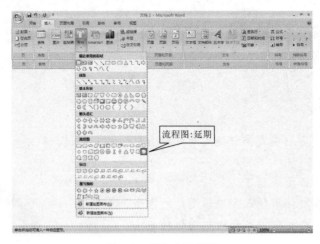

图 3-3　插入自选图形

（3）绘制自选图形。

当鼠标指针变为"✛"字箭头形状时，按下鼠标左键绘制自选图形，拖动鼠标至适当位置，释放鼠标完成绘制。

> 提示：将鼠标移到自选图形上，当鼠标指针变为✛形状时，可以移动自选图形。按住鼠标左键并拖动鼠标，到适当的位置后释放鼠标即可。将鼠标光标指向自选图形的任意边框或角点，鼠标指针变成双箭头 ↔ ↕ ⤢ ⤡ 时，可放大或缩小该图形。

（4）精确调整图形的大小。

选中自选图形"流程图：延期"，在"绘图工具　格式"功能选项卡"大小"分组中的高度编辑框中输入 10 厘米，宽度编辑框中输入 10 厘米，然后按【Enter】键，完成图形大小的调整，如图 3-4 所示。

图 3-4　"大小"分组

（5）旋转自选图形。

选中自选图形，在"绘图工具　格式"功能选项卡的"排列"分组中，单击"旋转"按钮，在弹出的菜单中选择"向左旋转 90°"选项，如图 3-5 所示。

（6）设置自选图形的位置。

选中自选图形，在"绘图工具　格式"功能选项卡的"排列"分组中，单击"位置"按钮，在弹出的菜单中选择"顶部居中"选项，如图 3-6 所示。

（7）设置自选图形的填充颜色。

选中自选图形，在"绘图工具　格式"功能选项卡的"形状样式"分组中，单击"形状填充"按钮，选取标准色"黄色"，如图 3-7 所示。

（8）复制/粘贴自选图形，组合键为【Ctrl+C】/【Ctrl+V】，将其中一个自选图形的大小设置为高 9.5 厘米，宽 7.5 厘米。单击"形状填充"中的"其他填充颜色"按钮，将颜色填充为粉红色，RGB 值分别设为 255、51、153。

图 3-5　"旋转"菜单　　　　　　　　图 3-6　"位置"菜单

（9）按住【Ctrl】键，依次用鼠标单击两个自选图形，同时选中两个图形。在"绘图工具　格式"功能选项卡的"排列"分组中，单击"对齐"按钮，在弹出的下拉菜单中选择"左右居中"选项，选中任意一个自选图形，使用键盘的上下键微调位置，如图 3-8 所示。

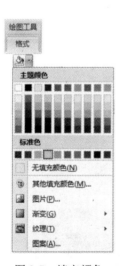

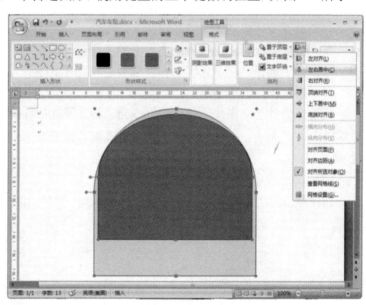

图 3-7　填充颜色　　　　　　　　　图 3-8　设置对齐方式

**操作 2　　插入并编辑图片、云形标注和剪贴画**

（1）插入图片。

① 将光标定位在文档中的任意位置，然后单击"插入"功能选项卡"插图"分组中的

"图片"按钮。

②　打开"插入图片"对话框，在"查找范围"下拉列表框中选择存放图片的位置，选中该位置下的图片文件"任务 1.png"，如图 3-9 所示，单击"插入"按钮，将图片插入文档中。

图 3-9　"插入图片"对话框

（2）设置图片的环绕方式。

在"图片工具　格式"功能选项卡的"排列"分组中，单击"文字环绕"按钮，在弹出的下拉菜单中选择"浮于文字上方"选项，如图 3-10 所示。

（3）调整图片的大小。

将鼠标指针指向图片的任意边框或角点，当鼠标指针变成双箭头↔ ↕ ↗ ↘ 形状时，缩放图片至合适大小；或在"图片工具　格式"功能选项卡的"大小"分组中，精确调整图片大小。

（4）调整图片的位置。

将鼠标指向图片，当鼠标指针变为 ✛ 形状时，可移动图片，移动到如图 3-11 所示的位置。

图 3-10　图片环绕方式　　　　　　　　　　图 3-11　移动图片位置

（5）裁剪图片。

将图片左侧的标注部分裁剪掉。选中图片，单击"图片工具 格式"功能选项卡"大小"分组中的"裁剪"按钮 ，此时图片的四周将出现裁剪标志，将鼠标指针移至图片的左边界控制点上，鼠标指针变成 ⊣ 形状时，按住左键并向右拖动鼠标，到合适的位置释放鼠标，将图片左边部分裁掉，如图 3-12 所示。

图 3-12 裁剪图片过程

（6）插入自选图形。

插入自选图形"云形标注"替代裁剪掉的部分。在"插入"功能选项卡"插图"分组中单击"形状"按钮，在弹出的下拉菜单中选择"云形标注"选项，如图 3-13 所示。按住鼠标左键不放，开始绘制自选图形，拖动鼠标至适当位置，释放鼠标，完成绘制图形。

（7）在光标插入点输入文字"Sorry"，设置为二号、Calibri 字体。

（8）调整自选图形的大小和位置，方法同对图片的操作一样。

（9）旋转自选图形。

① 选中自选图形，将其进行水平旋转。单击"文本框工具 格式"功能选项卡"旋转"按钮，在弹出的下拉菜单中选择"水平翻转"选项，如图 3-14 所示。

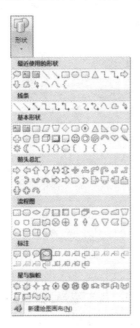

图 3-13 插入自选图形"云形标注"

图 3-14 "旋转"菜单

② 继续旋转图形，当旋转角度没有精确要求时，可以使用旋转手柄旋转图片。选中"云形标注"图形，其周围将出现 8 个蓝色的大小控制点和一个绿色的旋转控制柄，将鼠标移动到旋转手柄上，当鼠标指针变为旋转箭头形状时，按住鼠标左键沿圆周方向顺时针或逆时针旋转图片即可，如图 3-15 所示。

（10）插入剪贴画。

① 在"插入"功能选项卡"插图"分组中单击"剪贴画"按钮，在 Word 2007 窗口右侧打开"剪贴画"任务窗格。

图 3-15　旋转"云形标注"

② 在"剪贴画"任务窗格的"搜索文字"文本框中，输入所需剪贴画的关键字"乌龟"，单击"搜索"按钮，在搜索结果预览框中，单击所需剪贴画，将其插入文档中，如图 3-16 所示。

图 3-16　插入剪贴画

（11）设置剪贴画的环绕方式、等比例缩放，以及旋转角度，然后调整到适当位置，如图 3-17 所示。

① 选中剪贴画"乌龟"。

② 设置剪贴画的环绕方式。单击"图片工具　格式"功能选项卡的"文字环绕"按钮，在弹出的下拉菜单中选择"浮于文字上方"选项。

③ 设置剪贴画大小。单击"图片工具　格式"功能选项卡"大小"分组右下角的"对话框启动器"按钮，在弹出的"大小"对话框中，选中"锁定纵横比"复选框，设置剪贴画的高度和宽度，并设置旋转角度为 350°，然后将剪贴画移动到适当的位置。

1. 选中剪贴画　　　　　　　2. 设置剪贴画的环绕方式

3. 设置剪贴画的大小和旋转角度

图 3-17　剪贴画的设置

**提示：** 在设置剪贴画的旋转角度时，也可以单击"旋转"按钮，在弹出的下拉菜单中选择"其他旋转选项"选项，弹出"大小"对话框，在其中设置旋转角度为 350°，如果旋转角度没有精确要求，还可以使用绿色的旋转手柄旋转剪贴画。

**操作3　插入文本框，输入文字**

（1）选择"插入"选项卡，在"文本"分组中单击"文本框"按钮 ▣。在弹出的下拉菜单中单击"绘制文本框"按钮，可手动绘制横排文本框。在文本框中输入文字"新手上路"，字体设为"华康少女"，"新"的字号设为90，"手上路"的字号为一号，加粗。将"新手上路"的字间距加宽5磅。调整文本框至合适位置。

（2）插入文本框，输入文字"速行驶，亲多包涵"，设置字体为"迷你简哈哈"，字号为二号，调整文本框至合适位置。

（3）最终效果如图 3-18 所示。

图 3-18　汽车车贴最终效果

### 知识延伸

本任务主要练习了在文档中插入图片和图形的相关操作。可以对车贴进行更多的编辑，从而了解功能区中其他按钮的作用。

#### 1. 为图片添加阴影

选中图片"任务 1.png"，在"图片工具 格式"选项卡"图片样式"分组中单击"图片效果"按钮，在弹出的下拉菜单中选择"阴影"选项，弹出"阴影"下拉菜单，选择"透视"选项中的"右上对角透视"选项，如图 3-19 所示。

图 3-19　为图片添加阴影

#### 2. 组合自选图形

按住【Ctrl】键，用鼠标依次单击文档中的两个自选图形"流程图：延期"，在"绘图工具 格式"功能选项卡的"排列"分组中，单击"组合"按钮，或者用鼠标右键单击选中的图形，在弹出的快捷菜单中执行"组合"→"组合"菜单命令。此时两个自选图形就组合成一个整体了。

#### 3. 更改云形标注

如果想更改标注的图形，可选中"云形标注"，在"文本框工具 格式"功能选项卡中，选择"文本框样式"选项，单击"更改形状"按钮，从弹出的下拉菜单中选择需要的图形，如图 3-20 所示。

图 3-20　更改云形标注

### 4．注意层次关系

本任务中插入了图片、图形和文本框等多个对象，需要注意这些对象的叠放次序，先插入的对象在最下面，最后插入的对象在最上面，上层的对象会遮盖下层的对象。可以单击"格式"功能选项卡"排列"分组中的"置于顶层"或"置于底层"按钮，在打开的菜单中选择"上移一层"或"下移一层"选项，调整上下层的排放次序。

 **任务小结**

在 Word 2007 文档中可以插入符合主题的图片和图形。

图片主要包括 Word 2007 自带的剪贴画和用户插入的外部图片。插入图片后，在 Word 2007 功能区中将自动出现相应的"格式"功能选项卡，利用该选项卡可以对插入的图片进行各种编辑和美化操作。如可以对图片进行大小、旋转、文字环绕、裁切、亮度、对比度、样式、边框和特殊效果等设置。

图形即形状，如线条、正方形、椭圆形和箭头等。绘制好图形后，可利用自动出现的相应"绘图工具　格式"选项卡对其进行各种编辑和美化操作。如可对图形进行大小、旋转、文字环绕、对齐、组合、样式、轮廓、填充及特殊效果等设置。

Word 2007 中图片和图形的设置方法有许多相似之处，在实际应用中要学会举一反三，灵活运用所学知识解决实际问题。

 **任务2** ▌ **制作招聘广告**

 **任务目标**

本任务的目标是通过在文档中插入并设置艺术字，使用编辑文字和图片等相关知识，制作并美化招聘广告文档，最终效果如图 3-21 所示。

本任务的具体目标要求如下：

（1）熟练掌握在文档中插入和编辑艺术字的方法。

（2）熟练掌握对文字和图片的基本编辑方法。

图 3-21　招聘广告最终效果

 **专业背景**

寻找人才，发布招聘广告是最直接有效的方法。企业招聘人才时，要在相关媒体发布企业的招聘信息，同时对企业进行宣传。招聘广告通过文字、色彩、图案来吸引求职者，招聘广告设计的好坏，直接影响应聘者对企业的印象。

## 操作思路

本任务的操作思路如图 3-22 所示。涉及的知识点有字体格式设置，添加艺术字和图片等，具体思路及要求如下：

（1）设置文档中的字体格式。

（2）插入和设置图片。

（3）插入和设置艺术字。

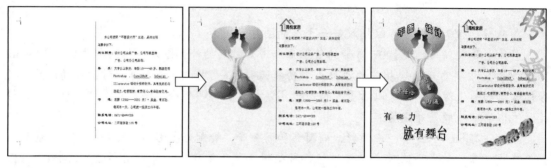

图 3-22 制作招聘广告操作思路

**操作1** 设置文档页面、文本排版

（1）打开"招聘广告"文档，对其进行如下页面设置：A4 纸，横向，上、下、左、右页边距 2 厘米。

（2）将文本内容分两栏，并添加分隔线。把光标定位在文档第 1 行并按回车键，将文字推移至文档的右半面第 4 行。

（3）对文字进行排版。将所有文字设置为四号宋体，再将文本"岗位职责："、"要求："、"待遇："及"联系电话："设置为三号隶书，如图 3-23 所示。

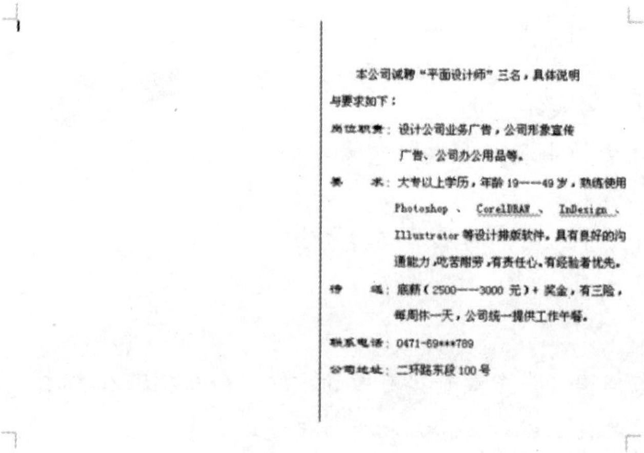

图 3-23 文本排版

**操作 2**　　图片的插入和设置

（1）插入图片。

将光标定位在文档左半面的任意位置处，选择"插入"功能选项卡，在"插图"分组中单击"图片"按钮，打开"插入图片"对话框，将所需的两张图片素材插入文档中，如图 3-24 所示。

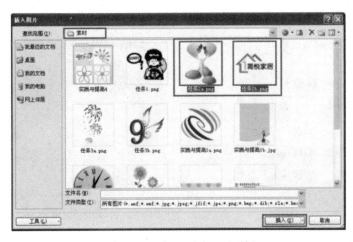

图 3-24　"插入图片"对话框

（2）设置环绕方式。

分别选中两张图片，设置为"浮于文字上方"环绕方式。选中图片，选择"图片工具　格式"功能选项卡，在"排列"分组中单击"文字环绕"按钮，在弹出的下拉菜单中选择"浮于文字上方"选项。

（3）分别调整两张图片的大小与位置。选中图片，将鼠标指针移到图片四角的控制点上，按住鼠标左键并拖动鼠标调整图片的大小，将图片移至如图 3-25 所示的位置。

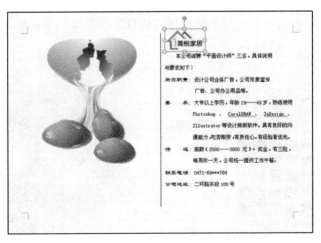

图 3-25　调整图片大小和位置

**操作3** 插入和设置艺术字

（1）插入艺术字"平面设计"。

① 将光标定位在第1行，选择"插入"功能选项卡，在"文本"分组中单击"艺术字"按钮 ![A]，在弹出的下拉菜单中选择"艺术字样式1"选项，如图3-26所示。

② 打开"编辑艺术字文字"对话框，如图3-27所示。设置字体为"华文彩云"，字号为"40"，在"文本"文本框中输入"平面设计"，单击"确定"按钮，将艺术字插入文档中。

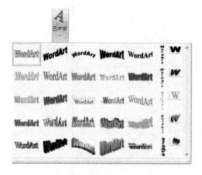

图3-26 艺术字样式　　　　　　　　　图3-27 "编辑艺术字文字"对话框

③ 单击"排列"分组中的"文字环绕"按钮 ![img]，在弹出的下拉菜单中选择"浮于文字上方"选项。

④ 调整艺术字大小和位置。将鼠标指针移到艺术字四角的控制点，按住鼠标左键并拖动鼠标调整艺术字的大小，或者精确设置艺术字的大小，将"大小"分组中的高度设置为2.5厘米，宽度设置为7.5厘米，将艺术字移动到适当的位置。

⑤ 更改艺术字形状。选中艺术字，选择"艺术字工具 格式"功能选项卡，在"艺术字样式"分组中单击"更改形状"按钮 ![A]，在弹出的下拉菜单中选择"倒V形"选项，如图3-28所示。选中艺术字，将鼠标指向左侧的一个黄色菱形控制手柄，当鼠标指针变成 ▷ 形状时，上下移动鼠标，可以增加变形幅度，如图3-29所示。

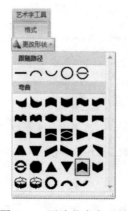

图3-28 更改艺术字形状　　　　　　图3-29 增加变形幅度

（2）插入和设置艺术字"责任心""创意""沟通"。

① 将光标定位在空白处，单击"插入"功能选项卡"文本"分组中的"艺术字"按钮，在弹出的下拉菜单中选择"艺术字样式 13"选项，在打开的"编辑艺术字文字"对话框中，设置字体为"华文新魏"，字号为"28"，"加粗"，在"文本"文本框中输入"责任心"，单击"确定"按钮，将艺术字插入文档中。

② 将环绕方式设置为"浮于文字上方"。

③ 更改艺术字的填充颜色。选中艺术字，选择"艺术字工具　格式"功能选项卡，在"艺术字样式"分组中单击"形状填充"按钮，在弹出的下拉菜单中选择"标准色"中的"黄色"选项。

④ 更改艺术字的阴影颜色。选中艺术字，选择"艺术字工具　格式"功能选项卡，单击"阴影效果"按钮，在弹出的下拉菜单中可以看到当前阴影选项为"阴影样式 5"。单击"阴影颜色"，在弹出的菜单中选择"主题颜色"中的"黑色，文字 1，淡色 15"选项，如图 3-30 所示。

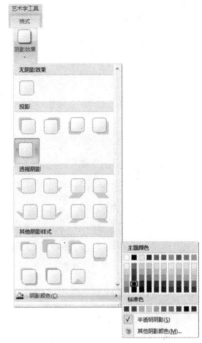

图 3-30　设置艺术字阴影颜色

⑤ 选中艺术字，将其移动到图片上，单击绿色旋转手柄并顺时针旋转艺术字到如图 3-31 所示位置。

⑥ 将艺术字"责任心"复制（组合键为【Ctrl+C】），并粘贴（组合键为【Ctrl+V】）两次，现在有三个同样的艺术字，选择"艺术字工具　格式"功能选项卡，在"文字"分组中单击"编辑文字"按钮，打开"编辑艺术字文字"对话框，将文本框中的文字更改为"创意"，单击"确定"按钮。用同样的方法，把另一个艺术字更改为"沟通"。

⑦ 竖排艺术字"创意"。选中艺术字"创意"，选择"艺术字工具　格式"功能选项卡，单击"艺术字竖排文字"按钮，完成艺术字竖排。"艺术字竖排文字"按钮按下表示竖排，弹起（不按）表示横排。

⑧ 调整艺术字"责任心""创意"与"沟通"的大小和位置，如图 3-32 所示。

图 3-31　旋转艺术字

图 3-32　艺术字"责任心""创意""沟通"设置完成

（3）插入和设置艺术字"有能力"和"就有舞台"。

① 将光标定位在空白处，单击"插入"功能选项卡中的"艺术字"按钮，在弹出的下拉菜单中选择"艺术字样式 4"选项，在打开的"编辑艺术字文字"对话框中，设置字体为"宋体"，字号为"36"，"加粗"，在"文本"文本框中输入"有能力"，单击"确定"按钮，将艺术字插入文档中。

② 将环绕方式设置为"浮于文字上方"。

③ 设置阴影样式。选中艺术字，选择"艺术字工具 格式"功能选项卡，在"阴影效果"分组中，单击"阴影效果"按钮，在弹出的下拉菜单中选择"阴影样式 20"选项。

④ 选中艺术字"有能力"，复制并粘贴，将其中一个艺术字的文字内容更改为"就有舞台"。

⑤ 调整艺术字"有能力"和"就有舞台"的大小和位置，如图 3-33 所示。

（4）插入和设置艺术字"聘"。

① 将光标定位在右半面的第 1 行，单击"插入"功能选项卡中的"艺术字"按钮，在弹出的下拉菜单中选择"艺术字样式 13"选项，在打开的"编辑艺术字文字"对话框中，设置字体为"华文行楷"，字号为"36"，在"文本"文本框中输入"聘"，单击"确定"按钮，将艺术字插入文档中。

② 将环绕方式设置为"浮于文字上方"。

③ 设置阴影样式。选中艺术字，选择"艺术字工具 格式"功能选项卡，在"阴影效果"分组中，单击"阴影效果"按钮，在弹出的下拉菜单中选择"阴影样式 17"选项。

④ 设置大小、旋转角度和位置。选中艺术字，选择"艺术字工具 格式"功能选项卡，单击"大小"分组右下角的"对话框启动器"按钮，在弹出的"设置艺术字格式"对话框中，选择"大小"选项卡，设置艺术字的高度为 5 厘米，宽度为 4 厘米，旋转为 30°，将艺术字移到如图 3-34 所示的位置。

图 3-33 艺术字"有能力"和"就有舞台"设置完成

图 3-34 艺术字"聘"设置完成

（5）插入和设置艺术字"全城热招"。

① 将光标定位在右半面的空白处，单击"插入"功能选项卡中的"艺术字"按钮，在弹出的下拉菜单中选择"艺术字样式 1"选项，在打开的"编辑艺术字文字"对话框中，设置字体为"迷你简哈哈"，字号为"36"，在"文本"文本框中输入"全城热招"，单击"确定"按钮，将艺术字插入文档中。

② 将环绕方式设置为"浮于文字上方"。

③ 选中艺术字，选择"艺术字工具　格式"功能选项卡，在"艺术字样式"分组中单击"更改形状"按钮，在弹出的下拉菜单中选择"左牛角形"选项。

④ 设置大小和旋转角度。选中艺术字，单击鼠标右键，在弹出的快捷菜单中选择"设置艺术字格式"选项。打开"设置艺术字格式"对话框，在"大小"选项卡中，设置艺术字的高度为 3 厘米，宽度为 10 厘米，旋转为 345°，如图 3-35 所示。

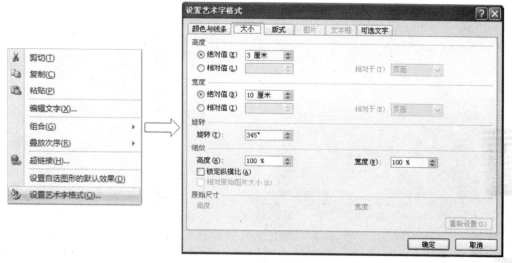

图 3-35　设置艺术字大小和旋转角度

⑤ 设置填充颜色与边框。在"设置艺术与格式"对话框中，选择"颜色与线条"选项卡，单击"填充效果"按钮，打开"填充效果"对话框，选择"渐变"选项卡，在"颜色"选项组中选中"预设"单选按钮，在"预设颜色"下拉列表框中选择"雨后初晴"选项；在"底纹样式"选项组中选择"水平"单选按钮；在"变形"选项组中选中右下角的样式，单击"确定"按钮，完成填充设置。在"线条"选项组中，"颜色"选择"无颜色"选项。单击"确定"按钮完成设置，如图 3-36 所示。

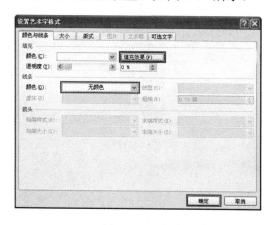
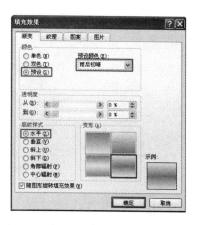

图 3-36　"颜色与线条"选项卡和"填充效果"对话框

⑥ 设置三维效果。选中艺术字，选择"艺术字工具　格式"功能选项卡，在"三维效

果"分组中单击"三维效果"按钮，在弹出的下拉菜单中选择"三维样式 13"选项，如图 3-37（a）所示。在"三维效果"组中单击四次"上翘"微调按钮，如图 3-37（b）所示。

⑦ 调整变形幅度。选中艺术字，将鼠标指向右侧的黄色菱形控制手柄，鼠标指针变成 ◁▷ 形状时，向下移动鼠标，可以增加变形幅度，如图 3-38 所示。

（a）"三维效果"下拉菜单　　（b）"三维效果"微调按钮

图 3-37　设置三维效果

图 3-38　增加艺术字变形幅度

⑧ 将艺术字移动到适当的位置，最终效果如图 3-39 所示。

图 3-39　招聘广告最终效果

 知识延伸

本任务主要练习艺术字的相关操作。为了使招聘广告更能吸引求职者的关注，可以进一步编辑和美化艺术字。下面介绍将艺术字转换为图片，对其进行美化操作。

选中艺术字"聘",为了使新的设置更加明显,先将其阴影效果删除,选择"艺术字工具　格式"功能选项卡,单击"阴影效果"按钮,在弹出的下拉菜单中选择"无阴影"选项。

选中该艺术字,进行复制,在"开始"功能选项卡中选择"剪贴板"分组,单击"粘贴"按钮下面的小三角按钮,弹出下拉菜单,选择"选择性粘贴"选项,打开"选择性粘贴"对话框,选中"粘贴　图片(PNG)"选项,这样新的艺术字就变成图片了。

选中该图片,将其环绕方式设置为"浮于文字上方"。删除艺术字"聘",将该图片放在艺术字"聘"的位置。选择"图片工具　格式"中的"图片样式"分组,单击"图片效果"按钮,在弹出的下拉菜单中选择"映像"选项,在弹出的"映像"下拉菜单中选择"全映像,8pt 偏移量"选项。

在"图片样式"分组中,单击"图片效果"按钮,弹出下拉菜单,选择"阴影"选项,弹出"阴影"下拉菜单,选择"内部右下角"选项,效果如图 3-40 所示。

图 3-40　艺术字转为图片效果

## 任务小结

在 Word 2007 的艺术字库中包含了许多艺术字样式,选择所需的样式,输入文字,即可轻松地在文档中创建漂亮的艺术字。创建艺术字后,可利用"艺术字工具　格式"功能选项卡对艺术字进行各种编辑和美化操作。

本任务中设计了多个艺术字,主要进行了艺术字的文字环绕、大小、旋转、样式、更改形状、轮廓、填充、阴影效果、三维效果等操作。

## 任务 3　制作邀请函

## 任务目标

本任务的目标是通过在文档中插入并设置文本框,使用图片、图形等相关知识,制作并美化邀请函文档,最终效果如图 3-41 所示。

本任务的具体目标要求如下:

(1)熟练掌握在文档中插入和编辑文本框的方法。

(2)熟练掌握在文档中插入和编辑图片或艺术字的方法。

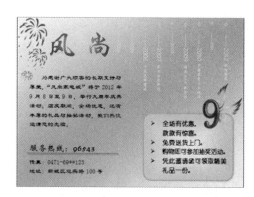

图 3-41　邀请函最终效果

### 专业背景

企业在举行年终客户答谢会、产品订购会、展销会及开业（周年）庆典等重大活动时，都要发出邀请函，与相关的合作伙伴进行正式的礼仪联络，通知礼仪活动事项，邀请宾朋，以实现加强合作、增进友谊的目的。商务礼仪活动邀请函，可以清晰、完整地表述礼仪活动的事项、要求等内容，活动的举办方还可以充分地利用邀请函这一媒介和载体，展示企业独特的文化与亲和力，提升礼仪活动的整体形象和影响力。

### 操作思路

本任务的操作思路如图 3-42 所示。涉及的知识点有插入和设置文本框、艺术字、图片等，具体思路及要求如下：

（1）插入和设置"背景"文本框。

（2）插入和设置"邀请词""荣誉历程""回馈活动"文本框。

（3）插入和设置艺术字、图片。

图 3-42    制作邀请函操作思路

## 操作 1  插入文本框制作背景

图 3-43    "文本框"下拉菜单

（1）打开"邀请函"文档。

（2）在文档中选择"插入"功能选项卡，在"文本"分组中单击"文本框"按钮。在弹出的下拉菜单中单击"绘制文本框"按钮，即可手动绘制横排文本框，如图 3-43 所示。当鼠标指针变为"＋"字箭头形状时，开始绘制自选图形，拖动鼠标至适当位置，释放鼠标，即可绘制出以拖动的起始位置和终止位置为对角顶点的文本框。

（3）设置文本框大小。

选中文本框，选择"文本框工具  格式"功能选项卡，单击"大小"分组右下角的"对话框启动器"按钮，在弹出的"设置文本框格式"对话框中，选择"大小"选项卡，设置文本框的高度为 10 厘米，宽度为 14 厘米，调整文本框的位置。

（4）设置文本框的填充颜色和边框颜色。

① 设置文本框填充颜色。选中文本框，单击鼠标右键，在弹出的快捷菜单中选择"设置文本框格式"选项。打开"设置文本框格式"对话框，选择"颜色与线条"选项卡，在"填充"选项组中，单击"填充效果"按钮，打开"填充效果"对话框，选择"渐变"选项卡。在"颜色"选项组中选中"双色"单选按钮；在"颜色 1"下拉列表框中选择"主题颜色：紫色，强调文字颜色 4，淡色 40%"选项，"颜色 2"下拉列表框中选择"主题颜色：白色"选项；在"底纹样式"选项中选择"斜上"单选按钮；在"变形"选项中选择右下角的样式，单击"确定"按钮完成设置，如图 3-44 所示。

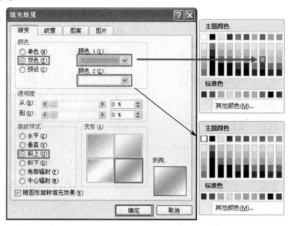

图 3-44　设置文本框的填充颜色

② 设置文本框边框颜色。在"设置文本框格式"对话框中，选择"颜色与线条"选项卡，在"线条"选项组中，单击"颜色"下拉列表框右侧的下拉按钮，选择"主题颜色：紫色，强调文字颜色 4，深色 25％"选项，"线型"选择"1 磅"。

（5）选中文本框，在"文本框工具　格式"功能选项卡的"排列"分组中，单击"位置"按钮，在弹出的下拉菜单中选择"顶端居中"选项，效果如图 3-45 所示。

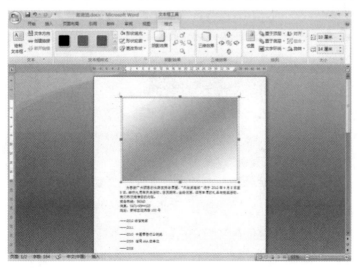

图 3-45　调整文本框的位置

## 操作2　使用文本框添加文字

插入三个文本框，分别为其添加相应的内容：一是邀请词；二是荣誉历程；三是回馈活动，具体操作如下。

（1）"邀请词"文本框的插入和设置。

① 将所有"邀请词"文本放在文本框中。选中"邀请函"文档中的所有"邀请词"，选择"插入"功能选项卡，在"文本"分组中单击"文本框"按钮。在弹出的下拉菜单中单击"绘制文本框"按钮，所有"邀请词"文本便放在文本框中了，如图3-46所示。

② 文本框设置为无填充色，无轮廓。选中"邀请词"文本框，选择"文本框工具　格式"功能选项卡，在"文本框样式"分组中单击"形状填充"按钮，在弹出的下拉菜单中选择"无填充颜色"选项，单击"形状轮廓"按钮，在弹出的下拉菜单中选择"无轮廓"选项，如图3-47所示。

③ 设置文本框的大小。选中文本框，选择"文本框工具　格式"功能选项卡，在"大小"分组中设置文本框的高度为6.5厘米，宽度为6厘米。

④ 设置文本框中文字的格式。选中文本框中所有文字，选择"开始"功能选项卡，字体设置为"隶书"，字号设置为"五号"。选中"服务热线："，将字体设置为"华文新魏"，字号设置为"小三"。选中"96543"，将字体设置为"迷你简少儿"，字号设为"小三"。

⑤ 将文本框移动到"背景"文本框的适当位置。

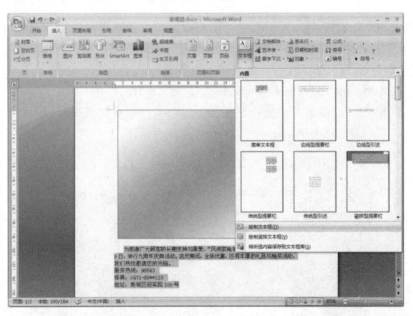

图3-46　选中"邀请词"文本，将其放在文本框中

⑥ 插入一条横线。将光标定位在文档空白处，选择"插入"功能选项卡，单击"形状"按钮，在弹出的下拉菜单中选择"直线"选项。当鼠标指针变为"＋"字箭头形状时，开始绘制直线，按住键盘上的【Shift】键，可以绘制水平直线，拖动鼠标至适当位置，释放

鼠标，完成水平直线的绘制。

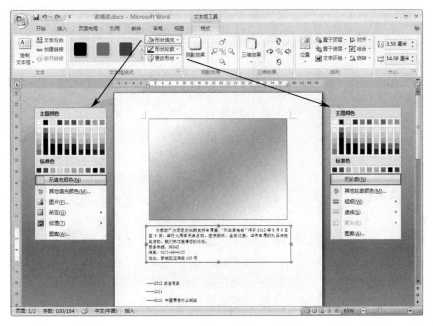

图 3-47　"邀请词"文本框设置为无填充色，无轮廓

选中直线，选择"绘图工具　格式"功能选项卡，对直线进行如下设置，宽度为 5.5 厘米，颜色为标准色"紫色"，阴影效果为"阴影样式 5"。

将直线移动到"服务热线："文本下面。"邀请词"文本框制作完成，效果如图 3-48 所示。

（2）"荣誉历程"文本框的插入和设置。

① 将"荣誉历程"文本放在文本框中。选中所有"荣誉历程"文本，选择"插入"功能选项卡，在"文本"分组中单击"文本框"按钮。在弹出的下拉菜单中单击"绘制竖排文本框"按钮，所有"荣誉历程"文本便放在文本框中了，并且纵向显示。

图 3-48　"邀请词"文本框效果

② 文本框设置为无填充色，无轮廓，操作方法同步骤（1）中的②。

③ 设置文本框的大小，高度为 5.5 厘米，宽度为 8 厘米。

④ 设置文本框中的文字格式为华文新魏，五号，黄色。

⑤ 添加项目符号。选中该文本框中的所有文字，选择"开始"功能选项卡，单击"项目符号"按钮右侧的下拉按钮，在弹出的列表中选择一种项目符号。

⑥ 为了使重要年份的项目符号显得大一些，可选中"诚信商家""——2011""中国零售行业铜奖""信用 AAA 级单位""——2008""家电示范单位""十大先锋商城""——2005""——2004"文本，将字号设置为六号。

⑦ 将该文本框移动到"背景"文本框并调整位置，如图 3-49 所示。

（3）"回馈活动"文本框的插入和设置。

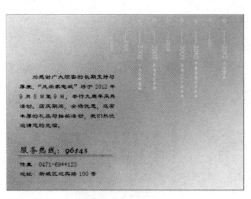

图3-49 "荣誉历程"文本框效果

① 将"回馈活动"文本放在文本框中。选中所有"回馈活动"文本，选择"插入"功能选项卡，在"文本"分组中单击"文本框"按钮。在弹出的下拉菜单中单击"绘制文本框"按钮，所有"回馈活动"文本便放在文本框中了。

② 文本框设置为无填充色，无轮廓，操作方法同步骤（1）中的②。

③ 设置文本框的大小，高度为4厘米，宽度为5.6厘米。

④ 设置该文本框的填充颜色。打开"设置文本框格式"对话框，选择"颜色与线条"选项卡，在"填充"选项组中，单击"填充效果"按钮，打开"填充效果"对话框，选择"渐变"选项卡，在"颜色"选项中选择"双色"单选按钮，在颜色1下拉列表框中选择"主题颜色：紫色，强调文字颜色4，淡色60%"选项，在颜色2下拉列表框中选择"主题颜色：橙色，强调文字颜色6，淡色80%"选项。在"底纹样式"选项中选择"中心辐射"；在"变形"选项中单击选中右侧的样式，单击"确定"按钮完成设置。

⑤ 设置文本框边框颜色。在"设置文本框格式"对话框中，选择"颜色与线条"选项卡，在"线条"选项组中，单击"颜色"下拉列表框右侧的下拉按钮，选择"主题颜色：紫色，强调文字颜色4，深色40%"选项，"线型"选择"2.25磅"。

⑥ 将矩形文本框变形为圆角矩形文本框。选中该文本框，选择"文本框工具 格式"功能选项卡，在"文本框样式"分组中单击"更改形状"按钮，弹出下拉菜单，选择"基本形状"选项中的"圆角矩形"选项。

⑦ 为文本框添加阴影。选中该文本框，选择"文本框工具 格式"功能选项卡，添加阴影效果为"阴影样式5"，阴影颜色为标准色"黄色"。

⑧ 选中该文本框内的所有文字，设置文字格式为幼圆，五号，加粗。

⑨ 添加项目符号，操作方法同步骤（2）中的⑤。

⑩ 将该文本框移动到"背景"文本框并调整位置，如图3-50所示。

图3-50 "回馈活动"文本框效果

## 操作3 插入和设置艺术字、图片

（1）插入和设置艺术字。

① 将光标定位在文档空白处，选择"插入"功能选项卡，在"文本"分组中单击"艺术字"按钮，在弹出的下拉菜单中选择"艺术字样式1"选项。

② 打开"编辑艺术字文字"对话框，设置字体为"华文行楷"，字号为"36"，在"文

本"文本框中输入"风尚"。单击"确定"按钮，将艺术字插入文档中。

③ 单击"排列"分组中的"文字环绕"按钮 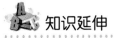，在弹出的下拉菜单中选择"浮于文字上方"选项。

④ 设置艺术字颜色。选中艺术字，单击鼠标右键，弹出快捷菜单，选择"设置艺术字格式"选项，打开"设置艺术字格式"对话框，选择"颜色与线条"选项卡，在"填充"选项组中，单击"填充效果"按钮，打开"填充效果"对话框，选择"渐变"选项卡，在"颜色"选项组中选择"双色"单选按钮，在颜色 1 下拉列表框中选择"主题颜色：紫色，强调文字颜色 4，淡色 40%"选项，在颜色 2 下拉列表框中选择"标准色：紫色"选项。在"底纹样式"选项中选择"中心辐射"；在"变形"选项中选择左侧的样式。返回"设置艺术字格式"对话框，在"线条"选项组中，"颜色"设为"无颜色"，单击"确定"按钮完成设置。

⑤ 更改艺术字形状为"山形"。

⑥ 设置艺术字大小，高度为 1.6 厘米，宽度为 3.6 厘米。

⑦ 设置阴影样式。选中艺术字，选择"艺术字工具　格式"功能选项卡，单击"阴影效果"按钮，在弹出的下拉菜单中选择"阴影样式 20"选项。

（2）插入和设置图片。

插入图片"任务 3a.png"和"任务 3b.png"，设置环绕方式为"浮于文字上方"，调整图片的大小。

（3）调整图片和艺术字的位置。完成"邀请函"的制作，效果如图 3-51 所示。

图 3-51　"邀请函"最终效果

### 知识延伸

本任务主要练习了文本框的相关操作。

制作邀请函时，可以将页面设置为卡片类文档大小，然后为整个页面添加图片或颜色。

选择"页面布局"功能选项卡，在"页面设置"分组中，将"纸张大小"设置为"自定义大小"，设置宽度为 14 厘米，高度为 10 厘米，上、下、左、右页边距为 0 厘米。

设置文档背景，操作步骤如下。

（1）选择"页面布局"功能选项卡，在"页面背景"功能组中单击"页面颜色"按钮。

（2）在弹出的下拉菜单中选择"填充效果"选项，打开"填充效果"对话框。

（3）在该对话框中，选择"渐变"选项卡，在"颜色"选项中选择"双色"单选按钮，在颜色 1 下拉列表框中选择"主题颜色：紫色，强调文字颜色 4，淡色 40%"选项，在颜色 2 下拉列表框中选择"主题颜色：白色"选项；在"底纹样式"选项中选择"斜上"；在"变形"选项中选择右下角的样式，单击"确定"按钮，完成文档背景的设置。

 任务小结

用户可在文本框中输入文字，插入图片、表格和艺术字等，并可将文本框放置在页面的任意位置，从而设计出较为特殊的文档版式。文本框是 Word 2007 的一种图形对象，所以普通图形也可以转换为文本框。在图形上单击鼠标右键，在弹出的快捷菜单中选择"添加文字"选项，这样即可将图形转换为文本框。

## 任务目标

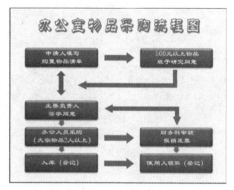

本任务的目标是通过绘制 SmartArt 图形来制作办公室物品采购流程图，最终效果如图 3-52 所示。通过练习应掌握插入和编辑艺术字，绘制 SmartArt 图形和自选图形等操作。

本任务的具体目标要求如下：
（1）熟练掌握插入和编辑艺术字的方法。
（2）掌握绘制和设置 SmartArt 图形的方法。
（3）掌握绘制自选图形的方法。

图 3-52 办公室物品采购流程图最终效果

## 专业背景

通过规范的采购流程，可以规范采购行为，确保支出的准确性和可控性，厉行节约，制止奢侈浪费。利用 Office 2007 提供的 SmartArt 图形功能，可以制作出具有专业水准的流程图，从而快速、准确、有效地传达信息。

## 操作思路

本任务的操作思路如图 3-53 所示，涉及的知识点有插入和编辑艺术字，绘制 SmartArt 图形，绘制自选图形等，具体思路及要求如下：
（1）插入并编辑艺术字。
（2）插入并编辑 SmartArt 图形。
（3）绘制自选图形。

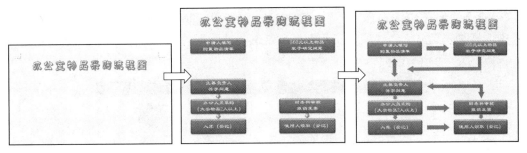

图 3-53　制作办公室物品采购流程图操作思路

**操作 1　插入并编辑艺术字**

新建文档，在文档中插入艺术字"办公室物品采购流程图"。

（1）插入艺术字。将光标定位在第 1 行，选择"插入"功能选项卡，在"文本"分组中单击"艺术字"按钮，在弹出的下拉菜单中选择"艺术字样式 1"选项。

（2）编辑文字。打开"编辑艺术字文字"对话框，设置字体为"华文隶书"，字号为"36"，"加粗"，在文本框中输入"办公室物品采购流程图"，单击"确定"按钮，将艺术字插入文档中。

（3）设置轮廓。在"艺术字工具　格式"功能选项卡的"艺术字样式"分组中，单击"形状轮廓"按钮，在弹出的下拉菜单中选择"主题颜色"选项中的"蓝色，强调文字颜色 1"选项，在"粗细"选项中选择"1.5 磅"。

（4）添加阴影。在"阴影效果"分组中，单击"阴影效果"按钮，在弹出的下拉菜单中选择"阴影样式 5"选项。

（5）设置间距。在"文字"分组中，单击"间距"按钮 AV。在弹出的下拉菜单中选择"稀疏"选项。

（6）设置大小。在"大小"分组中，设置高度为 1 厘米，宽度为 12 厘米。

（7）设置位置。

单击"排列"分组中的"文字环绕"按钮，在弹出的下拉菜单中选择"浮于文字上方"选项。单击"对齐"按钮，在弹出的下拉菜单中选择"左右居中"选项。

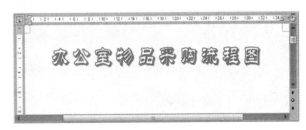

（8）完成设置，艺术字效果如图 3-54 所示。

图 3-54　艺术字效果

**操作 2　插入并编辑 SmartArt 图形**

（1）插入 SmartArt 图形。

① 将光标定位在艺术字下面。选择"插入"功能选项卡，在"插图"分组中，单击"SmartArt"按钮 。

② 打开"选择 SmartArt 图形"对话框，在左侧列表框中选择"流程"选项，在中间的列表中选择"垂直流程"选项，在右侧可预览选择的图形效果，如图 3-55 所示。单击"确定"按钮，将 SmartArt 图形插入文档中。

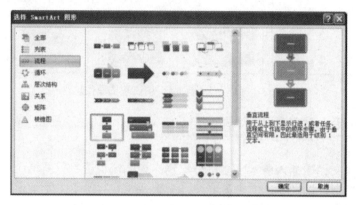

图 3-55　"选择 SmartArt 图形"对话框

（2）添加形状。在"SmartArt 工具　设计"功能选项卡的"创建图形"分组中，单击"添加形状"按钮，将在选中的形状后添加一个形状。在 SmartArt 图形后添加两个形状，如图 3-56 所示。

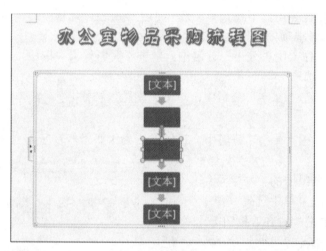

图 3-56　添加形状

**提示：** 可以使用文本窗格添加形状，分为在文本前和文本后两种情况。在文本窗格中，将光标定位在选中形状文本的开头或结尾，按【Enter】键，即可在选中形状前或后添加一个形状。

（3）在 SmartArt 图形中添加文本。选中需要输入文本的形状，然后在其中输入相应的文本，如图 3-57 所示。

**提示：** 通过打开文本窗格，也可以在形状中添加文本。单击 SmartArt 图形左侧的下拉按钮，打开文本窗格，或者在"SmartArt 工具　设计"选项卡的"创建图形"分组中，单击"文本窗格"按钮，打开文本窗格。然后就可以在文本窗格中为形状输入文字了，如图 3-58 所示。

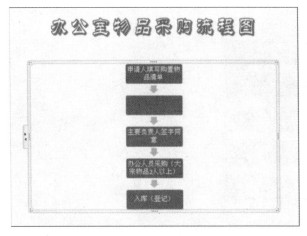

图 3-57　添加文本

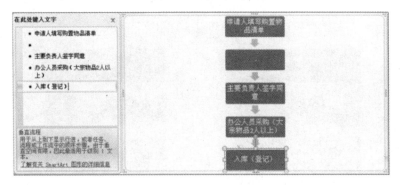

图 3-58　通过文本窗格添加文本

（4）设置 SmartArt 图形样式。选中 SmartArt 图形，在"SmartArt 工具　设计"功能选项卡的"SmartArt 样式"分组中，选择"强烈效果"的样式。

（5）设置文本格式。选中 SmartArt 图形，在"开始"功能选项卡中，设置文本格式为"隶书""14 号"。

（6）调整形状的大小。按【Shift】或【Ctrl】键选中 SmartArt 图形中的五个矩形。在"SmartArt 工具　格式"功能选项卡的"形状"分组中，单击"增大"按钮，如图 3-59 所示。

（7）设置 SmartArt 图形的大小。选中 SmartArt 图形，单击"SmartArt 工具　格式"功能选项卡的"大小"按钮，在下拉菜单中设置高度为 9 厘米，宽度为 6 厘米，效果如图 3-60 所示。

（8）设置位置。选中 SmartArt 图形，单击"SmartArt 工具　格式"功能选项卡的"排列"按钮。在"排列"下拉菜单中单击"文字环线"按钮，在弹出的下拉菜单中，选择"浮于文字上方"选项。单击"对齐"按钮，在弹出的下拉菜单中选择"左对齐"选项。

（9）复制并粘贴 SmartArt 图形，将复制的 SmartArt 图形对齐方式设置为"右对齐"。

（10）选中两个 SmartArt 图形，单击"对齐"按钮，选择"顶端对齐"选项。

（11）修改右侧 SmartArt 图形的文本内容，如图 3-61 所示。

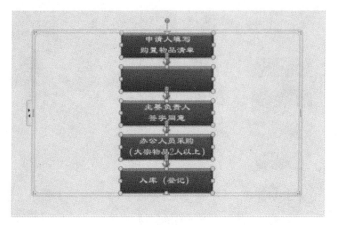

图 3-59　调整形状大小

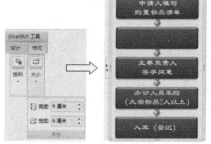

图 3-60　设置 SmartArt 图形的大小

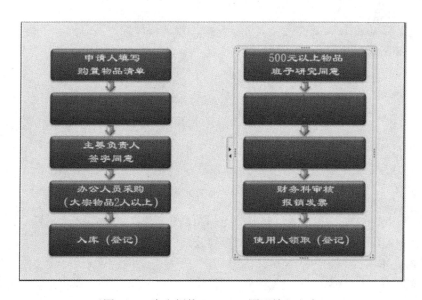

图 3-61　为右侧的 SmartArt 图形输入文本

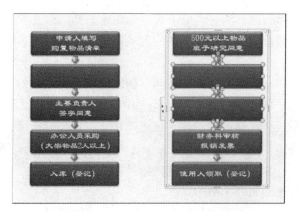

图 3-62　选中要隐藏的形状

（12）隐藏形状。选中如图 3-62 所示的形状。单击鼠标右键，在弹出的快捷菜单中选择"设置形状格式"选项。打开"设置形状格式"对话框，在"填充"选项中选择"无填充"，单击"关闭"按钮，关闭对话框，如图 3-63 所示。选中左侧 SmartArt 图形中要隐藏的形状，设置隐藏方法同上。隐藏形状效果，如图 3-64 所示。

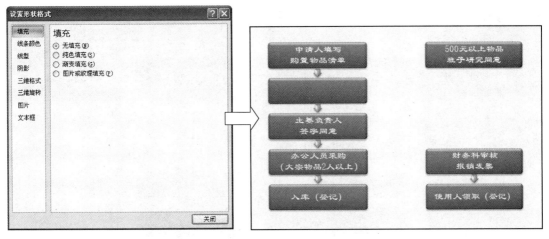

图 3-63　隐藏右侧 SmartArt 图形中的形状

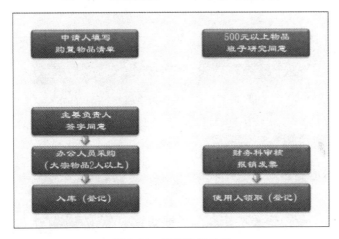

图 3-64　隐藏形状效果

**操作 3**　**绘制箭头流程线**

（1）绘制"上下箭头"。

① 选择"插入"功能选项卡，单击"形状"按钮，在弹出的菜单中选择"箭头总汇"选项中的"上下箭头"选项。

② 在文档中绘制"上下箭头"，并设置高度为 1.8 厘米，宽度为 0.7 厘米；颜色设为"蓝色，强调文字颜色 1"；无轮廓。移动形状到如图 3-65 所示的位置。

（2）绘制"右箭头"。

① 在文档中绘制"右箭头"，并设置高度为 0.8 厘米，宽度为 2.3 厘米；颜色设为"蓝色，强调文字颜色 1"；无轮廓。

② 复制粘贴右箭头，并将其移动到如图 3-66 所示的位置，同时选中三个右箭头，进行"左右居中"对齐操作。

（3）绘制"肘形箭头"。

① 选择"插入"功能选项卡，单击"形状"按钮，在弹出的菜单中选择"线条"选项

中的"肘形箭头连接符"选项。

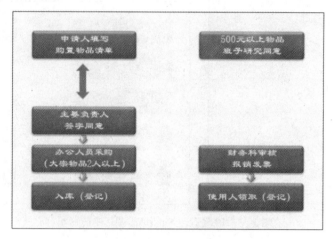

图 3-65　绘制上下箭头

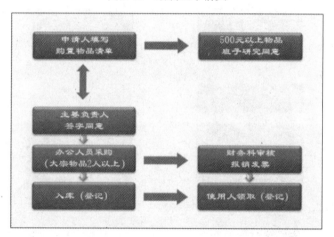

图 3-66　绘制右箭头

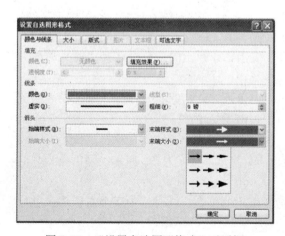

图 3-67　"设置自选图形格式"对话框

② 选中在文档中绘制的"肘形箭头连接符"，单击鼠标右键，在弹出的快捷菜单中选择"设置自选图形格式"选项。

③ 打开"设置自选图形格式"对话框。"颜色"设为"蓝色，强调文字颜色 1"，粗细设置为"9 磅"；在"箭头"选项组中，"末端大小"设为"右箭头 1"，设置完成，单击"确定"按钮，如图 3-67 所示。

④ 设置高度为 1 厘米，宽度为 7.5 厘米。

⑤ 将"肘形箭头连接符"进行变形。选中"肘形箭头连接符"，拖动中间的黄色菱形控制柄至右端，具体操作如图 3-68 所示。

图 3-68 肘形箭头变形过程

**提示：** 选中"肘形箭头连接符"，中间位置将出现一个黄色菱形控制柄，拖动该控制柄可以调整连接符的弯曲位置。连接符两端位置处有两个绿色圆形控制柄，用以调整连接符的大小。肘形箭头的右端不容易绘制，可以先绘制一个白色无轮廓的矩形，将其右上端遮盖，然后组合肘形箭头和白色区域即可。

肘形箭头绘制完成的效果，如图 3-69 所示。

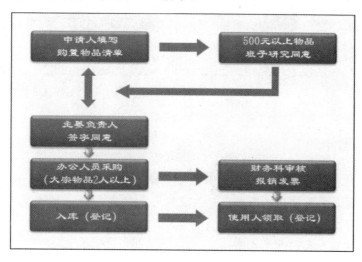

图 3-69 肘形箭头绘制完成

（4）绘制"肘形双箭头"。

① 选择"插入"功能选项卡，单击"形状"按钮，在弹出的菜单中选择"线条"选项中的"肘形双箭头连接符"选项。

② 设置"肘形双箭头连接符"的图形格式，方法同步骤（3）中的②。颜色设为"蓝色，强调文字颜色 1"，粗细设置为"9 磅"；在"箭头"选项组中"始端大小"设为"左箭头 1"，"末端大小"设为"右箭头 1"。

③ 设置大小，高度为 1.2 厘米，宽度为 5.5 厘米。

④ 对"肘形双箭头连接符"进行变形，完成效果如图 3-70 所示。

（5）选中绘制的"上下箭头""右箭头""肘形箭头"和"肘形双箭头"等 6 个箭头，进行组合。

（6）设置 SmartArt 图形中的箭头。

① 选中 SmartArt 图形中的箭头，单击鼠标右键，在弹出的快捷菜单中选择"设置形状格式"选项。

② 打开"设置形状格式"对话框，"填充"设为"纯色填充""蓝色，强调文字颜色 1"；"阴影"设为"预设""无阴影"；"三维格式"，"棱台 顶端"设为"无棱台效果"，"棱台 底端"设为"无棱台效果"。设置完成，单击"关闭"按钮。

（7）完成办公室物品采购流程图的制作，最终效果如图 3-71 所示。

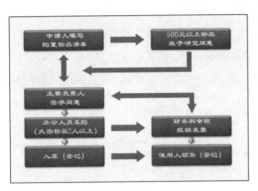

图 3-70　肘形双箭头效果

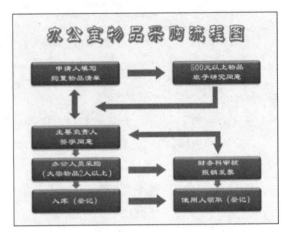

图 3-71　办公室物品采购流程图最终效果

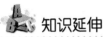知识延伸

本任务主要练习了绘制 SmartArt 图形的相关操作。

SmartArt 的含义是智能化的图形，可以理解为是信息和观点的视觉表示形式。

SmartArt 图形中有 3 个重要的概念：形状、文本和布局。

（1）形状：构成布局的基本元素。

（2）文本：每个形状中用于说明的文字，或代表某种特定意义的文字。

（3）布局：形状的分布、排列和相互之间的依赖关系。

SmartArt 图形提供了多种布局，按类别可以分为"列表""流程""循环""层次结构""关联""矩阵"和"棱锥图"，每一种类别下又包含若干个布局。

下面介绍 SmartArt 图形的"设计"和"格式"功能区中各按钮的作用。

### 1. SmartArt 图形的"设计"功能区

SmartArt 图形的"设计"功能区如图 3-72 所示，其中各按钮的作用分别如下。

图 3-72　"设计"功能区

◆　"添加形状"按钮：单击该按钮下的下拉按钮，在弹出的下拉菜单中可选择 SmartArt 图形添加形状的位置。

◆　"添加项目符号"按钮：可在 SmartArt 图形的文本中添加项目符号，仅当所选布局支持带项目符号文本时，才能使用该功能。

◆　"从左向右"按钮：单击该按钮，可改变 SmartArt 图形的左右位置。

◆　"布局"工具栏列表框：在该列表框中，可以为 SmartArt 图形重新定义布局样式。

◆　"更改颜色"按钮：单击该按钮，在弹出的下拉菜单中可以为 SmartArt 图形设置颜色。

◆ "SmartArt样式"工具栏列表框: 在该列表框中, 可选择SmartArt图形样式。

## 2. SmartArt图形的"格式"功能区

SmartArt图形的"格式"功能区如图3-73所示, 其中各按钮的作用分别如下。

图3-73 "格式"功能区

◆ "在二维视图中编辑"按钮: 单击该按钮, 可将所选的三维SmartArt图形更改为二维视图, 以便在SmartArt图形中调整形状大小和移动形状, 仅用于三维样式。

◆ "增大"/"减小"按钮: 单击相应的按钮, 可改变所选SmartArt图形中形状的大小。

◆ "形状样式"工具栏列表框: 选择SmartArt图形中的形状, 在该列表框中可为该形状设置样式。

◆ "艺术字样式"工具栏列表框: 在该列表框中, 可为选择的文字设置样式。

◆ "文本填充"按钮: 单击该按钮, 在弹出的下拉菜单中可设置文本的填充颜色。

◆ "文本轮廓"按钮: 单击该按钮, 在弹出的下拉菜单中可为选中的文字设置文本边框的样式及颜色。

◆ "文本效果"按钮: 单击该按钮, 在弹出的下拉菜单中可为选中的文字设置特殊的文本效果, 如发光、阴影等。

 任务小结

本任务围绕流程图的编辑制作, 介绍了Word 2007 SmartArt图形的设计与制作方法。SmartArt图形是Office 2007系统提供的一种新功能, 系统为用户提供了多种模板形式, 各种模板都有一定的使用范围, 用户可需要根据不同的情况选择不同的模板。

任务5 制作公司面试评价表

任务目标

本任务的目标是通过插入并设置表格来制作公司面试评价表文档, 最终效果如图3-74所示。通过练习应掌握插入表格的基本操作和设置表格的方法, 包括插入和绘制单元格, 合并与拆分单元格, 以及设置表格的行高、列宽、边框和底纹等操作。

本任务的具体目标要求如下:

(1) 熟练掌握插入表格的方法。

(2) 熟练掌握表格的基本操作(选择、插入、删除、合并与拆分单元格, 设置行高、列

宽等）。

（3）熟练掌握设置表格的基本操作（设置边框和底纹、对齐方式等）。

公司面试评价表

评价人姓名：　职务：　面试时间：

| 应聘人姓名： | | | 应聘岗位： | | | |
|---|---|---|---|---|---|---|
| 评价方向 | 评价要素 | 评价等级 | | | | |
| | | 1（差） | 2（较差） | 3（一般） | 4（较好） | 5（好） |
| 个人基本素质评价 | 1、举止仪表 | | | | | |
| | 2、沟通能力 | | | | | |
| | 3、亲和力与感染力 | | | | | |
| | 4、诚实度 | | | | | |
| | 5、时间观念与纪律观念 | | | | | |
| | 6、思维逻辑性，条理性 | | | | | |
| | 7、理解能力 | | | | | |
| 工作经验专业知识 | 8、工作经验 | | | | | |
| | 9、专业知识掌握情况 | | | | | |
| | 10、学习能力 | | | | | |
| 综合评价 | | | | | | |
| 评价结果 | | | | | | |
| 建议录用 | 复试 | 储备 | 不予录用 | | | |

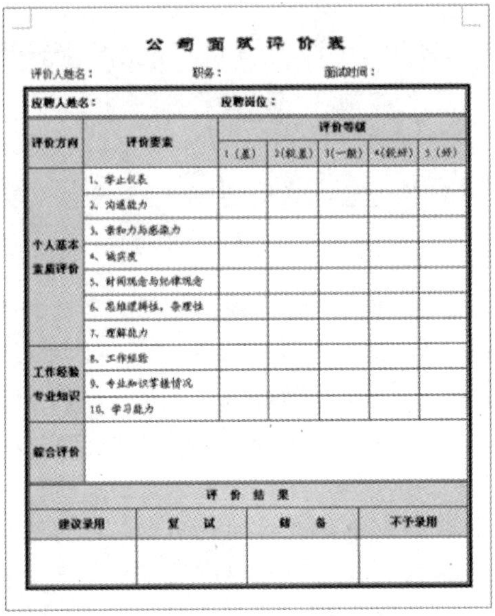

图 3-74　公司面试评价表最终效果

## 专业背景

面试可以由表及里地测评应聘者的知识、能力、经验等有关素质，面试评价表能及时记录应聘者的面试表现，可以作为是否录用应聘者的重要依据。制作表格时可以先在稿纸上画出大致的布局，然后照表绘制即可。表格中的内容可以根据情况需要进行添加，一般添加固定的内容，有变动的内容，可在使用时再进行添加。

## 操作思路

本任务的操作思路如图 3-75 所示。涉及的知识点有插入和绘制表格、设置表格等基本操作，具体思路及要求如下：

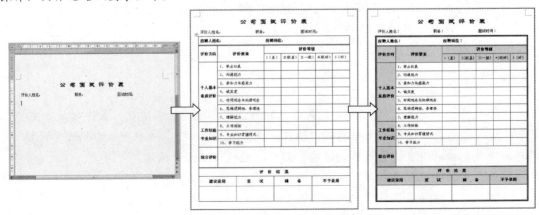

图 3-75　制作公司面试评价表的操作思路

（1）新建文档，输入正文文本，插入表格。

（2）绘制表格、合并与拆分单元格，设置表格的行高、列宽。

（3）设置表格的边框和底纹、对齐方式等。

**操作 1　插入表格**

（1）新建文档，在文档中输入表格名称"公司面试评价表"文本，并设置字体为"华文隶书"，字号为"小二"，如图 3-76 所示。

（2）将光标定位在第 3 行，选择"插入"功能选项卡，在"表格"功能组中单击"表格"按钮，在弹出的下拉菜单中选择"插入表格"选项，打开"插入表格"对话框。

（3）在"列数"数值框中输入"1"，在"行数"数值框中输入"17"，如图 3-77 所示。

（4）选中表格设置字体格式。将鼠标移动到表格中，此时表格左上方会出现"十"字形图标，单击图标，即可选中整个表格，将所有字体格式设置为"宋体、五号、加粗"。

图 3-76　设置文本格式

图 3-77　"插入表格"对话框

**操作 2　绘制表格、合并与拆分单元格、设置行高列宽**

（1）在表格第 1 行输入文本"应聘人姓名："和"应聘岗位："。

（2）在第 2 行输入文本"评价方向"，在文字"评价方向"右侧绘制一条竖线。

选择"表格工具　设计"功能选项卡，单击"笔画粗细"下拉列表框右侧的下拉按钮，在弹出的下拉列表中选择"0.25 磅"选项。单击"绘制表格"按钮，此时光标变为铅笔形状，按住鼠标左键不放，在文字"评价方向"右侧绘制一条竖线，从表格的第 2～14 行，如图 3-78 所示。

（3）选中"评价方向"和下面一个单元格，选择"表格工具　布局"功能选项卡，在 "合并"分组中，单击"合并单元格"按钮，将这两个单元格合并成一个单元格。

图 3-78　绘制"评价方向"右侧的竖线

（4）在"评价方向"右侧第 2 行的单元格中输入文本"评价要素"。

（5）"评价要素"下面一行不输入文本，在空行下面的单元格中分别输入相应的文本，并设置文字格式为"楷体、五号"，如图 3-79 所示。

（6）单击 "绘制表格"按钮，在"评价要素"和其下面的文本右侧绘制一条竖线，即从表格的第 2～13 行。将"评价要素"和下面单元格进行合并，如图 3-80 所示。

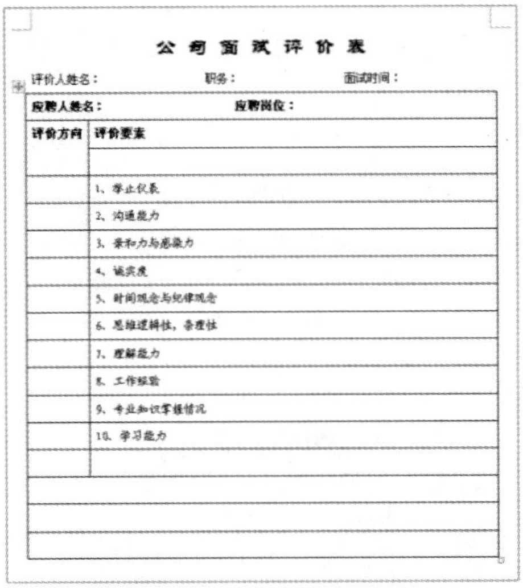

图 3-79 输入"评价要素"等文本 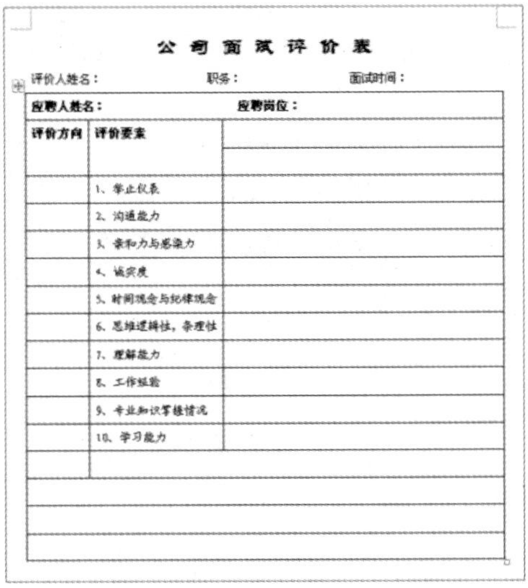　　　　　图 3-80 绘制"评价要素"右侧的竖线

（7）在"评价要素"右侧表格的第 1 行输入文本"评价等级"。

（8）选中"评价等级"下面一纵列单元格，从第 3～13 行。选择"表格工具　布局"功能选项卡，在"合并"分组中，单击"拆分单元格"按钮，弹出"拆分单元格"对话框，设置列数为 5，行数为 11，如图 3-81 所示。

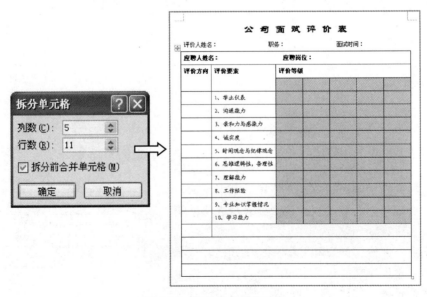

图 3-81 拆分选中的单元格

（9）在"评价等级"下一行的单元格中输入相应的文本，并设置字体格式为"楷体、五号"。

（10）合并表中第一列的第4～10行，在合并的单元格中输入文本"个人基本素质评价"；合并表中第一列的第11～13行，输入文本"工作经验专业知识"，并在下面的单元格中输入文本"综合评价"。

（11）选中"综合评价"一行，选择"表格工具 布局"功能选项卡，在"单元格大小"分组中，在"表格行高度"旁边的数值框输入2，效果如图3-82所示。

（12）在综合评价下面一行中输入文本"评价结果"。

（13）选中表格最后两行，拆分成2行、4列。

（14）在倒数第2行输入相应的文本"建议录用""复试""储备""不予录用"。

（15）选中最后一行，将行高设置为1.5厘米，效果如图3-83所示。

图3-82 设置"综合评价"的行高　　　　图3-83 设置最后一行行高

## 操作3 设置表格的底纹、边框及对齐方式

（1）设置表格外边框。

① 选中整个表格。

② 选择"设计"功能选项卡，在"绘图边框"分组中，单击"笔样式"下拉列表框右侧的下拉按钮，在弹出的下拉列表中选择"＝＝＝＝＝"样式，单击"笔画粗细"下拉列表框，选择"1.5磅"选项。

③ 此时鼠标指针显示为铅笔形状。在"表样式"分组中单击"边框"按钮，在弹出的下拉列表中选择"外侧框线"选项。

（2）设置第1行的下边框样式。"笔样式"选择"＝＝＝＝＝"样式，"笔划粗细"选择"0.25磅"选项，"边框"选择"下框线"选项。

（3）设置倒数第 3 行的上边框样式。"笔样式"选择"＝＝＝＝＝＝"样式，"笔划粗细"选择"0.25 磅"选项，"边框"选择"上框线"选项，如图 3-84 所示。

（4）设置表格底纹。按住【Ctrl】键不放，选择表格中如图 3-85 所示的区域，选择"设计"功能选项卡，在"表样式"分组中，单击"底纹"按钮，在弹出的下拉列表中选择"白色，背景 1，深色 15%"选项。

图 3-84　设置边框样式　　　　　　　图 3-85　设置表格底纹

（5）设置文本的对齐方式。选中表格，选择"布局"功能选项卡，在"对齐方式"分组中，单击"水平居中"选项。选中第 1 行，设为"中部两端对齐"；选中"1、举止仪表"到"10、学习能力"所在的单元格区域，设置对齐方式为"中部两端对齐"。

（6）完成公司面试评价表的制作，最终效果如图 3-86 所示。

图 3-86　公司面试评价表最终效果

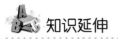

本任务练习了在文档中添加表格的方法，在文档中插入表格后，选择相应的单元格对象，利用"设计"或"布局"选项卡，对表格进行设置。

根据用户的不同需求，可以插入其他几种表格，下面介绍具体操作方法。

### 1. 插入带有斜线表头的表格

（1）利用前面介绍的方法，在文档中插入普通表格。

（2）选择"布局"选项卡，在"表"分组中单击"绘制斜线表头"按钮⊞，打开"插入斜线表头"对话框。

（3）在其中设置"行标题"为"产品"，"列标题"为"月份"，如图3-87所示。

（4）单击"确定"按钮，即可插入斜线表头，如图3-88所示。

### 2. 插入 Excel 2007 的表格

（1）将光标定位在要插入表格的位置，单击"表格"工具栏中的"表格"按钮。

（2）在弹出的快捷菜单中选择"Excel 2007 电子表格"选项。系统将自动调用 Excel 2007 程序，生成一个 Excel 2007 表格。

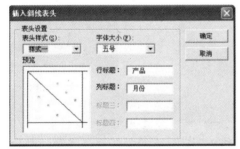

图 3-87　设置斜线表头

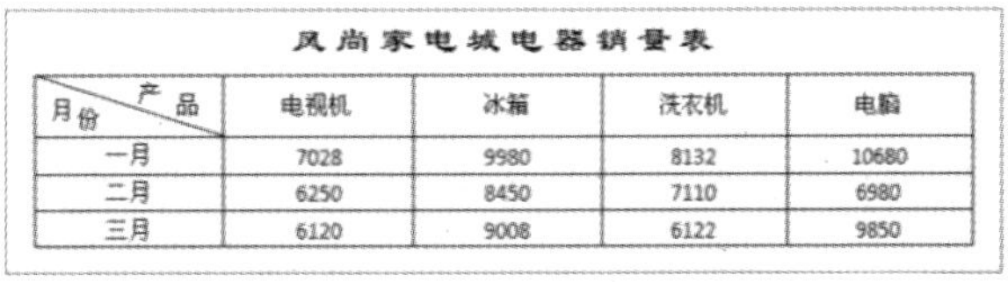

图 3-88　插入斜线表头效果

（3）将鼠标光标移动到虚线框的 8 个黑色控制点上，按住鼠标左键不放，向任意方向拖动，可改变表格大小。可通过改变表格大小来确定表格显示的行列数，如图3-89所示。

（4）单击任意空白处，退出 Excel 2007 表格编辑状态，Word 2007 中的 Excel 2007 表格如图 3-90 所示。

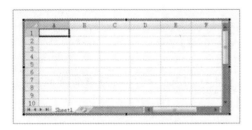

图 3-89　插入 Excel 2007 电子表格

图 3-90　Word 2007 中的 Excel 表格

### 3. 插入带有样式的表格

（1）将文本插入点定位在需要创建表格的位置，选择"插入"选项卡，单击"表格"分组中的"表格"按钮。

（2）在弹出的下拉菜单中选择"快速表格"选项，然后在弹出的快捷菜单中选择需要的表格模板样式，如表格式列表，带小标题，矩阵和日期等。

（3）在 Word 2007 中插入应用样式的表格，效果如图 3-91 所示。

| 2005 年本地大学学生注册 | | | |
| --- | --- | --- | --- |
| 学院 | 新生 | 毕业生 | 变动 |
| *本科生* | | | |
| Cedar 大学 | 110 | 103 | +7 |
| Elm 学院 | 223 | 214 | +9 |
| Maple 高等专科院校 | 197 | 120 | +77 |
| Pine 大学 | 134 | 121 | +13 |
| Oak 研究所 | 202 | 210 | -8 |
| *研究生* | | | |
| Cedar 大学 | 24 | 20 | +4 |
| Elm 学院 | 43 | 53 | -10 |
| Maple 高等专科院校 | 3 | 11 | -8 |
| Pine 大学 | 9 | 4 | +5 |
| Oak 研究所 | 53 | 52 | +1 |
| 合计 | 998 | 908 | 90 |

来源 虚构数据，仅用作图表示例。

图 3-91  插入带样式的表格

## 任务小结

表格是由单元格组成的，是用来组织和显示信息的一种格式。使用表格可以将复杂的信息简单明了地表达出来。对表格的主要操作包括：表格的创建、表格的编辑（移动、选择、插入、删除等）、单元格的合并与拆分、表格的拆分、行高列宽的调整、边框和底纹的设置、对齐方式的设置等。

任务 6 ▌▌ 制作数学试卷

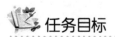
## 任务目标

本任务的目标是利用输入特殊字符，插入和编辑公式等操作，制作一份数学试卷文档，最终效果如图 3-92 所示。通过练习应掌握编辑公式的方法。

本任务的具体目标要求如下：

（1）掌握特殊字符的输入方法。

（2）熟练掌握编辑公式的操作。

图 3-92　数学试卷最终效果

## 专业背景

对于经常需要使用公式的用户来说，微软公司发布的 Office 2007 是一个不错的选择，Word 2007 提供了一个全新的公式编辑工具，它的易用性和功能与之前的版本相比有了质的飞跃。现在不用再受功能不全的 MathType——公式编辑器 3.0 的限制，利用"公式工具"可以直接插入公式，且提供了多种公式的样式，从而满足了绝大多数用户的需求，特别是教育工作者和科技人员。

## 操作思路

本任务的操作思路如图 3-93 所示。涉及的知识点有输入特殊字符，插入和编辑公式等，具体思路及要求如下：

（1）设置文档格式。

（2）使用公式输入特殊字符。

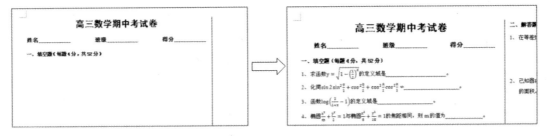

图 3-93　制作数字试卷操作思路

**操作1** 设置文档格式，输入试卷内容

（1）新建空白文档，选择"页面布局"选项卡，在"页面设置"功能组中，单击"对话框启动器"按钮，打开"页面设置"对话框，选择"页边距"选项卡，将"上、左、右"页边距设置为"2 厘米"，将"下"页边距设置为"3 厘米"；纸张方向设置为"纵向"。

（2）选择"纸张"选项卡，在"纸张大小"列表框中选择"自定义大小"选项，然后在其下方设置"宽度"为"36.8 厘米"，"高度"为"26 厘米"，设置完成后单击"确定"按钮，完成页面的设置，如图 3-94 所示。

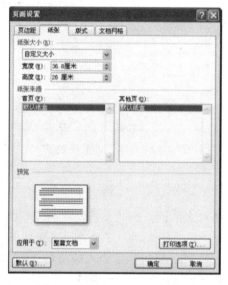

图 3-94 "页面设置"对话框

（3）在"页面设置"功能组中，单击"分栏"按钮，选择"更多分栏"选项。打开"分栏"对话框，在"预设"选项组中选择"两栏"选项，选中"分隔线"复选框，在"宽度和间距"选项组的"间距"数值框中输入"2"，单击"确定"按钮，完成分栏设置。

（4）在文档中，连续按回车键，将光标移至文档右半面，便可显示分栏线。

（5）按【Ctrl+A】组合键选中整篇文档，选择"开始"选项卡，在"段落"功能组中，单击"对话框启动器"按钮，打开"段落"对话框，在"间距"选项组的"行距"下拉列表中，选择"1.5 倍行距"选项，单击"确定"按钮，完成行距设置。

（6）将光标定位在文档左半面的第 1 行，输入文本"高三数学期中考试卷"，设置格式为"黑体、二号、加粗"。

（7）在第 2 行输入文本"姓名＿＿＿＿＿＿＿＿""班级＿＿＿＿＿＿＿＿"和"得分＿＿＿＿＿＿＿＿"，格式设置为"黑体、四号、加粗"，选中该行，设置行距为 3 行。

提示：下画线的输入方法。

◆ 将键盘切换到英文输入状态下，然后按【Shift+-】组合键，即可输入下画线。

◆ 在需要加下画线的地方按"空格键"，根据需要确定空格键个数，然后选中空格区域，按【Ctrl+U】组合键，可输入下画线。

（8）在第 3 行输入文本"一、填空题（每题 4 分，共 52 分）"，格式设置为"宋体、小四号、加粗"。

## 操作 2　输入公式

（1）输入第 1 个填空题，将光标定位在第 4 行，文字格式设置为"宋体、小四号"，输入文本"求函数"。

（2）输入公式。

① 选择"插入"选项卡，在"符号"功能组中，单击"公式"按钮 $\pi$ ，在文档中插入"在此处输入公式"输入框，如图 3-95 所示。同时打开"公式工具　设计"选项卡，如图 3-96 所示。

② 在输入框中直接输入"y="。

③ 输入" $\sqrt{1-}$ "。单击"结构"功能组中的"根式"按钮，在弹出的下拉列表中选择"平方根"选项，将其插入文档。按键盘上的左右方向键或用鼠标单击，选中"占位符"，输入"1-"。

图 3-95　输入公式

图 3-96　"公式工具　设计"选项卡

④ 在根式下继续输入"$(\quad)^{x}$"。单击"结构"功能组中的"上下标"按钮，在弹出的下拉列表中选择"上标"选项，将其插入文档。按键盘上的左方向键，选中"指数"的"占位符"，输入"x"。然后选中"底数"的"占位符"，单击"结构"功能组中的"括号"按钮，在弹出的下拉列表中选择"小括号"选项，将其插入文档。

⑤ 在（　）中输入" $\frac{1}{2}$ "。用同样的方法选中括号中的"占位符"，单击"结构"功能组中的"分式"按钮，从弹出的下拉列表中选择"分式（竖式）"选项。选中"分母"的"占位符"，输入"2"，选中"分子"的"占位符"，输入"1"。

⑥ 公式编辑完成，单击文档的任意位置，公式编辑区域的蓝色编辑框自动消失。如果需要再次编辑公式，单击该公式，蓝色的编辑框就会再次显示出来。

⑦ 在公式后面输入文本"的定义域是＿＿＿＿＿＿＿＿＿。"

⑧ 添加"编号"。选择"开始"选项卡，在"段落"功能组中单击"编号"按钮右侧的下拉按钮，在弹出的列表中选择一种编号。

⑨ 完成该题的输入，如图 3-97 所示。

图 3-97　第 1 个填空题输入完成

（3）输入第 2 个填空题。当前光标在第一题最后，按回车键，开始输入第二题，输入文本"化简"。

（4）输入公式。

① 方法同步骤（2），单击"公式"按钮。在文档中插入公式输入框。选择"公式工具设计"选项卡的"结构"功能组，单击"函数"按钮，在弹出的下拉列表中选择"sin"选项，将光标定位在 sin 后面的"占位符"中，输入"2"。

② 输入"$\sin^2$"。将光标移到 2 后面，单击"结构"功能组中的"上下标"按钮，在弹出的下拉列表中选择"上标"选项，选中"底数"的"占位符"，用键盘输入"sin"，然后选中"指数"的"占位符"，输入"2"。

③ 输入"$\frac{\alpha}{2}$"。按键盘上的右方向键，将光标定位在 $\sin^2$ 整体后面，单击"结构"功能组中的"分式"按钮，从弹出的下拉列表中选择"分式（竖式）"选项。选中"分母"的"占位符"，输入"2"，选中"分子"的"占位符"，在"符号"功能组中单击右下角的"其他"按钮 ⊡，打开如图 3-98 所示的对话框，单击左上角的下拉按钮，选中下拉菜单中的"希腊字母"选项，输入"$\alpha$"。

④ 后面公式的输入方法同上。

⑤ 第 2 个填空题输入完成的效果如图 3-99 所示。

图 3-98　公式的符号

图 3-99　第二题输入完成效果

（5）利用相同的方法，输入试卷的其他内容。数学试卷的最终效果如图 3-100 所示。

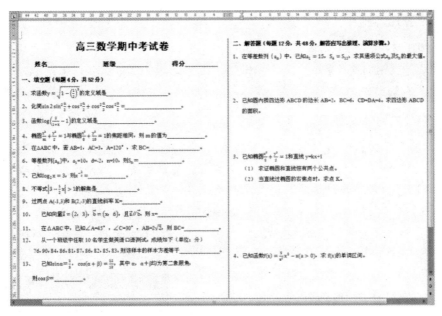

图 3-100　数学试卷最终效果

 知识延伸

本任务练习了制作试卷的相关操作。主要使用了页面设置和公式编辑等操作。下面介绍一些其他与公式编辑有关的知识。

### 1. 使用公式编辑器输入公式

（1）选择"插入"选项卡，在"文本"功能组中，单击"对象"按钮，在下拉菜单中选择"对象"选项，打开"对象"对话框。

（2）选择"新建"选项卡，在"对象类型"列表框中选择"Microsoft Equation 3.0"选项，如图 3-101 所示，单击"确定"按钮，打开公式编辑器，如图 3-102 所示。

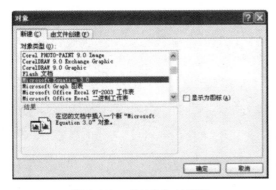

图 3-101　"对象"对话框　　　　　　　　　　图 3-102　公式编辑器

（3）光标闪动处为输入框，将公式输入其中即可。

## 2．调整公式大小

如果编辑好公式后需要调整大小，可以选择"开始"选项卡，在"字号"下拉列表中选择合适的字号，可按比例缩放整个公式。另外，选中公式后按【Ctrl+Shift＋>】或【Ctrl+Shift＋<】组合键可放大或缩小公式。

## 3．保存公式到公式库

很多公式都非常类似，为了方便今后的使用和修改，可以把公式保存到"公式库"中。选中公式，单击公式右下角的下拉按钮，在弹出的菜单中选择"另存为新公式"选项，如图 3-103 所示。打开"新建构建基块"对话框，在"名称"文本框内输入"正切二倍角公式"，单击"确定"按钮，保存公式，如图 3-104 所示。

以后使用时，只需选择"插入"选项卡，在"符号"功能组中，单击"公式"按钮右侧的下拉按钮，在弹出的下拉列表中找到已保存的公式，单击该公式，即可将其插入文档。

图 3-103　保存公式

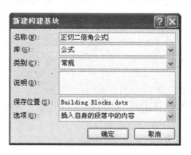

图 3-104　"新建构建基块"对话框

## 4．"专业型"和"线性型"公式

为了方便排版或符合不同用户的使用习惯，"公式工具"提供了将公式转换为"专业型"或"线性型"的功能。选中公式，单击公式右下角的下拉按钮，在弹出的菜单中选择"专业型"或"线性型"选项即可。如"二次公式"专业型为 $x = \dfrac{-b \pm \sqrt{b^2 - 4ac}}{2a}$，线性型为 $x = (-b \pm \sqrt{(b \wedge 2 - 4ac)}) / 2a$。

## 5．"公式工具"的格式要求

"公式工具"只支持".docx"的文档，如果文章格式为".doc"，即处于兼容模式下，"公式"按钮会呈灰色显示，即无法使用。

 任务小结

本任务通过制作与编辑数学试卷，介绍了特殊字符的输入，公式的插入和编辑等操作。在编辑公式的过程中，需要利用键盘的上、下、左、右方向键或移动鼠标光标来选中"占位符"，从而准确无误地插入公式内容。如果需要调整公式的大小，只需选中公式，设置字号即可。

# 实战演练 1　制作名片

## 演练目标

本演练要求利用文本框、图片、剪贴画、SmartArt 和艺术字的相关操作，制作如图 3-105
所示的名片文档。

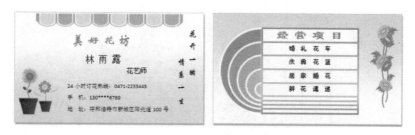

图 3-105　名片文档效果

## 演练分析

本实战演练的操作思路如图 3-106 所示，具体分析及思路如下。

（1）在文档中绘制文本框制作背景。

（2）插入图片和艺术字。

（3）在文档中绘制其他文本框，并输入文本。

（4）在文档中插入 SmartArt 图形和剪贴画。

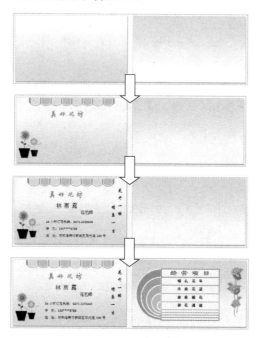

图 3-106　制作名片的操作思路

# 实战演练 2　制作申报表文档

## 演练目标

本演练要求利用插入表格和设置表格的相关知识，制作一份公司员工调动、晋升申报表，效果如图 3-107 所示。

图 3-107　申报表文档效果

## 演练分析

本演练的操作思路如图 3-108 所示，具体分析及思路如下。

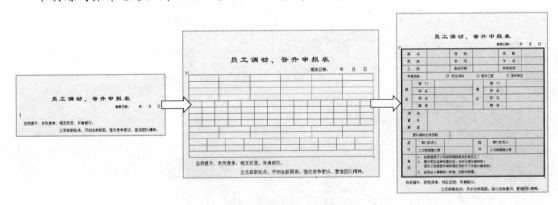

图 3-108　制作申报表文档操作思路

（1）在文档中插入图片，输入标题文本并设置格式。

（2）插入表格，合并与拆分单元格，设置表格的行高列宽。

（3）对表格进行边框和底纹等设置，使其更加合理美观。

# 实战演练 3　制作成人高考数学模拟试题文档

 演练目标

本演练要求利用公式工具的相关知识，制作成人高考数学模拟试题文档，效果如图 3-109 所示。

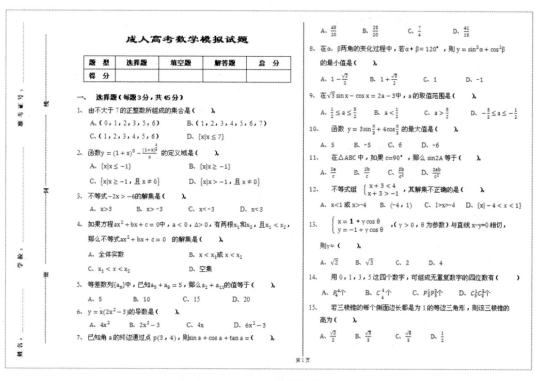

图 3-109　成人高考数学模拟试题文档

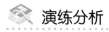 演练分析

本演练的操作思路如图 3-110 所示，具体分析及思路如下。

（1）进行页面设置，分栏，输入标题，插入表格操作。

（2）输入试卷内容，使用公式工具输入公式。

（3）制作密封线，进一步合理美化试卷。

提示密封线是由四条 1.5 磅的圆点直线组合而成的。可将密封线中的内容放在一个无填充色无轮廓的文本框中，设置文字方向时，需要选中文字。

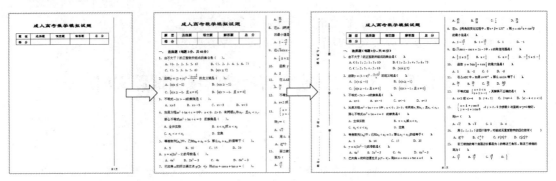

图 3-110　制作成人高考数学模拟试题的操作思路

# 实战演练 4　制作有奖问答流程图文档

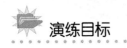 演练目标

本演练要求利用 SmartArt 图形的相关知识，制作如图 3-111 所示的流程图文档。

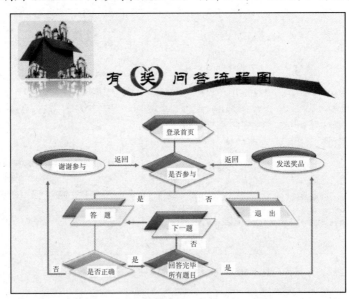

图 3-111　有奖问答流程图文档

演练分析

本演练的操作思路如图 3-112 所示，具体分析及思路如下。

（1）在文档中插入层次结构的 SmartArt 图形，删除形状。

（2）添加形状（后面、前面、上方、下方），为形状添加文本，设置 SmartArt 样式。

（3）移动、更改形状，设置形状大小、SmartArt 图形大小。

（4）添加流程线（使用箭头自选图形），添加分支说明（在文本框中输入"是"或"否"）。

（5）插入图片，美化流程图。

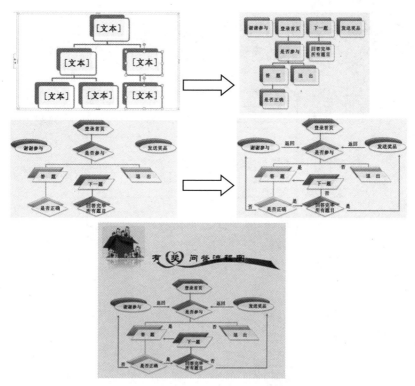

图 3-112　制作有奖问答流程图操作思路

# 拓展与提升

根据本模块所学内容，动手完成以下课后练习。

### 课后练习 1　制作招生广告文档

本练习将制作招生广告文档，需要用到文本框、图片、剪贴画、自选图形、SmartArt 和艺术字等的相关操作知识，最终效果如图 3-113 所示。

图 3-113　招生广告文档最终效果

**课后练习2 制作个人简历文档**

本练习将制作个人简历文档，需要用到表格的相关操作知识，最终效果如图3-114所示。

个 人 简 历

| 姓　名 | | 性　别 | | 照 |
| 民　族 | | 出生日期 | | 片 |
| 户　籍 | | 政治面貌 | | |
| 所学专业 | | | | |
| 毕业学校 | | | | |
| 联系电话 | | | | |
| 求职意向 | | | | |
| 主修课程 | | | | |
| 所获奖励 | | | | |
| 自我评价 | | | | |

图3-114 个人简历文档最终效果

**课后练习3 制作SmartArt图形**

本练习将制作3个SmartArt图形，需要用到SmartArt图形的相关操作知识，最终效果如图3-115所示。

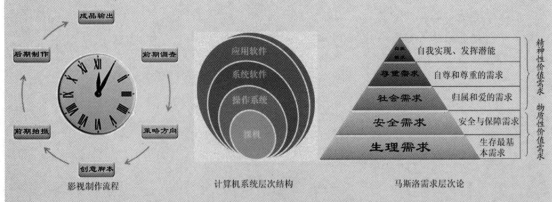

影视制作流程　　　　　　计算机系统层次结构　　　　　马斯洛需求层次论

图3-115 SmartArt图形最终效果

**课后练习4 制作"感恩父母"小报文档**

本练习将制作一张小报，以"感恩父母"为主题，设置纸张大小为宽36.4厘米，高25.7厘米；纸张方向为横向；上、下、左、右页边距均为2厘米。版面中的边框用自选图形或表格制作，通过使用文本框或艺术字添加文本，并应用图片美化小报，最终效果如图 3-116 所示。

图 3-116　"感恩父母"小报文档最终效果

课后练习 5　制作"个人简历"文档。

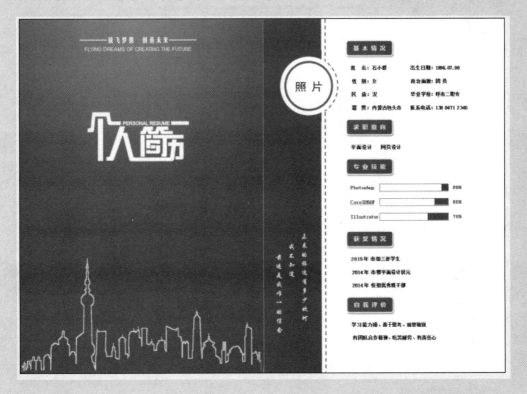

课后练习 6　制作"工作证"文档。

课后练习 7　制作"岁月百味"文档。

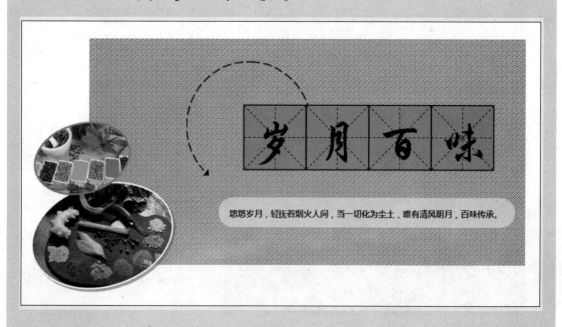

**课后练习 8**　制作"天猫运营思路"文档。

**课后练习 9**　制作"饮品单"文档。

课后练习 10　制作"丈量世界"文档。

　　　　　　旅行的最大礼物，就是重新赋予我们感受力。当我们离开熟悉的环境，进入陌生的城市，我们摆脱了日常生活中的种种束缚。旅途之所以令人思考，正是因为我们拥有了更多的感受力，更容易听到内心的声音。

课后练习 11　制作"大赛海报"文档。

课后练习 12 制作"断舍离"文档。

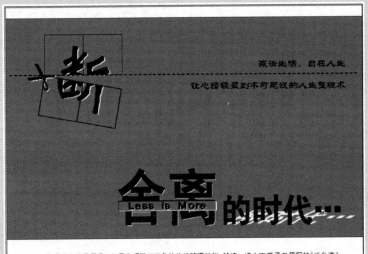

课后练习 13 制作"借书卡"文档。

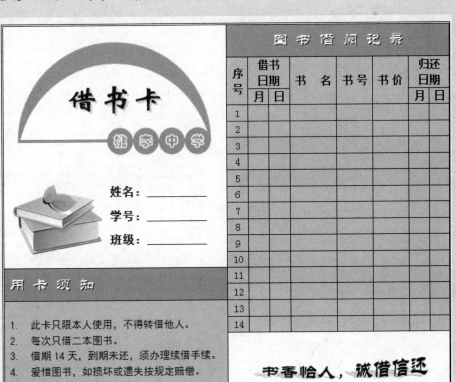

**课后练习14** 制作"开卷有益"文档。

**课后练习15** 制作"信封"文档。

课后练习 16　制作"音乐会"文档。

# 模块 4
# 文档排版的高级操作

**内容摘要**

利用 Word 2007 强大的文字编排功能，不仅可以制作在日常办公中的各类简短文档，还可以制作特殊文档，如编排长文档、运用样式快速排版文档等，从而快速制作出实用且条理清晰的文档。本模块通过 3 个操作实例来介绍 Word 2007 文档排版的高级操作。

**学习目标**

📖 熟悉新建样式的操作。
📖 熟练掌握利用样式编排文档的方法。
📖 熟练掌握长文档的排版技巧。
📖 掌握目录的制作方法。
📖 掌握修改和批注文档的方法。
📖 掌握插入脚注和尾注的方法。
📖 掌握邮件合并的方法。

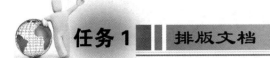

# 任务 1　排版文档

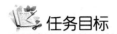

## 任务目标

本任务的目标是通过使用样式来编排一个文档，排版后的部分文档效果如图 4-1 所示。通过练习应掌握利用样式在排版文档时的操作，包括新建样式、使用内置样式排版、修改样式等操作。

中学生日常行为规范（修订）

一、自尊自爱，注重仪表

- 1、维护国家荣誉，尊敬国旗、国徽，会唱国歌，升降国旗、奏唱国歌时要肃立、脱帽、行注目礼，少先队员行队礼。
- 2、穿戴整洁、朴素大方，不烫发，不染发，不化妆，不佩戴首饰，男生不留长发，女生不穿高跟鞋。
- 3、讲究卫生，养成良好的卫生习惯，不随地吐痰，不乱扔废弃物。
- 4、举止文明，不说脏话，不骂人，不打架，不赌博。不涉足未成年人不宜的活动和场所。
- 5、情趣健康，不看色情、凶杀、暴力、封建迷信的书刊、音像制品，不听不唱不健康歌曲，不参加迷信活动。
- 6、爱惜名誉，拾金不昧，抵制不良诱惑，不做有损人格的事。
- 7、注意安全，防火灾、防溺水、防触电、防盗、防中毒等。

二、诚实守信，礼貌待人

- 8、平等待人，与人为善。尊重他人的人格、宗教信仰、民族风俗习惯。谦恭礼让，尊老爱幼，帮助残疾人。
- 9、尊重教职工，见面行礼或主动问好，回答师长问话要起立，给老师提意见态度要诚恳。
- 10、同学之间互相尊重、团结互助、理解宽容、真诚相待、正常交往，不以大欺小，不欺侮同学，不戏弄他人，发生矛盾多做自我批评。
- 11、使用礼貌用语，讲话注意场合，态度友善，要讲普通话。接受或递送物品时要起立并用双手。
- 12、未经允许不进入他人房间、不动用他人物品、不看他人信件和日记。
- 13、不随意打断他人的讲话，不打扰他人学习工作和休息，妨碍他人要道歉。

借用公物要按时归还，损坏东西要赔偿。
- 22、遵守宿舍和食堂的制度，爱惜粮食，节约水电，服从管理。
- 23、正确对待困难和挫折，不自卑，不嫉妒，不偏激，保持心理健康。

四、勤劳俭朴，孝敬父母

- 24、生活节俭，不互相攀比，不乱花钱。
- 25、学会料理个人生活，自己的衣物用品收放整齐。
- 26、生活有规律，按时作息，珍惜时间，合理安排课余生活，坚持锻炼身体。
- 27、经常与父母交流生活、学习、思想等情况，尊重父母意见和教导。
- 28、外出和到家时，向父母打招呼，未经家长同意，不得在外住宿或留宿他人。
- 29、体贴帮助父母长辈，主动承担力所能及的家务劳动，关心照顾兄弟姐妹。
- 30、对家长有意见要有礼貌地提出，讲道理，不任性，不要脾气，不顶撞。
- 31、待客热情，起立迎送。不影响邻里正常生活，邻里有困难时主动关心帮助。

五、严于律己，遵守公德

- 32、遵守国家法律，不做法律禁止的事。
- 33、遵守交通法规，不闯红灯，不违章骑车，过马路走人行横道，不跨越隔离栏。
- 34、遵守公共秩序，乘公共交通工具主动购票，给老、幼、病、残、孕及师长让座，不争抢座位。
- 35、爱护公用设施、文物古迹，爱护庄稼、花草、树木，爱护有益动物和生态环境。
- 36、遵守网络道德和安全规定，不浏览、不制作、不传播不良信息，慎

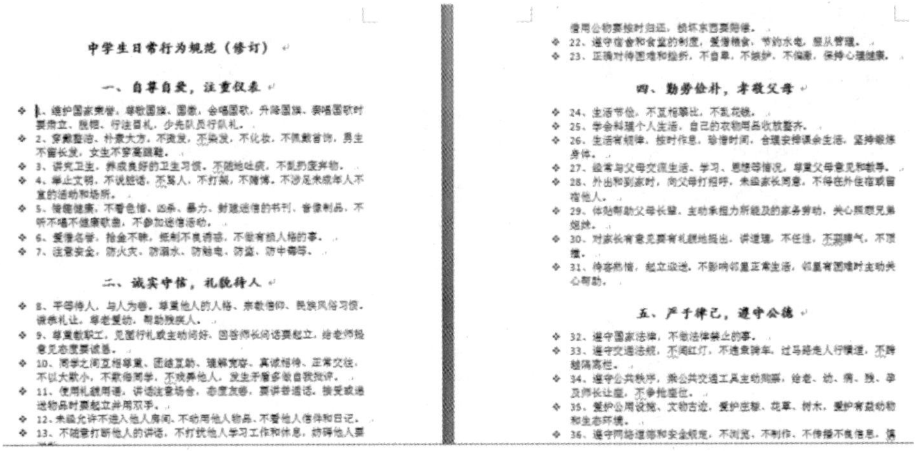

图 4-1　排版后的部分文档效果

本任务的具体目标要求如下。

（1）掌握新建样式的方法。

（2）掌握运用内置样式排版的操作。

（3）掌握修改样式的方法。

## 专业背景

本任务在操作时需要了解排版的意义，在排版时，尽量做到版面整洁，有条理，使人一目了然。

## 操作思路

本任务的操作思路如图 4-2 所示，涉及的知识点有样式的新建、应用、修改等操作，具体思路及要求如下。

（1）打开素材文档，新建样式。

（2）使用 Word 2007 内置的样式进行排版。

（3）修改样式并继续排版。

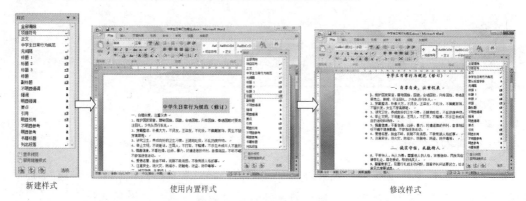

新建样式　　　　　　　　使用内置样式　　　　　　　　修改样式

图 4-2　排版文档的操作思路

操作 1　新建样式

（1）打开素材文件"模块 4\素材\中学生日常行为规范"，选择"开始"功能选项卡，单击"样式"功能组右下角的　按钮，在弹出的下拉菜单中单击"新建样式"按钮　。

（2）打开"根据格式设置创建新样式"对话框，在"名称"文本框中输入样式名称"中学生日常行为规范"，在"样式类型"下拉列表框中选择"段落"，在"样式基准"下拉列表框中选择"正文"，在"后续段落样式"下拉列表框中选择"正文"，在"格式"栏中设置字体为"宋体"，字号为"小四"，如图 4-3 所示。

图 4-3　"根据格式设置创建新样式"对话框

（3）单击"格式"按钮，在弹出的下拉菜单中选择"段落"选项，如图 4-4 所示，打开"段落"对话框，在"缩进"栏设置特殊格式为"首行缩进"，磅值为"2 字符"，在"间距"栏设置行距为"1.5 倍行距"，如图 4-5 所示，单击"确定"按钮，返回"根据格式设置创建新样式"对话框。

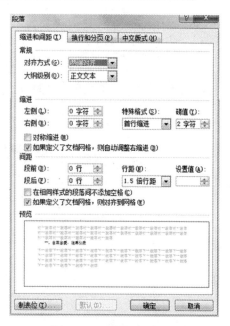

图 4-4　"格式"下拉菜单　　　　　　图 4-5　"段落"对话框

（4）单击"格式"按钮，在弹出的下拉菜单中选择"快捷键"选项，打开"自定义键盘"对话框，在"指定键盘顺序"栏中将光标插入"请按新快捷键"文本框中，然后按【Ctrl+1】组合键。

（5）在"将更改保存在"列表框中选择"中学生日常行为规范"，单击左下角的"指定"按钮，如图 4-6 所示。

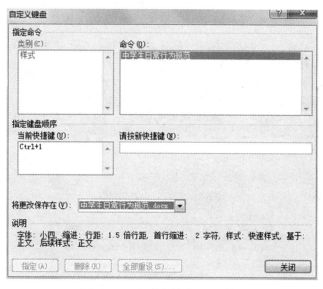

图 4-6　"自定义键盘"对话框

（6）单击"关闭"按钮，返回"根据格式设置创建新样式"对话框，单击"确定"按钮。

（7）再次单击"新建样式"按钮，打开"根据格式设置创建新样式"对话框，在"名称"文本框中输入样式名称"项目符号"，单击"格式"按钮，在弹出的下拉菜单中选择"编号"选项。

（8）打开"编号和项目符号"对话框，选择"项目符号"选项卡，在其中选择一种项目符号，如图4-7所示，依次单击"确定"按钮，完成新建样式操作，新建的样式如图4-8所示。

图4-7　设置项目符号　　　　　　　　　　　图4-8　新建的样式

## 操作2　使用样式排版

（1）选择要套用样式的"中学生日常行为规范（修订）"文本，在"样式"功能组"样式"列表框中选择"标题"选项，即可为选择的文本应用内置样式，如图4-9所示。

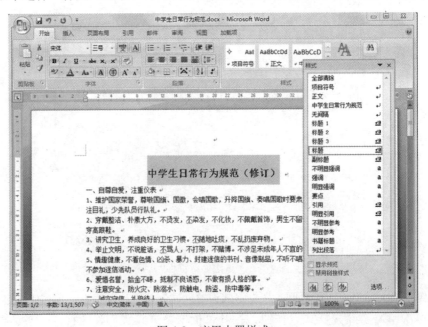

图4-9　应用内置样式

（2）将光标定位在需要应用样式的段落，按自定义的快捷键，这里按【Ctrl+1】组合键，将光标定位在需要应用"项目符号"的位置，在"样式"列表中选择"项目符号"选项，应用新建样式的效果如图 4-10 所示。

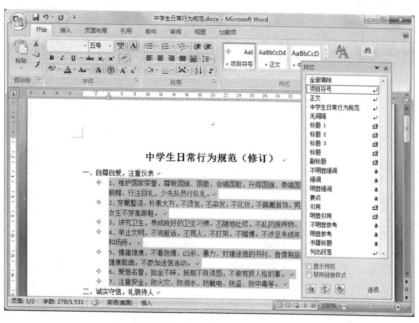

图 4-10　应用新建样式的效果

（3）在"快速样式"列表框中选择"标题"选项，单击"对话框启动器"按钮，打开"样式"对话框。单击"管理样式"按钮，打开"管理样式"对话框。在对话框中单击"修改"按钮，打开"修改样式"对话框。

（4）单击"格式"按钮，在弹出的下拉菜单中选择"字体"选项，打开"字体"对话框。设置中文字体为"华文楷体"，字形为"加粗"，字号为"三号"，如图 4-11 所示。

图 4-11　字体设置

（5）依次单击"确定"按钮，返回文档中，将光标定位在需要应用样式的位置，在"样式"列表框中选择"标题"选项，使用修改后的内置样式，效果如图4-12所示。

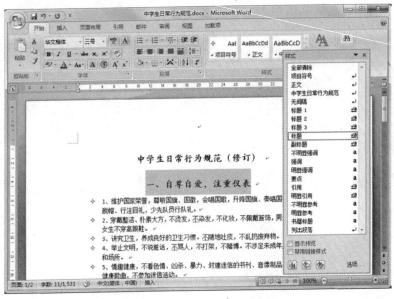

图4-12　修改后的内置样式效果

（6）选择"项目符号"样式，单击鼠标右键，在弹出的快捷菜单中选择"修改"选项。打开"修改样式"对话框，在其中设置字体为"宋体"，字号为"小四"。

（7）单击"样式"按钮，在弹出的下拉菜单中选择"编号"选项，在打开的"编号和项目符号"对话框中，选择一种项目符号，这里选择"❖"，单击"确定"按钮，如图4-13所示。

（8）指定快捷键为【Ctrl+3】组合键，并保存在"中学生日常行为规范"文档中，依次单击"确定"按钮完成修改。返回Word文档中，即可看到修改后的项目符号样式，如图4-14所示。

图4-13　修改后的项目符号

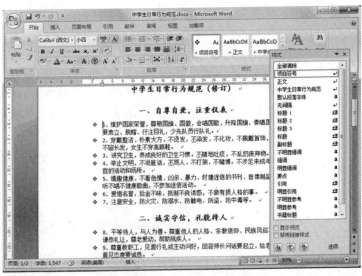

图4-14　修改后项目符号的样式

**提示：** 在修改样式时，不仅可以使用"管理样式"按钮，还可以选中"样式"列表框中的某项，单击右侧的下拉箭头，选择"修改"选项。

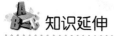

### 知识延伸

本任务练习了在排版文档时通过新建并应用样式来提高排版速度的相关操作，在文档中新建样式后，不需要的样式可以删除。

在 Word 2007 中，可以在"样式"列表框中删除自定义的样式，但无法删除模板内置的样式。删除样式时，在"样式"列表框中单击需要删除样式右侧的下拉按钮，在弹出的下拉菜单中选择"删除"选项，在打开的"确认删除"提示对话框中单击"是"按钮，即可删除样式。

若不需要某一部分文本的样式，可选中有格式的文本，在展开的"样式"列表框中选择"清除格式"选项，将其格式清除即可。

另外，通过使用模板也可以提高排版速度，在 Word 2007 中提供了许多预先设计好的模板，用户可以利用这些模板来快速制作长文档。若模板库中没有合适的模板，也可以自行创建需要的模板。创建模板可以打开一个与需要创建模板类似的文档，然后将文档编辑或修改为需要的样式后，另存为一个模板文件，或在现有模板的基础上进行修改创建一个新的模板。模板创建好以后，可根据创建好的模板文件排版新的 Word 文档。

### 任务小结

通过本任务的学习，应学会利用新建的样式来快速编辑文档，还可以直接应用已有样式进行编辑，有了样式，文档就会有统一格式。在编辑文档时，可利用已有样式进行修改，然后应用，可大大提高工作效率。

任务2 ‖ 查看和修订文档

### 任务目标

本任务的目标是运用 Word 2007 高级排版的相关知识，对文档进行查看、快速定位、制作目录及添加批注等操作，最终效果如图 4-15 所示。通过练习应掌握利用排版文档时应用的各种相关知识。

本任务的具体目标要求如下：

（1）掌握在编排长文档时常用的技巧。

（2）掌握在文档中制作目录的方法。

（3）掌握在文档中进行修改和批注的方法。

（4）掌握插入脚注和尾注的方法。

（5）了解统计字数等操作。

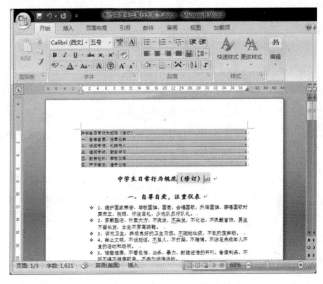

图 4-15　编排文档最终效果

## 专业背景

在本任务的操作中，需要了解在文档中插入批注的作用，插入批注是为了对文档中的一些文本在不修改原文本的基础上进行说明、诠释和解释的操作，批注一般用于需要提交各上级机关审阅的文档或向下属部门发出的说明性文档。

## 操作思路

本任务的操作思路如图 4-16 所示，涉及的知识点有编排长文档时的处理技巧、为长文档制作目录，以及插入和修改批注等操作，具体思路及要求如下。

（1）使用大纲、文档结构图和插入书签等方式查看文档。

（2）制作文档目录。

（3）在文档中插入和修改批注。

　　大纲视图　　　　　　　　　　　　创建目录　　　　　　　　　　插入和修改批注

图 4-16　查看和修订的操作思路

### 操作 1　快速查看文档

（1）打开素材文件"模块 4\素材\制作中学生日常行为规范"，选择"视图"功能选项卡。在"显示/隐藏"功能组中选中"文档结构图"复选框，将在 Word 文档窗口左侧显示"文档结构图"窗格。单击左侧"文档结构图"中的内容后，文档中将显示相应的内容，如图 4-17 所示。

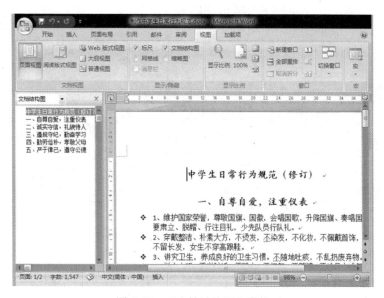

图 4-17　"文档结构图"窗格

（2）单击"文档视图"功能组中的"大纲视图"按钮，在打开窗格中的"显示级别"下拉列表框中选择显示的级别，如"2 级"选项，如图 4-18 所示。

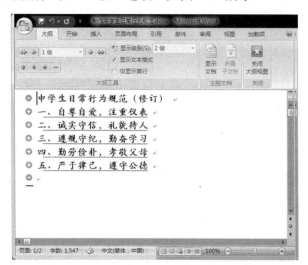

图 4-18　在"大纲视图"中选择显示级别

（3）选择需更改的项目，单击"大纲工具"功能组中相应的按钮即可调整内容在文档中的位置或降低项目级别。

（4）选择第 27～30 条内容文本，选择"插入"功能选项卡，在"链接"功能组中单击"书签"按钮。打开"书签"对话框，在"书签名"文本框中输入自定义的书签名，如"孝敬父母"，如图 4-19 所示。

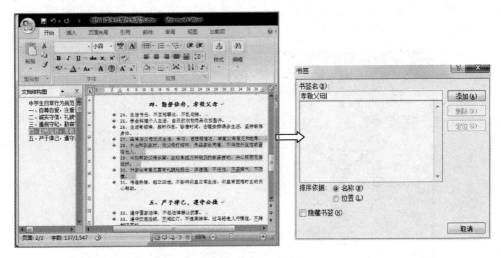

图 4-19　选择文本及"书签"对话框

（5）单击"添加"按钮，即可将书签添加到文档中。

（6）将文本插入点定位在添加了书签的文档的任意位置，单击"链接"功能组中的"书签"按钮，打开"书签"对话框。

（7）在"书签名"文本框下方的列表框中选择需要定位的书签名称，如"孝敬父母"，单击"定位"按钮，文档将快速定位到"孝敬父母"书签所在的位置。

## 操作2　制作目录

（1）将文本插入点定位在文档需要插入目录的位置，选择"引用"功能选项卡，在"目录"功能组中单击"目录"按钮，在弹出的下拉菜单中选择"插入目录"选项。

（2）在打开的"目录"对话框中，可对目录页码，制表符前导符、格式和显示级别进行设置，如图 4-20 所示，单击"确定"按钮。

（3）返回 Word 文档中，可查看到添加目录的效果，按住【Ctrl】键的同时单击要查看的目录，Word 文档将自动跳转到该目录对应的文档中，插入的目录如图 4-21 所示。

## 操作3　插入和修改批注

（1）选择要添加批注的文本，如"（修订）"文本，选择"审阅"功能选项卡，在"批注"功能组中单击"批注"按钮，在弹出的下拉菜单中选择"新建批注"选项，如图 4-22 所示。

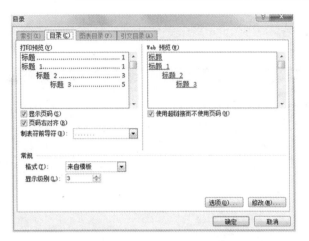

图 4-20　"目录"对话框

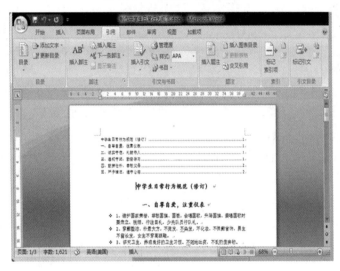

图 4-21　插入目录的效果

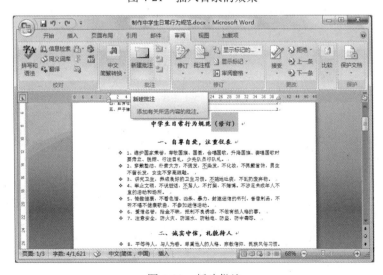

图 4-22　新建批注

（2）在文档的右侧将会出现一个批注框，在批注框中直接输入需要进行批注的内容即可，如图4-23所示。将光标定位在批注框中，可对文本内容进行修改。

图4-23　输入相应批注内容

（3）在"修订"功能组中，单击"修订"按钮，在弹出的下拉菜单中，执行"批注框"→"以嵌入方式显示所有修订"菜单命令，将添加的批注以嵌入方式显示，如图4-24所示。

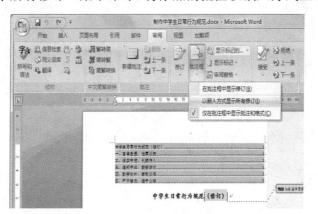

图4-24　修改批注的显示方式

（4）设置嵌入方式后，在文档中不能看见批注文本的内容，只有当鼠标指针移至批注位置时，系统才会显示添加的批注文本内容，如图4-25所示。

提示：当文档不需要批注时，可将批注删除，将光标定位在要删除的批注中，用右键单击鼠标，在快捷菜单中选择"删除批注"选项；选择要删除的批注，在"审阅"功能选项卡的"批注"功能组中单击"删除"按钮，在弹出的下拉菜单中选择"删除"选项。

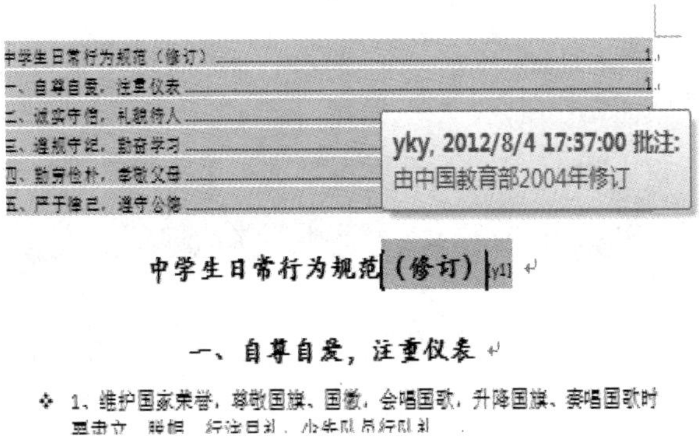

图4-25 以嵌入方式显示修订

### 知识延伸

本任务学习了查找和修订长文档的相关知识，在制作好长文档以后，有时还要对长文档进行字数统计或检查拼写、语法等操作，下面分别进行介绍。

### 1. 统计文档字数

打开文档，选择"审阅"功能选项卡，单击"校对"功能组中的"字数统计"按钮，在打开的"字数统计"对话框中，可看到统计数字，如图 4-26 所示，单击"关闭"按钮，返回文档中。

图4-26 "字数统计"对话框

### 2．检查拼写和语法

打开文档，选择"审阅"功能选项卡，在"校对"功能组中单击"拼写和语法"按钮，当检查到错误时，将打开"拼写和语法:中文(简体,中国)"对话框，此时有错误的文本将被选中，单击"取消"按钮，如图 4-27 所示，返回文档将文本进行修改，再次检查。

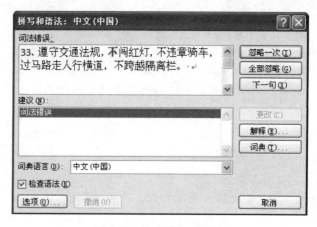

图 4-27　检查拼写和语法

### 3．为文档添加脚注和尾注

当文档中需要补充说明时，可插入脚注和尾注来进行说明，脚注位于页面的底部，作为文档某处内容的注释；尾注位于文档章节的结尾，通常用于列出文档中引文的出处。

选择文档中需要设置脚注的文本，单击"引用"选项卡"脚注"功能组中的"插入脚注"按钮，在页面底端输入内容即可，如图 4-28 所示。插入尾注的方法和插入脚注的方法类似，只需单击"插入尾注"按钮。

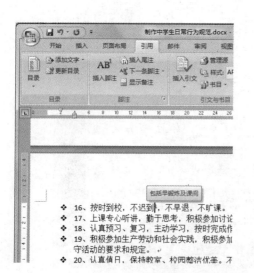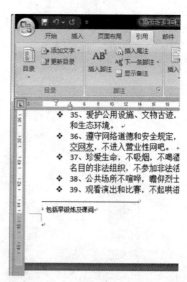

图 4-28　插入脚注及显示脚注

### 任务小结

通过本任务的学习，应学会为文档添加目录，并理解四种视图的不同作用；学会为文字添加批注，使文档更易读。编辑和修改长文档的方法还有很多，需要在不断的练习中发现并总结，从而使操作技能快速提升。

### 任务目标

本任务的目标是利用 Word 2007 制作批量邀请函，将两个文档进行邮件合并等操作，最终效果如图 4-29 所示。通过练习应掌握邮件合并、制作信封等相关知识。

本任务的具体目标要求如下：

（1）掌握邮件合并的方法。

（2）了解制作信封的方法。

### 专业背景

在本任务的操作中，需要了解制作批量邀请函时的注意事项，邀请函需要做到清晰明了，美观大方。

图 4-29　制作批量邀请函的最终效果

### 操作思路

本任务的操作思路如图 4-30 所示，涉及的知识点有两个文档的邮件合并等操作，具体思路及要求如下：

（1）制作主文档。

（2）制作数据源。

（3）邮件合并。

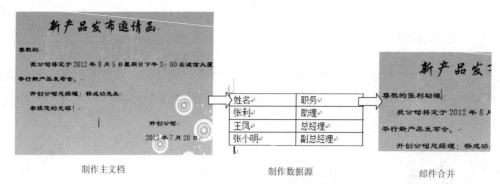

图 4-30　制作邀请函操作思路

## 操作1　制作主文档

（1）新建空白文档，单击"页面布局"选项卡，在"页面设置"功能组中单击"纸张大小"按钮，在下拉菜单列表中选择"A6 旋转"选项；"纸张方向"选择"横向"选项。

（2）单击"插入"选项卡，在"插图"功能组中单击"图片"按钮，打开"插入图片"对话框，选择"模块 4\素材\邀请函背景图.jpg"图片，插入到文档中并设置图片的环绕方式为"衬于文字下方"，如图 4-31 所示。

（3）在文档中输入相关的文本内容，并对格式进行设置，效果如图 4-32 所示。

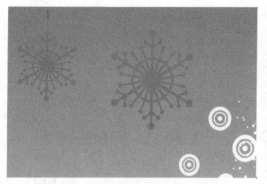

图 4-31　页面设置及图片插入设置　　　　图 4-32　邀请函的效果

## 操作2　制作数据源

数据源可以利用 Excel 2007 或 Word 2007 制作，Word 2007 文档中的数据需要以表格的形式显示，"通信录"数据源如图 4-33 所示。

| 姓名 | 职务 | 单位 | 地址 | 邮编 |
|---|---|---|---|---|
| 张利 | 助理 | 天和公司 | 和平路 | 010000 |
| 王凤 | 总经理 | 天和公司 | 和平路 | 010000 |
| 张小明 | 副总经理 | 天和公司 | 和平路 | 010000 |

图 4-33　"通信录"数据源

## 邮件合并

（1）打开主文档"邀请函"，选择"邮件"选项卡，单击"开始邮件合并"功能组中的"选择收件人"按钮，在打开的列表框中选择"使用现有列表"选项，打开"选取数据源"对话框，如图 4-34 所示。

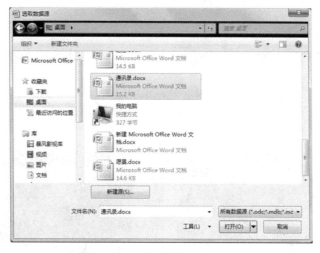

图 4-34　"选取数据源"对话框

（2）选择数据源，单击"打开"按钮，激活"编写和插入域"分组中的相关按钮，将光标定位在需要插入合并域的位置处，在"邮件"选项卡中单击"插入合并域"按钮，在弹出的下拉列表中选择"姓名"域，根据需要还可再插入其他合并域，如"职务"域，效果如图 4-35 所示。

图 4-35　插入合并域及效果

（3）预览合并效果，如图 4-36 所示，如果符合要求，就可以进行合并操作，单击"完成与合并"按钮，在打开的列表中选择"编辑单个文档"选项，打开"合并到新文档"对话框，选择"全部"按钮，如图 4-37 所示。

图 4-36　预览合并效果　　　　　　　　　　图 4-37　"合并到新文档"对话框

（4）单击"确定"按钮，完成数据合并操作。此时将生成一个新的文档"信函 1"，用户可以将其进行保存，如图 4-38 所示。

图 4-38　邮件合并后的文档效果

 知识延伸

本任务学习了如何制作邀请函，但在实际生活中发出邀请函时，必须有相应的信封，因此，还要了解如何制作信封，下面进行详细介绍。

### 1．制作普通信封

新建空白文档，选择"邮件"选项卡，单击"创建"功能组中的"中文信封"按钮，启动"信封制作向导"，如图 4-39 所示。单击"下一步"按钮按照提示，依次选择信封样式，选择生成单个信封，输入收信人信息及寄信人信息，单击"完成"按钮，效果如图 4-40 所示。

### 2．制作批量信封

批量制作信封通常用于单位用户为组织某项活动发送信函时，在制作批量信封之前，用户需要使用 Excel 创建收件人列表，如图 4-41 所示。

批量制作信封的操作过程与制作普通信封的过程基本一致，不同之处为在"选择生成信封的方式和数量"中选择"基于地址簿，生成批量信封"选项，单击"下一步"按钮，单击"选择地址簿"按钮，打开"打开"对话框，从中选择地址簿文件"Book1"，如图 4-42 所示。

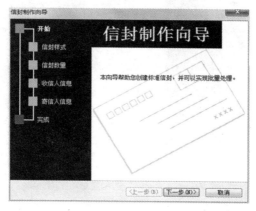

图 4-39　信封制作向导

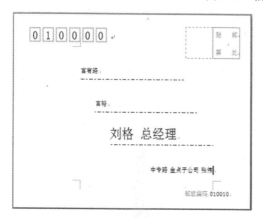

图 4-40　生成普通信封

| | A | B | C | D | E |
|---|---|---|---|---|---|
| 1 | 姓名 | 单位 | 职务 | 地址 | 邮编 |
| 2 | 张天和 | 天和公司 | 总经理 | 和平路 | 101000 |
| 3 | 张仁和 | 天和公司 | 副经理 | 和平路 | 101000 |
| 4 | 王力 | 天和公司 | 副经理 | 和平路 | 101000 |

图 4-41　收件人列表

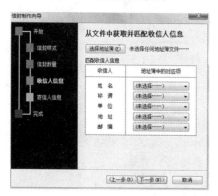

图 4-42　选择地址簿及选择收件人列表

　　返回"从文件中获取并匹配收信人信息"对话框，在"匹配收信人信息"列表中，为收信人的姓名、称谓等项目选择相对应的字段，如图 4-43 所示。单击"下一步"按钮，输入寄信人信息，完成信封的制作，效果如图 4-44 所示。

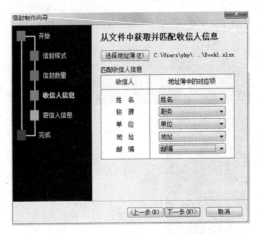

图 4-43　"匹配收信人信息"列表框

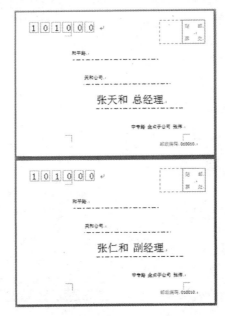

图 4-44　创建批量信封

通过本任务的学习，应学会制作批量信封和邀请函，在实际生活中这部分知识非常有用。在操作中要注意细节，要将数据处理好，才能达到事半功倍的效果。

## 实战演练 1　排版 5S 推行手册

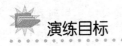

本演练要求利用排版长文档的相关知识，排版 5S 推行手册，其中部分文档的效果

如图 4-45 所示。通过本实战演练应掌握排版长文档的常用技巧。

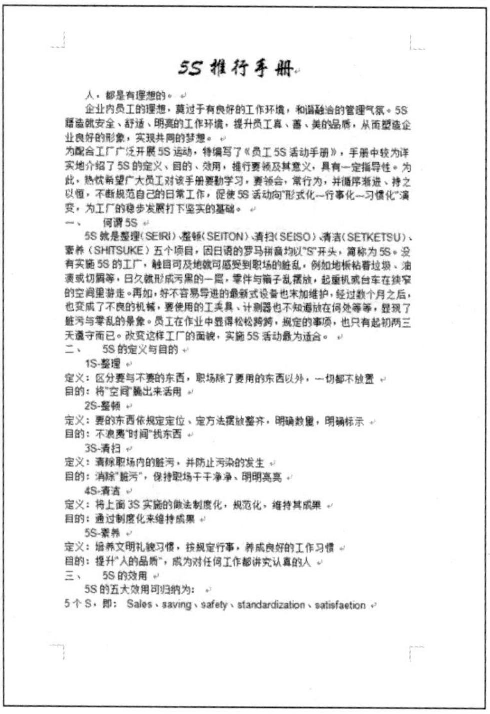
5S 推行手册
人，都是有理想的。
企业内员工的理想，莫过于有良好的工作环境，和谐融洽的管理气氛。5S 塑造就安全、舒适、明亮的工作环境，提升员工真、善、美的品质，从而塑造企业良好的形象，实现共同的梦想。
为配合工厂广泛开展 5S 运动，特编写了《员工 5S 活动手册》，手册中较为详实地介绍了 5S 的定义、目的、效用，推行要领及其意义，具有一定指导性。为此，热忱希望广大员工对该手册要勤学习，要领会，常行为，并循序渐进、持之以恒，不断规范自己的日常工作，促使 5S 活动向"形式化—行事化—习惯化"演变，为工厂的稳步发展打下坚实的基础。
一、　何谓 5S
5S 就是整理（SEIRI）、整顿（SEITON）、清扫（SEISO）、清洁（SETKETSU）、素养（SHITSUKE）五个项目，因日语的罗马拼音均以"S"开头，简称为 5S。没有实施 5S 的工厂，触目可及地就可感受到职场的脏乱，例如地板粘着垃圾、油渍或切屑等，日久就形成污黑的一层，零件与箱子乱摆放，起重机或台车在狭窄的空间里游走。再如，好不容易导进的最新式设备也未加维护，经过数个月之后，也变成了不良的机械，要使用的工夹具、计测器也不知道放在何处等等，显现了脏污与零乱的景象。员工在作业中显得松松垮垮，规定的事项，也只有起初两三天遵守而已。改变这样工厂的面貌，实施 5S 活动最为适合。
二、　5S 的定义与目的
1S-整理
定义：区分要与不要的东西，职场除了要用的东西以外，一切都不放置
目的：将"空间"腾出来活用
2S-整顿
定义：要的东西依规定定位、定方法摆放整齐，明确数量，明确标示
目的：不浪费"时间"找东西
3S-清扫
定义：清除职场内的脏污，并防止污染的发生
目的：消除"脏污"，保持职场干干净净、明明亮亮
4S-清洁
定义：将上面 3S 实施的做法制度化，规范化，维持其成果
目的：通过制度化来维持成果
5S-素养
定义：培养文明礼貌习惯，按规定行事，养成良好的工作习惯
目的：提升"人的品质"，成为对任何工作都讲究认真的人
三、　5S 的效用
5S 的五大效用可归纳为：
5 个 S，即：Sales、saving、safety、standardization、satisfaetion

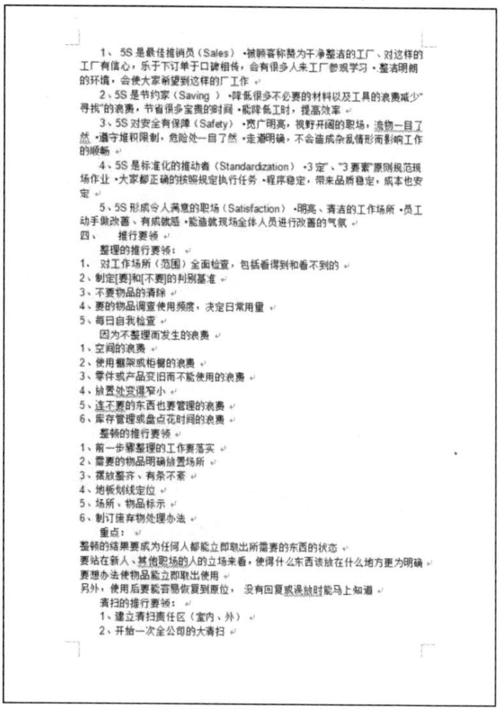
1、5S 是最佳推销员（Sales）·被顾客称赞为干净整洁的工厂、对这样的工厂有信心，乐于下订单于口碑相传，会有很多人来工厂参观学习·整洁明朗的环境，会使大家希望到这样的厂工作
2、5S 是节约家（Saving）·降低很多不必要的材料以及工具的浪费减少"寻找"的浪费，节省很多宝贵的时间·能降低工时，提高效率
3、5S 对安全有保障（Safety）·宽广明亮，视野开阔的职场，流物一目了然·遵守堆积限制，危险处一目了然·走道明确，不会造成杂乱情形而影响工作的顺畅
4、5S 是标准化的推动者（Standardization）·3 定"、"3 要素"原则规范现场作业·大家都正确的按照规定执行任务·程序稳定，带来品质稳定，成本也安定
5、5S 形成令人满意的职场（Satisfaction）·明亮、清洁的工作场所·员工动手做改善、有成就感·能造就现场全体人员进行改善的气氛
四、　推行要领
整理的推行要领：
1、对工作场所（范围）全面检查，包括看得到和看不到的
2、制定[要]和[不要]的判别基准
3、不要物品的清除
4、要的物品调查使用频度，决定日常用量
5、每日自我检查
因为不整理而发生的浪费
1、空间的浪费
2、使用棚架或柜橱的浪费
3、零件或产品变旧而不能使用的浪费
4、放置处变得窄小
5、连不要的东西也要管理的浪费
6、库存管理或盘点花时间的浪费
整顿的推行要领
1、前一步骤整理的工作要落实
2、需要的物品明确放置场所
3、摆放整齐、有条不紊
4、地板划线定位
5、场所、物品标示
6、制订废弃物处理办法
重点：
整顿的结果要成为任何人都能立即取出所需要的东西的状态
要站在新人、其他职场的人的立场来看，使得什么东西该放在什么地方更为明确
要想办法使物品能立即取出使用
另外，使用后要能容易恢复到原位，没有回复或误放时能马上知道
清扫的推行要领：
1、建立清扫责任区（室内、外）
2、开始一次全公司的大清扫

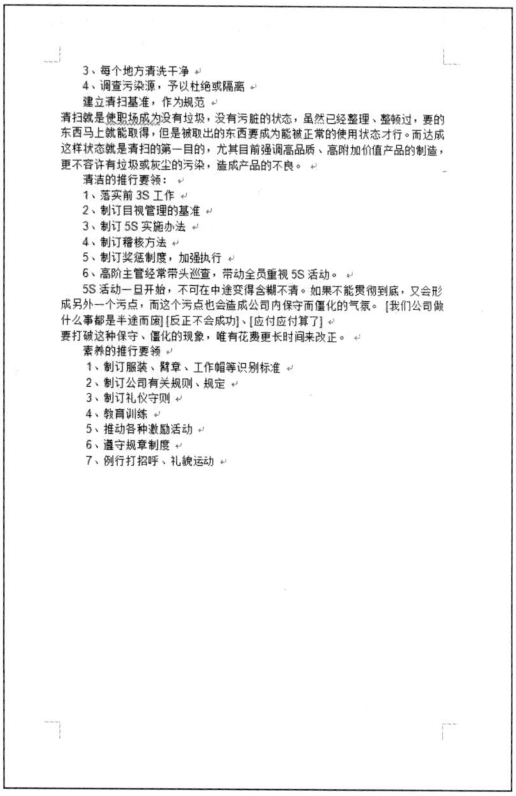
3、每个地方清洗干净
4、调查污染源，予以杜绝或隔离
建立清扫基准，作为规范
清扫就是使职场成为没有垃圾，没有污脏的状态，虽然已经整理、整顿过，要的东西马上就能取得，但是被取出的东西要成为能被正常的使用状态才行。而达成这样状态就是清扫的第一目的，尤其目前强调高品质、高附加价值产品的制造，更不容许有垃圾或灰尘的污染，造成产品的不良。
清洁的推行要领：
1、落实前 3S 工作
2、制订目视管理的基准
3、制订 5S 实施办法
4、制订稽核方法
5、制订奖惩制度，加强执行
6、高阶主管经常带头巡查，带动全员重视 5S 活动。
5S 活动一旦开始，不可在中途变得含糊不清。如果不能贯彻到底，又会形成另外一个污点，而这个污点也会造成公司内保守而僵化的气氛。[我们公司做什么事都是半途而废] [反正不会成功]、[应付应付算了]
要打破这种保守、僵化的现象，唯有花费更长时间来改正。
素养的推行要领
1、制订服装、臂章、工作帽等识别标准
2、制订公司有关规则、规定
3、制订礼仪守则
4、教育训练
5、推动各种激励活动
6、遵守规章制度
7、例行打招呼、礼貌运动

图 4-45　5S 推行手册文档的效果

**演练分析**

本演练的操作思路如图 4-46 所示，具体分析及思路如下。

（1）打开素材文件"模块 4\素材\5S 推行手册"文档，在文档中新建适用于该文档的样式。

（2）利用创建的样式快速排版文档。

（3）编辑首页文档，并在文档正文前创建目录。

新建样式　　　　　　　　利用样式排版文档　　　　　　　　创建目录

图 4-46　5S 推行手册操作思路

## 实战演练 2　为文档添加批注和脚注

 **演练目标**

本演练要求利用排版文档的相关知识，为文档添加批注和脚注，最终效果如图 4-47 所示。

图 4-47　文档最终效果

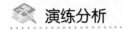 **演练分析**

本演练的操作思路如图 4-48 所示，具体分析及思路如下。

（1）打开素材文件"模块4\素材\春夜喜雨"，在文档中添加批注和脚注。

（2）设置文档的格式，进行排版，然后统计文档字数。

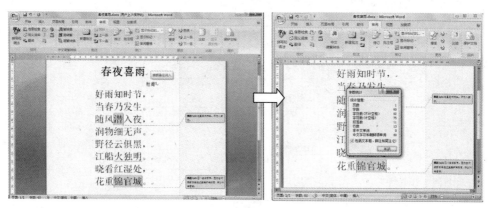

排版文档并添加批注和脚注　　　　　　　　　　统计字数

图4-48　文档操作思路

# 拓展与提升

根据本模块所学内容，动手完成以下实践内容。

**课后练习1　排版长文档**

运用个性标题样式、列表样式、图形样式等快速排版文档的相关知识，排版文档，打开素材文件"模块4\素材\职业学校学生关于购买图书的调查报告"，进行新建样式，应用样式及修改样式等操作，完成排版操作，最终效果如图4-49所示。

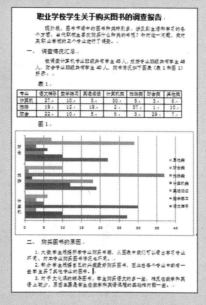

图4-49　文档最终效果

## 课后练习 2　制作成绩通知单

运用邮件合并的相关知识制作成绩通知单，打开素材文件“模块 4\素材\成绩通知单主文档”，进行邮件合并操作，完成制作内容，最终效果如图 4-50 所示。

陈　虹同学：

现将本学期成绩通知如下：

| 语文 | 78 | 数学 | 90 | 英语 | 87 | VB 程序 | 98 |
|---|---|---|---|---|---|---|---|

张　青同学：

现将本学期成绩通知如下：

| 语文 | 67 | 数学 | 77 | 英语 | 89 | VB 程序 | 68 |
|---|---|---|---|---|---|---|---|

郑小红同学：

现将本学期成绩通知如下：

| 语文 | 89 | 数学 | 56 | 英语 | 76 | VB 程序 | 66 |
|---|---|---|---|---|---|---|---|

杨　力同学：

现将本学期成绩通知如下：

| 语文 | 73 | 数学 | 89 | 英语 | 54 | VB 程序 | 100 |
|---|---|---|---|---|---|---|---|

张　洋同学：

现将本学期成绩通知如下：

| 语文 | 89 | 数学 | 97 | 英语 | 45 | VB 程序 | 80 |
|---|---|---|---|---|---|---|---|

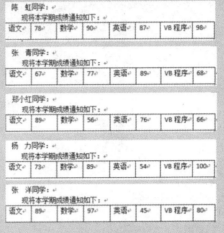

图 4-50　成绩通知单最终效果

## 课后练习 3　编辑文档——20 世纪世界十大环境污染事件

运用样式的相关知识编辑文档，打开素材文件“模块 4\素材\ 20 世纪世界十大环境污染事件.docx”，最终效果如图 4-51 所示。

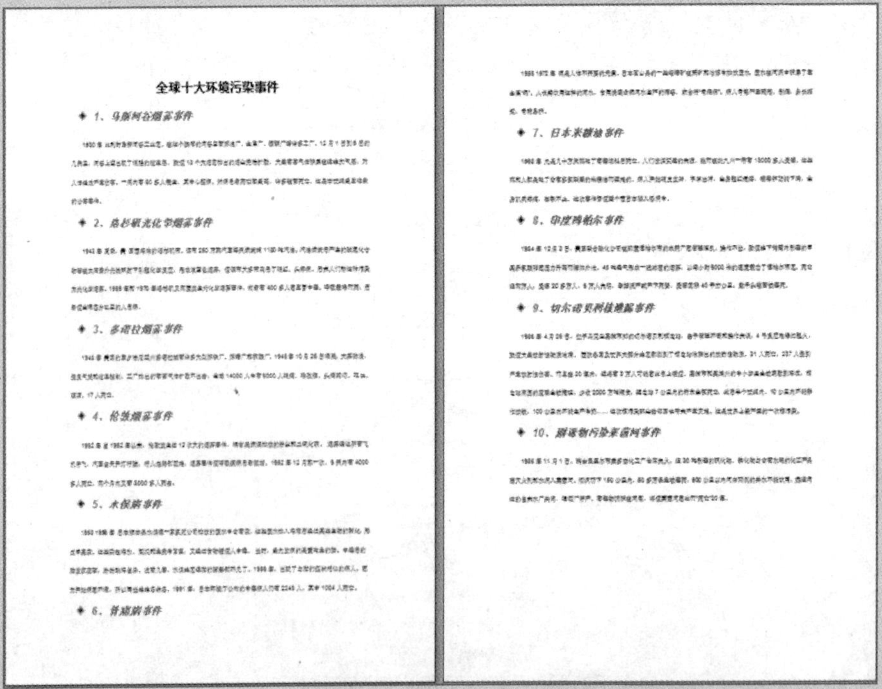

图 4-51　“20 世纪世界十大环境污染事件”文档的最终效果

### 课后练习 4　编辑文档——2016 年奥运会简介

运用样式的相关知识编辑文档，打开素材文件"模块 4\素材\2016 年奥运会简介.docx"，最终效果如图 4-52 所示。

图 4-52　"2016 年奥运会简介"文档的最终效果

### 课后练习 5　为"电子商务"文档制作目录

运用样式、制作目录的相关知识编辑长文档，打开素材文件"模块 4\素材\电子商务.docx"，最终效果如图 4-53 所示。

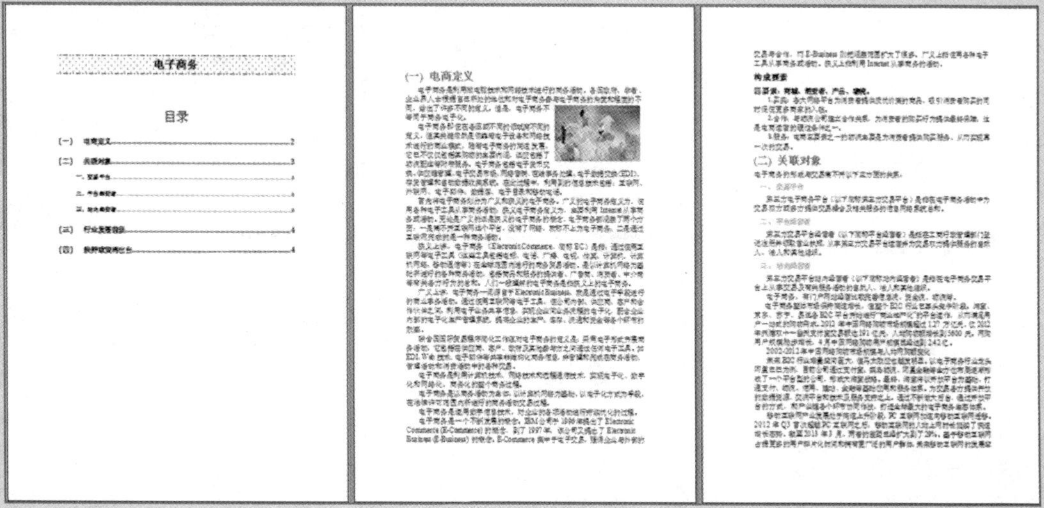

图 4-53　"电子商务"文档的最终效果

图 4-53　"电子商务"文档的最终效果（续）

### 课后练习 6　编辑长文档——互联网

运用样式、制作目录、插入批注、尾注、脚注的相关知识编辑长文档，打开素材文件"模块 4\素材\互联网.docx"，部分文档的最终效果如图 4-54 所示。

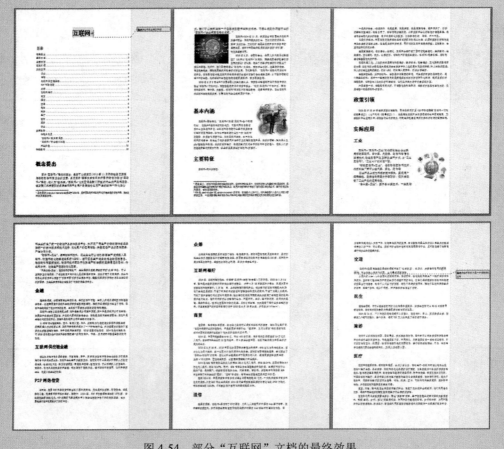

图 4-54　部分"互联网"文档的最终效果

### 课后练习 7　编辑文档——计算机的发展历史

运用样式、制作目录的相关知识编辑文档，打开素材文件"模块 4\素材\计算机的发展历史.docx"，最终效果如图 4-55 所示。

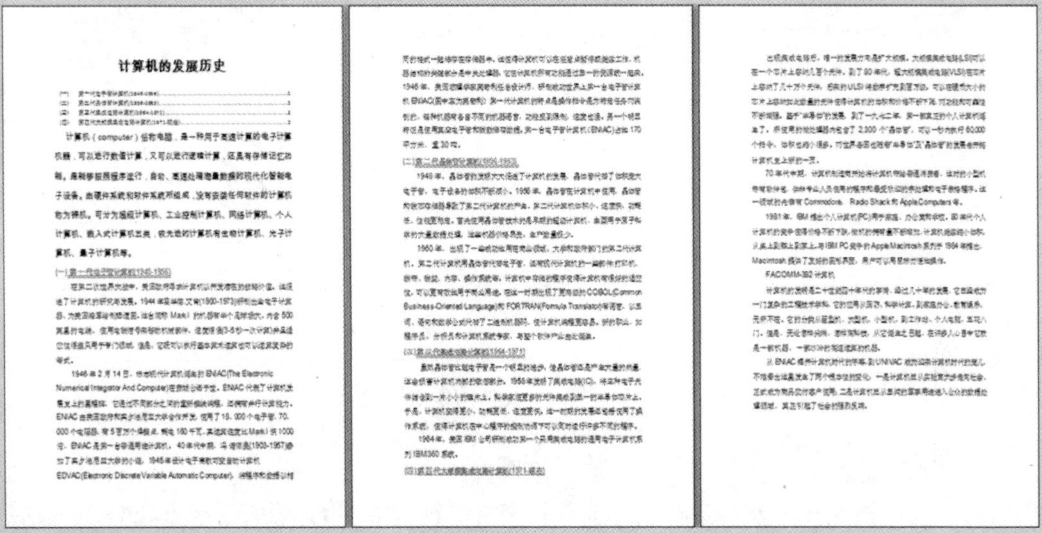

图 4-55　"计算机的发展历史"文档的最终效果

### 课后练习 8　编辑长文档——南极

运用样式、制作目录的相关知识编辑长文档，打开素材文件"模块 4\素材\南极.docx"，部分文档的最终效果如图 4-56 所示。

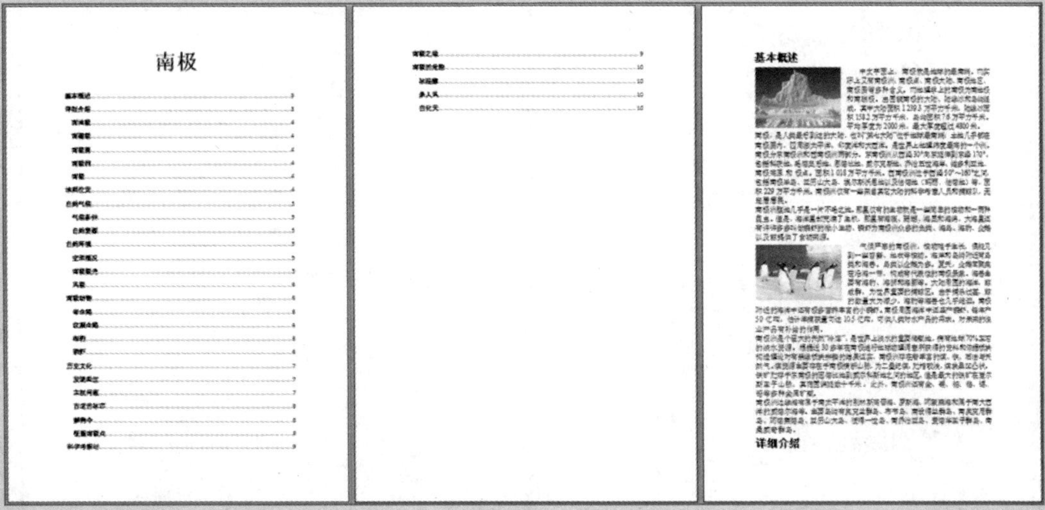

图 4-56　部分"南极"文档的最终效果

图 4-56　部分"南极"文档的最终效果（续）

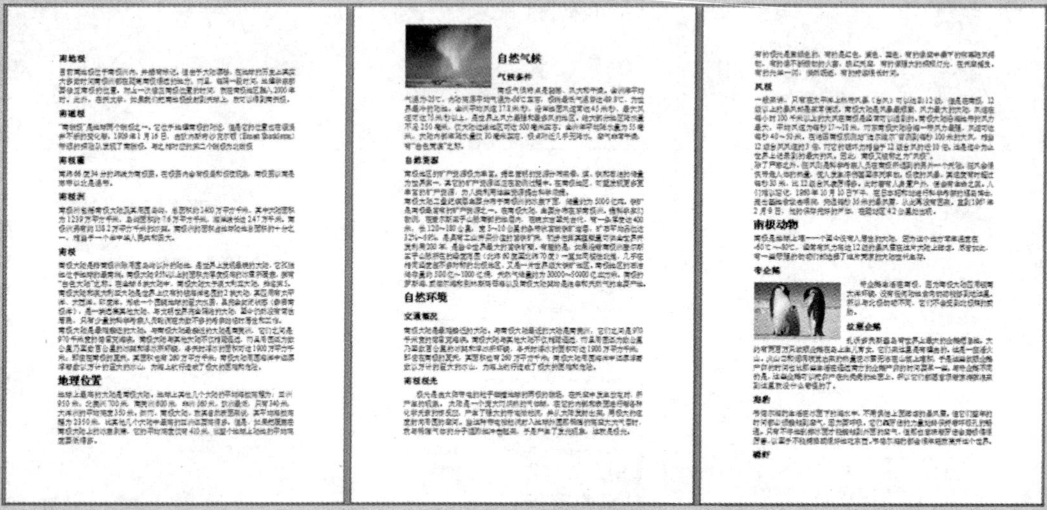

### 课后练习9　编辑文档——十个全覆盖

运用样式的相关知识编辑文档，打开素材文件"模块4\素材\十个全覆盖.docx"，最终效果如图4-57所示。

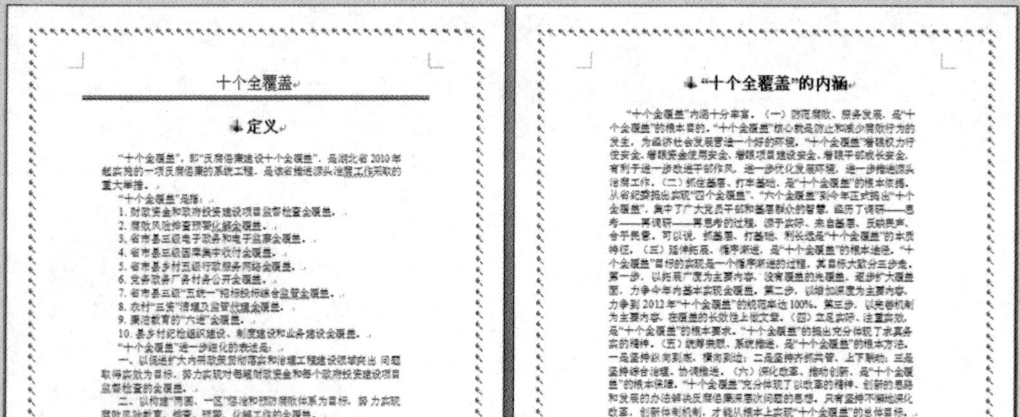

图 4-57　"十个全覆盖"文档的最终效果

## 课后练习 10　编辑文档——世界著名建筑

运用样式的相关知识编辑文档，打开素材文件“模块 4\素材\世界著名建筑.docx”，最终效果如图 4-58 所示。

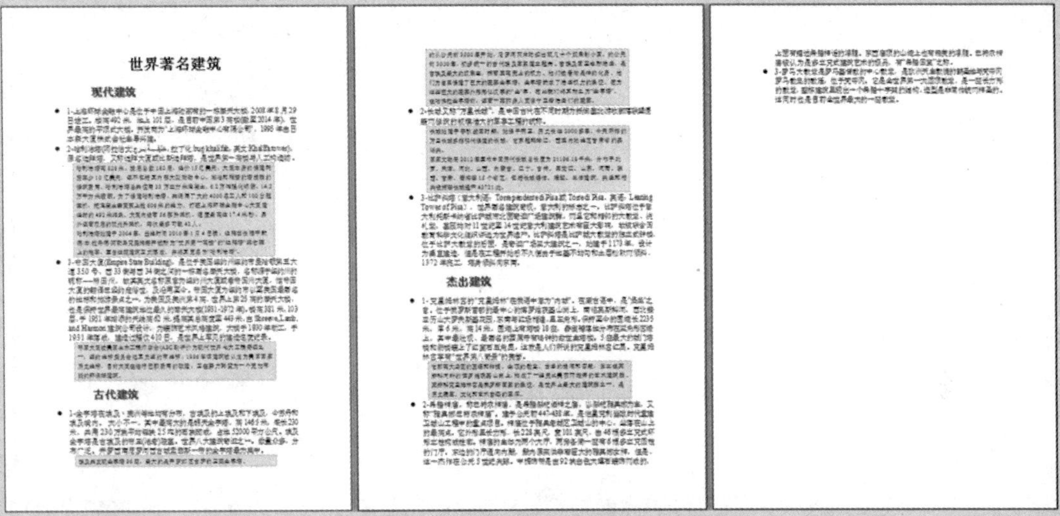
世界著名建筑
现代建筑
古代建筑
杰出建筑

图 4-58　“世界著名建筑”文档的最终效果

## 课后练习 11　编辑文档——数字土著

运用样式、制作目录的相关知识编辑文档，打开素材文件“模块 4\素材\数字土著.docx”，最终效果如图 4-59 所示。

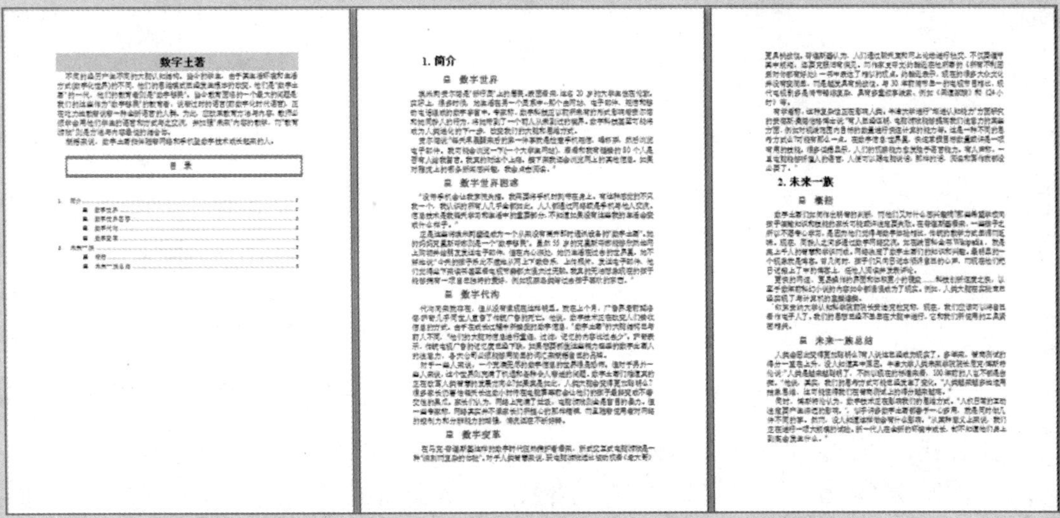
数字土著
目 录
1. 简介
数字世界
2. 未来一族

图 4-59　“数字土著”文档的最终效果

### 课后练习 12　为四种气质类型文档制作目录

运用样式的相关知识编辑长文档，打开素材文件"模块 4\素材\四种气质类型.docx"，最终效果如图 4-60 所示。

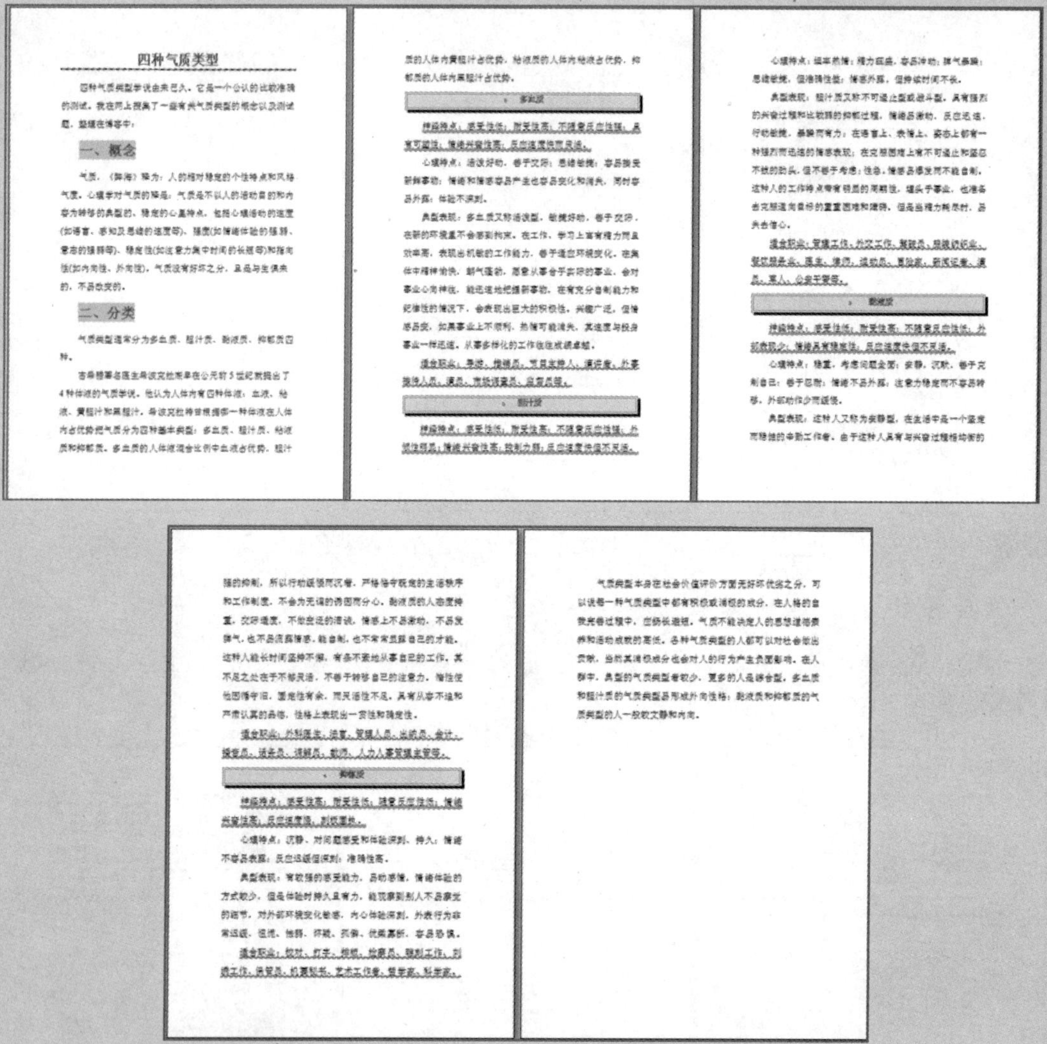

图 4-60　"四种气质类型"文档的最终效果

### 课后练习 13　编辑长文档——未来中国最热门的十大职业排行榜

运用样式、制作目录的相关知识编辑长文档，打开素材文件"模块 4\素材\未来中国最热门的十大职业排行榜.docx"，部分文档的最终效果如图 4-61 所示。

### 课后练习 14　编辑文档——五笔字型输入法

运用样式、制作目录的相关知识编辑文档，打开素材文件"模块 4\素材\五笔字型输入法.docx"，最终效果如图 4-62 所示。

图 4-61　部分"未来中国最热门的十大职业排行榜"文档的最终效果

图 4-62　"五笔字型输入法"文档的最终效果

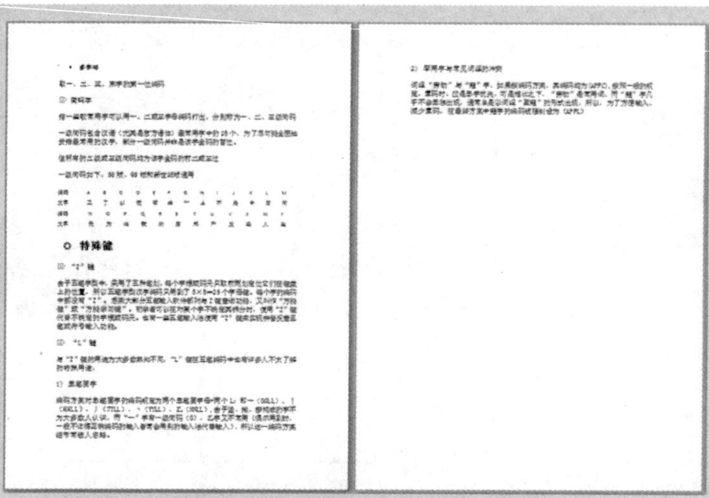

图 4-62  "五笔字型输入法"文档的最终效果（续）

## 课后练习 15  编辑长文档——新能源汽车

运用样式、制作目录、插入批注、脚注的相关知识编辑长文档，打开素材文件"模块 4\
素材\新能源汽车.docx"，部分文档的最终效果如图 4-63 所示。

图 4-63  部分"新能源汽车"文档的最终效果

## 课后练习 16 编辑长文档——音乐风格

运用样式、制作目录的相关知识编辑长文档,打开素材文件"模块 4\素材\音乐风格.docx",最终效果如图 4-64 所示。

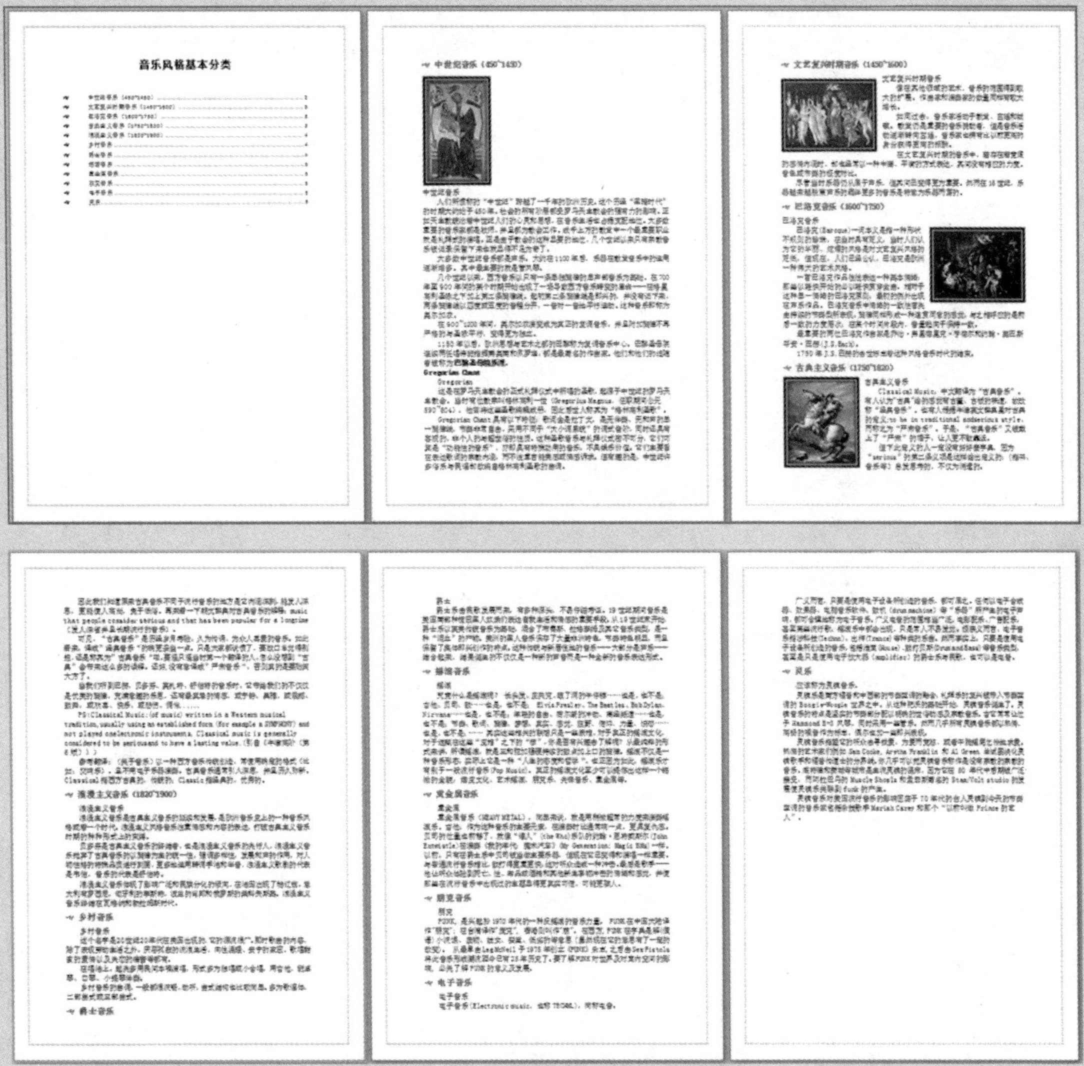

图 4-64 "音乐风格"文档的最终效果

### 课后练习 17　编辑文档——中小学生安全责任书

运用插入批注、尾注、脚注的相关知识编辑文档，打开素材文件"模块 4\素材\中小学生安全责任书.docx"，最终效果如图 4-65 所示。

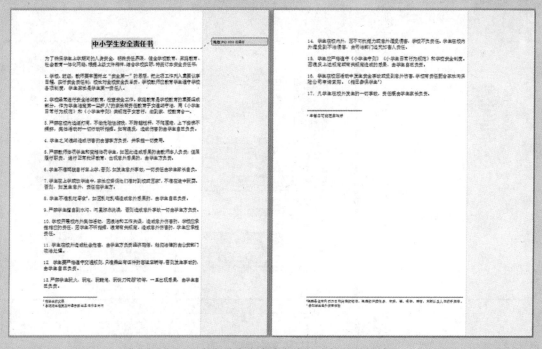

图 4-65　"中小学生安全责任书"文档的最终效果

### 课后练习 18　编辑文档——转基因

运用样式、插入批注、尾注、脚注的相关知识编辑文档，打开素材文件"模块 4\素材\转基因.docx"，最终效果如图 4-66 所示。

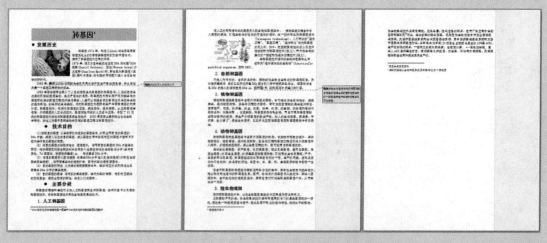

图 4-66　"转基因"文档的最终效果

## 课后练习 19 制作元旦班级邀请卡

运用邮件合并的相关操作制作元旦班级邀请卡，打开素材文件"模块 4\素材\元旦班级邀请卡原文.docx"，最终效果如图 4-67 所示。

图 4-67 "元旦班级邀请卡"文档的最终效果

**课后练习 20　制作学生证明材料**

运用邮件合并的相关操作制作学生证明材料，根据最终效果，利用已有学生基本信息表格，自己设计学生证明材料主文档，并完成邮件合并，最终效果如图 4-68 所示。

| 证明材料 | 证明材料 | 证明材料 |
|---|---|---|
| 兹有学生 家明 是我校 美术 专业 高一 年级 30 班的学生。情况属实。特此证明。 | 兹有学生 向红 是我校 幼师 专业 高二 年级 60 班的学生。情况属实。特此证明。 | 兹有学生 萱丽 是我校 计算机 专业 高三 年级 70 班的学生。情况属实。特此证明。 |
| 证明材料 | 证明材料 | 证明材料 |
| 兹有学生 慧慧 是我校 音乐 专业 高二 年级 45 班的学生。情况属实。特此证明。 | 兹有学生 大海 是我校 美术 专业 高一 年级 30 班的学生。情况属实。特此证明。 | 兹有学生 晶晶 是我校 幼师 专业 高三 年级 55 班的学生。情况属实。特此证明。 |

图 4-68　"学生证明材料"文档的最终效果

# 模块 5

# Excel 2007 电子表格的基本操作

 **内容摘要**

　　Excel 2007 是 Office 2007 办公软件中的一个组件，是微软办公软件的又一大核心组件。利用它可以综合管理和分析企事业单位的数据，从而提高企业内部的信息沟通效率，节省时间和金钱，还可以建立完善的数据库工作系统，进行统筹运用。本模块将通过 3 个任务来介绍 Excel 2007 的基本操作，最后通过一个操作实例来介绍 Excel 2007 中各种数据的输入操作。

 **学习目标**

📖 掌握启动和退出 Excel 2007 的方法。
📖 熟悉 Excel 2007 的工作界面。
📖 掌握 Excel 2007 文档的打开、新建和保存等基本操作。
📖 掌握 Excel 2007 保护工作表和工作簿等操作。
📖 培养数据计算、分析能力，以及实践操作能力。

任务 1　认识 Excel 2007

## 任务目标

本任务的目标是对 Excel 2007 的工作界面进行初步的认识。通过练习对 Excel 2007 有一定的了解。

本任务的具体目标要求如下：

（1）掌握 Excel 2007 窗口组成基本知识。

（2）掌握 Excel 2007 的工作簿、工作表和单元格。

### 操作 1　启动和退出 Excel 2007

（1）执行以下任意一种操作可启动 Excel 2007。

◆ 执行"开始"→"所有程序"→"Microsoft Office"→"Microsoft Office Excel 2007"菜单命令。启动完成后的工作窗口如图 5-1 所示。

◆ 双击桌面上的快捷图标 。

◆ 双击保存在计算机中的 Excel 2007 格式文档（.xlsx 或.xls 文档）。

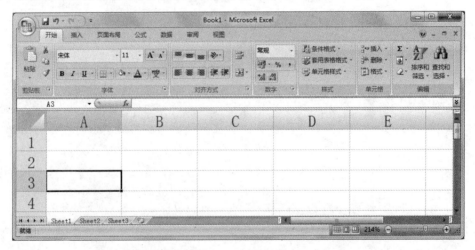

图 5-1　Excel 2007 工作窗口

（2）执行以下任意一种操作可退出 Excel 2007。

◆ 单击标题栏上的"关闭"按钮 。

◆ 单击"Office"按钮 ，在弹出的下拉菜单中选择"关闭"选项或单击右下角的"退出 Excel 2007"按钮。

◆ 在标题栏空白处单击鼠标右键，在弹出的下拉菜单中选择"关闭"选项。

◆ 在工作界面中按【Alt+F4】组合键。

## 操作 2　认识 Excel 2007 的工作界面

　　Excel 2007 的工作界面与 Word 2007 的界面一样，同样有 "Office" 按钮、快速访问工具栏、标题栏、功能选项卡和功能区、编辑区、状态栏和视图栏等部分。除此之外，Excel 2007 还增加了其特有的切换工作条、列标、行号和数据编辑栏。Excel 2007 工作界面的编辑区由单元格组成，视图栏中的视图按钮组也发生了相应的变化，Excel·2007 的工作界面如图 5-2 所示。

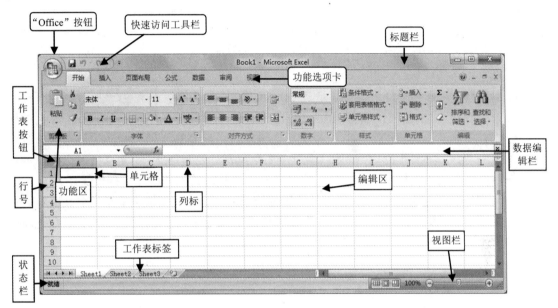

图 5-2　Excel 2007 工作界面

Excel 2007 工作界面中新增的各组成部分的作用介绍如下。

◆ 行号和列标：分别位于编辑区的左侧和上侧，行号和列标组合起来可表示一个单元格地址，可起到坐标作用。

◆ 单元格：位于编辑区中，是组成 Excel 2007 表格的基本单位，也是存储数据的最小单元。表格中数据的操作都是在单元格中进行的。在制作表格时，无数个单元格组合在一起就是一个工作表。

◆ 数据编辑栏：位于功能区的下方，由名称框、工具框和编辑框 3 部分组成。名称框显示当前选中单元格的名称；单击工具框中的 ✕ 按钮或 ✓ 按钮可取消或确定编辑，单击 ƒx 按钮可在打开的 "插入函数" 对话框中选择要输入的函数；编辑框用来显示单元格中输入或编辑的内容。

◆ 工作表标签：位于编辑区的下方，包括 "工作表标签滚动显示" 按钮 ⏮ ◀ ▶ ⏭ 、工作表标签 Sheet1　Sheet2　Sheet3 和 "插入工作表" 按钮 。单击 "工作表标签滚动显示" 按钮可选择需要显示的工作表；单击工作表标签可以切换到相应的工作表；单击"插入工作表"按钮可为工作簿添加新的工作表。

**操作 3　认识工作簿、工作表和单元格**

工作簿、工作表和单元格是构成 Excel 2007 电子表格的基本元素，也是对数据进行操作的主要对象，下面分别进行介绍。

◆ 工作簿：Excel 2007 文件，新建工作簿在默认情况下命名为"Book1"，在标题栏文件名处显示，之后新建的工作簿将以"Book2""Book3"依次命名；默认情况下，一个工作簿由 3 张工作表组成，分别以"Sheet1""Sheet2""Sheet3"命名。

◆ 工作表：工作簿的组成单位，每张工作表以工作表标签的形式显示在工作表编辑区的底部，方便用户进行切换；它是 Excel 2007 的工作平台，主要用来处理和存储数据；默认情况下，工作表标签以"Sheet+阿拉伯数字序号"命名，也可根据需要重命名工作表标签。

◆ 单元格：由行和列交叉组成，是 Excel 2007 编辑数据的最小单位。单元格用"列标+行号"的方式来标记，如单元格名称为 B5，即表示该单元格位于 B 列 5 行，也可根据需要更改单元格的名称。一张工作表最多可由 65536（行）×256（列）个单元格组成，且当前活动工作表中始终会有一个单元格处于激活状态，并以粗黑边框显示，用鼠标单击单元格可选择该单元格，在其中可执行输入并编辑数据等操作。

在 Excel 2007 中，每张工作表都是处理数据的场所，而单元格则是工作表中最基本的存储和处理数据的单元。因此，工作簿、工作表和单元格三者是包含与被包含的关系：工作簿>工作表>单元格。

**知识延伸**

本任务介绍了关于 Excel 2007 的基础知识，包括 Excel 2007 的工作界面，工作簿、工作表、单元格，以及三者之间的关系。

另外，对 Excel 2007 工作界面还可以进行以下设置，以提高工作效率。

**1. 设置启动时自动打开日程安排表和备忘记录表**

为了方便在使用 Excel 2007 时的查阅需要，可以设置在每次启动 Excel 2007 的同时自动打开日程安排表和备忘记录表等，具体方法如下。

（1）启动 Excel 2007，单击"Office"按钮，在弹出的下拉菜单中选择"Excel 选项"，打开"Excel 选项"对话框。

（2）选择"高级"选项卡，在"常规"栏中的"启动时打开此目录中的所有文件"文本框中输入需要打开文件的路径，如图 5-3 所示。

（3）单击"确定"按钮，退出 Excel 2007，这样每次启动 Excel 2007 时，都将自动打开输入路径下的所有表格。

图 5-3　设置启动时自动打开表格

## 2．快速缩放工作表

结合鼠标与键盘操作在 Excel 窗口中缩放工作表可以提高工作效率，具体方法如下。

（1）按住【Ctrl】键的同时，滚动鼠标滑轮可缩放工作表。

（2）在 "Excel 选项" 对话框中，选择 "高级" 选项卡，在 "编辑选项" 栏中选中 "用智能鼠标缩放" 复选框，如图 5-4 所示，单击 "确定" 按钮，即可通过直接滑动鼠标滑轮缩放工作表。

图 5-4　设置快速缩放工作表

 任务小结

通过本任务的学习应该对 Excel 2007 的操作环境有初步的认识，对 Excel 2007 的界面和基本概念有一定的了解。

任务 2 工作簿与工作表的基本操作

### 任务目标

本任务的目标是了解工作簿与工作表的基本操作。通过练习掌握对工作簿和工作表的基本操作方法，包括工作簿的新建、保存、打开和关闭，以及选择、新建、复制、移动和删除工作表。

本任务的具体目标如下：

（1）掌握新建、保存、打开和关闭工作簿的操作。

（2）掌握选择、新建、复制、移动和删除工作表的操作。

（3）了解保护工作簿和工作表的方法。

### 操作 1  新建工作簿

在使用 Excel 2007 制作电子表格前，首先需要新建一个工作簿。启动 Excel 2007 后，系统将自动新建一个名为"Book1"的空白工作簿以供使用，也可以根据需要新建其他类型的工作簿，如根据模板新建带有格式和内容的工作簿，以提高工作效率，下面分别进行介绍。

#### 1. 新建空白工作簿

（1）启动 Excel 2007，单击"Office"按钮，在弹出的下拉菜单中选择"新建"选项，打开"新建工作簿"对话框。

（2）在对话框左侧的"模板"列表中选择"空白文档和最近使用的文档"选项，在中间的列表中选择"空工作簿"选项，如图 5-5 所示，单击"创建"按钮。

（3）返回 Excel 2007，即可看到新建的一个名为"Book2"的空白工作簿，如图 5-6 所示。

> **提示：**按【Ctrl+N】组合键可快速新建空白工作簿，或在空白位置单击鼠标右键，在弹出的快捷菜单中执行"新建"→"Microsoft Office Excel 2007 工作表"菜单命令也可新建空白工作簿。

图 5-5 "新建工作簿"对话框

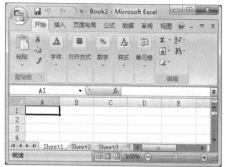

图 5-6 新建空白工作簿

### 2. 根据模板新建工作簿

（1）启动 Excel 2007，执行"Office"→"新建"菜单命令，打开"新建工作簿"对话框。

（2）在"新建工作簿"对话框左侧的"模板"列表中选择"已安装的模板"选项，在中间列表中选择"个人月预算"选项，如图 5-7 所示，单击"创建"按钮。

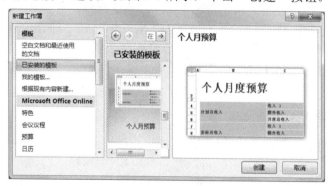

图 5-7 选择模板

（3）在 Excel 2007 中即可新建一个名为"PersonalMonthlyBudgetl"的工作簿，在工作表中已经设置好单元格的各种格式，用户直接在相应的单元格中输入数据即可，如图 5-8 所示。

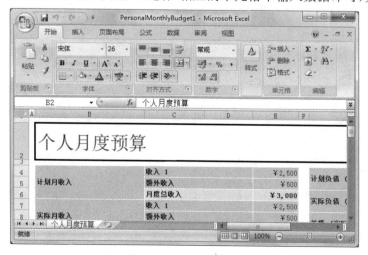

图 5-8 个人月预算模板工作簿

159

提示：如果计算机连接了 Internet，在"新建工作簿"对话框的"Microsoft Office Online"选项下有许多比较实用的文档模板，如选择"预算"选项，将自动从 Internet 上搜索预算模板，选择需要的模板后，再单击"下载"按钮即可。

### 操作 2　保存工作簿

对 Excel 2007 工作簿进行编辑后，需将其保存在计算机中，否则工作簿的内容将会丢失。保存工作簿有 3 种方式，即保存新建的工作簿、将现有的工作簿另存为其他工作簿和设置自动保存，下面分别进行介绍。

#### 1．保存新建的工作簿

保存新建的工作簿有以下几种方法：
◆ 在当前工作簿中单击快速访问工具栏中"保存"按钮 ■ 。
◆ 在当前工作簿中按【Ctrl+S】组合键。
◆ 在当前工作簿中执行"Office"→"保存"菜单命令。

执行以上任意一种操作都将打开"另存为"对话框，在"保存位置"下拉列表框中选择工作簿的保存位置，在"文件名"下拉列表框中输入需要保存工作簿的名称，在"保存类型"下拉列表框中选择文件的保存类型，单击"保存"按钮，即可将新建的工作簿保存在计算机中。

#### 2．将现有的工作簿另存为其他工作簿

（1）打开现有的工作簿，单击"Office"按钮，在弹出的下拉菜单中单击"另存为"选项后的三角按钮。

（2）在弹出的下拉菜单中，每项命令下都显示了该命令的作用，如图 5-9 所示，根据需要选择相应的命令。

（3）在打开的"另存为"对话框中设置保存位置和文件名，如图 5-10 所示，单击"保存"按钮即可。

图 5-9　"另存为"菜单命令

图 5-10　"另存为"对话框

### 3．设置自动保存

（1）执行"Office"→"Excel 选项"菜单命令，打开"Excel 选项"对话框。

（2）在左侧的列表框中选择"保存"选项。

（3）在右侧列表的"保存工作簿"栏中选中"保存自动恢复信息时间间隔"复选框，在其后的数值框中输入每次进行自动保存的时间间隔，这里输入"5"，如图 5-11 所示，单击"确定"按钮即可。

图 5-11　"Excel 选项"对话框

## 操作3　打开和关闭工作簿

若要对计算机中已有的工作簿进行修改或编辑，必须先将其打开，然后才能进行其他操作，操作完成后也需要将工作簿进行保存并关闭。下面打开保存在 D 盘"工作文稿"中的"课程表"文档，然后关闭该工作簿。

（1）启动 Excel 2007，执行"Office"→"打开"菜单命令。

（2）打开"打开"对话框，在"查找范围"下拉列表框中选择"本地磁盘（D：）"。

（3）在中间的列表框中双击并打开"工作文稿"文件夹，选择"课程表"文件，如图 5-12 所示。

（4）单击"打开"按钮，即可打开该工作簿，如图 5-13 所示。

（5）执行以下任意一种操作，都可关闭打开的工作簿。

◆ 执行"Office"→"关闭"菜单命令。

◆ 按【Alt+F4】组合键。

◆ 单击标题栏右侧的"关闭"按钮 ✕ 。

◆ 单击"Office"按钮，在弹出的下拉菜单中选择"退出 Excel"选项。

◆ 单击选项卡右侧的"关闭"按钮 ✕ 。

> 提示：在关闭未保存的工作簿时，系统将弹出"是否进行保存"提示对话框，如果要保存工作簿可单击"是"按钮，不保存工作簿则单击"否"按钮，不关闭工作簿则单击"取消"按钮。

图 5-12　"打开"对话框

图 5-13　打开的工作簿

## 操作 4　选择、新建与重命名工作表

### 1．选择工作表

在 Excel 2007 中，无论对工作表做何种操作，都必须先选择工作表，选择工作表主要有以下几种情况。

◆ 选择单张工作表：在"工作表标签"上单击需要的工作表标签，即可选择该工作表，选中的工作表标签呈白底蓝字显示。若工作簿中的工作表没有完全显示，可单击"工作表标签"中的 ◀ 或 ▶ 按钮滚动显示工作表，将需要选择的工作表标签显示出来再进行选择即可。

◆ 选择连续的工作表：选择一张工作表后，按住【Shift】键的同时，选择其他工作表，即可同时选择多张连续的工作表。当选择两张以上的工作表后，在标题名称后会出现"工作组"字样，表示选择了两张或两张以上的工作表，如图 5-14 所示。

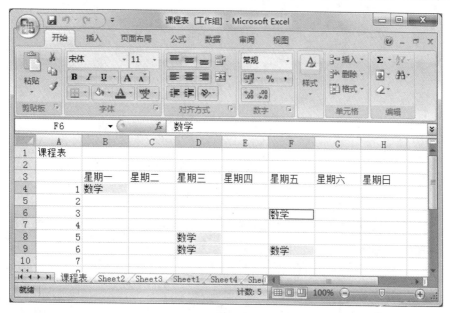

图 5-14　选择连续的工作表

◆ 选择不连续的工作表：选择一张工作表后，按住【Ctrl】键的同时，依次单击其他工作表标签，即可选择多张不连续的工作表，被选择的工作表标签呈高亮度显示。
◆ 选择全部工作表：在任意一张工作表的标签上单击鼠标右键，在弹出的快捷菜单中选择"选定全部工作表"选项即可，如图 5-15 所示。

**提示：** 取消"工作组"状态的方法有两种，一种是只选择了工作簿中的一部分工作表时，只需单击任意一张没有被选中的工作表的标签即可；另一种是所有的工作表都处于选中状态时，单击除当前工作表以外的任意一张工作表标签即可。

### 2．新建工作表

（1）启动 Excel 2007，新建一个空白工作簿，单击工作表标签后的"插入工作表"按钮，即可在工作表的末尾插入新工作表。

（2）在"Sheet1"工作表标签上单击鼠标右键，在弹出的快捷菜单中选择"插入"选项，打开"插入"对话框。

（3）在"常用"选项卡的列表框中选择"工作表"选项，单击"确定"按钮，如图 5-16 所示，即可在"Sheet1"工作表前插入一个名为"Sheet4"的新工作表。

图 5-15　选定全部工作表

图 5-16　插入空白工作表

（4）选择"Sheet4"工作表，在"开始"选项卡的"单元格"功能组中单击"插入"按钮右侧的下拉按钮 ，在弹出的下拉菜单中选择"插入工作表"选项，如图 5-17 所示，即可在"Sheet4"工作表前插入名为"Sheet5"的新工作表。

（5）在"Sheet1"工作表标签上单击鼠标右键，在弹出的快捷菜单中选择"插入"选项。

（6）在打开的"插入"对话框中选择"电子表格方案"选项卡，选择"考勤卡"选项，如图 5-18 所示，单击"确定"按钮，即可在"Sheet1"工作表前插入"考勤卡"电子表格，如图 5-19 所示。

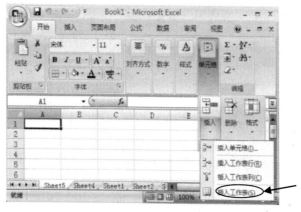

图 5-17　选择"插入工作表"选项

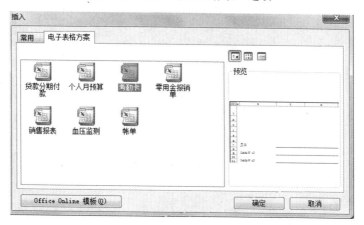

图 5-18　"电子表格方案"选项卡

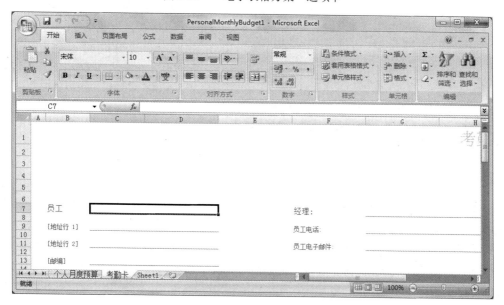

图 5-19　插入"考勤卡"电子表格

提示：电子表格方案即已做好的表格模板，如常用的专业办公和财务工作表等，表格的样式、表头内容和必要的表格数据都已做好，插入该模板后，只需要在相应的位置输入或修改相应的数据，即可快速制作出所需的表格，从而提高工作效率。

### 3. 重命名工作表

（1）启动 Excel 2007，新建一个空白工作簿，在"Sheet1"工作表标签上单击鼠标右键，在弹出的快捷菜单中选择"重命名"选项，如图 5-20 所示。

（2）此时，"Sheet1"工作表标签呈可编辑状态，直接输入"一月销售表"，然后按【Enter】键即可完成重命名操作。

（3）用同样的方法将"Sheet2"和"Sheet3"工作表重命名为"二月销售表"和"三月销售表"，重命名的工作表如图 5-21 所示。

图 5-20　选择"重命名"选项　　　　　　图 5-21　重命名的工作表

## 操作 5　复制、移动和删除工作表

### 1. 复制工作表

新建文件，把"Sheet1"工作表重命名为"课程表"，执行以下任意一种操作可复制"课程表"工作表。

◆ 选择"课程表"工作表，按住【Ctrl】键的同时按下鼠标左键不放，当光标变为白纸上有加号的形状时，拖动标记到目标工作表标签之后释放鼠标，即可将其复制到目标位置。

◆ 选择"课程表"工作表，单击鼠标右键，在弹出的快捷菜单中选择"移动或复制工作表"选项，打开"移动或复制工作表"对话框，选择复制工作表的目标位置，并选中"建立副本"复选框，如图 5-22 所示，单击"确定"按钮即可。

### 2．移动工作表

执行以下任意一种操作，将"课程表（2）"工作表移动到"Sheet2"工作表标签后面。

◆ 选择"课程表（2）"工作表，按住鼠标左键不放，当鼠标光标变为白纸形状时，在工作表标签上将出现一个标记，将标记拖动至"Sheet2"工作表标签后释放鼠标即可。

◆ 选择"课程表（2）"工作表，单击鼠标右键，在弹出的快捷菜单中选择"移动或复制工作表"选项，打开"移动或复制工作表"对话框，选择移动工作表的目标位置，单击"确定"按钮即可，移动工作表后的效果如图 5-23 所示。

图 5-22　"移动或复制工作表"对话框

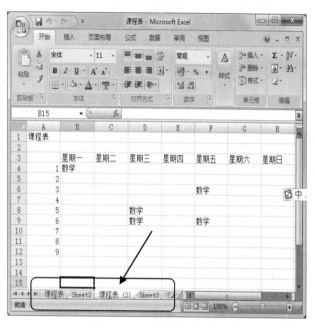

图 5-23　移动工作表后的效果

### 3．删除工作表

◆ 选择"Sheet2"工作表，在"开始"选项卡中的"单元格"功能组中单击"删除"按钮旁的下拉按钮，在弹出的下拉菜单中选择"删除工作表"选项即可。

◆ 在"Sheet3"工作表标签上单击鼠标右键，在弹出的快捷菜单中选择"删除"选项即可删除"Sheet3"工作表。

**提示：** 若需要删除的工作表已编辑过数据，在删除该工作表时将弹出"提示"对话框，单击"确定"按钮，确认删除即可。

## 操作6　保护工作表与工作簿

### 1．保护工作表

（1）打开"华夏课程表"文件，在"课程表"工作表标签上单击鼠标右键，在弹出的快捷菜单中选择"保护工作表"选项，打开"保护工作表"对话框。

（2）在"取消工作表保护时使用的密码"文本框中输入保护时的密码，这里输入"123"，如图 5-24 所示。

（3）单击"确定"按钮，在打开的"确认密码"对话框的"重新输入密码"文本框中输入设置的密码"123"，如图 5-25 所示，单击"确定"按钮即可完成保护工作表的设置。

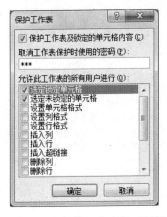

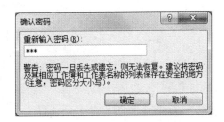

图 5-24　"保护工作表"对话框　　　　　　图 5-25　"确认密码"对话框

### 2．保护工作簿

（1）打开"华夏课程表"文件，选择"审阅"功能选项卡，在"更改"功能区中单击"保护工作簿"按钮，在下拉菜单的"限制编辑"栏中选择"保护结构和窗口"选项。

（2）在打开的"保护结构和窗口"对话框的"保护工作簿"栏中选中"结构"和"窗口"复选框，在"密码（可选）"文本框中输入密码，如图 5-26 所示，单击"确定"按钮。

（3）在打开的"确认密码"对话框的"重新输入密码"文本框中再次输入前面设置的密码，如图 5-27 所示，单击"确定"按钮，完成对工作簿的保护操作。

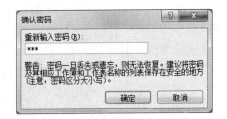

图 5-26　"保护结构和窗口"对话框　　　　　图 5-27　重新输入密码

 知识延伸

本任务练习了对 Excel 电子表格的基本操作，包括新建、保存、打开和关闭工作簿，选择、新建、重命名、复制、移动和删除工作表，以及保护工作簿与工作表等。

在保护工作表时，还可以使用隐藏工作表的方法将工作表隐藏。隐藏工作表后，不能对工作表进行操作，同时可以避免他人查看。若需要查看被隐藏的工作簿，可将其显示出来，下面介绍具体操作方法。

（1）打开"华夏课程表"电子表格，在"课程表"工作表标签上单击鼠标右键，在弹出的快捷菜单中选择"隐藏"选项。

（2）隐藏后工作簿中将只显示两张工作表，如图 5-28 所示，在任意工作表标签上单击鼠标右键，在弹出的快捷菜单中选择"取消隐藏"选项。

（3）打开"取消隐藏"对话框，在对话框的"取消隐藏工作表"列表框中选择"课程表"选项，如图 5-29 所示，然后单击"确定"按钮即可显示隐藏的工作表。

图 5-28　隐藏工作表效果

图 5-29　"取消隐藏"对话框

## 任务小结

通过对本任务的学习应该掌握对工作簿、工作表的选择、新建、复制、移动和删除等基本操作。

任务 3　制作学生档案电子表格

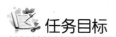

## 任务目标

本任务的目标是利用 Excel 2007 制作学生档案电子表格，如图 5-30 所示。通过练习掌握在表格中输入数据的方法，如文本、数字、日期和特殊数字的输入。

本任务的具体目标要求如下：

（1）掌握输入文本数据的方法。

（2）掌握输入数字和日期等数据的方法。

（3）掌握输入特殊数字数据的方法。

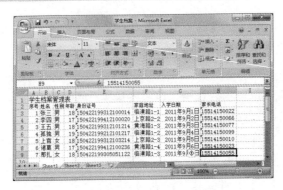

图 5-30　学生档案电子表格

## 专业背景

在本任务的操作中需要了解学生档案电子表格的作用和内容，学生档案电子表格一般是对学生的基本情况进行了解后所制作的表格，包括学生的基本信息、所属年级班级、身份证号码和联系电话等部分，制作时对照相关资料进行填写。

## 操作思路

本任务的操作思路如图 5-31 所示，涉及的知识点有文本数据的输入、普通数字数据的输入和特殊数字数据的输入等，具体操作及要求如下。

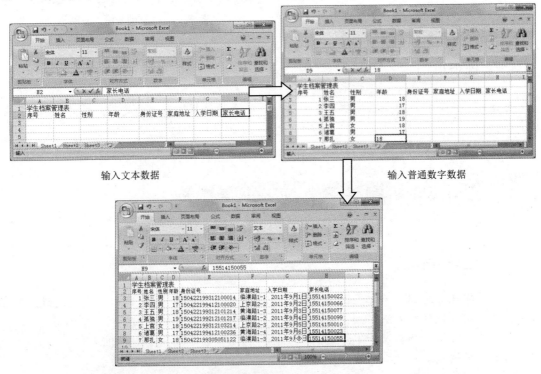

图 5-31　制作学生档案电子表格操作思路

（1）在表格中输入文本数据。

（2）在相应位置输入普通数字数据。

（3）在表格中输入特殊数字数据。

**操作 1** 输入文本数据

（1）启动 Excel 2007，系统将自动新建工作簿，并命名为"Book1"。

（2）单击 A1 单元格，在数据输入框中输入"学生档案管理表"，如图 5-32 所示。

图 5-32 输入文本数据

（3）按【Enter】键确认输入的内容，同时自动向下激活 A2 单元格，输入文本"序号"。

（4）按【Tab】键确认输入的内容，同时自动向右激活 B2 单元格，双击该单元格，输入"姓名"，并调整单元格宽度到合适的大小。

（5）采用相同的方法，在表格中输入其他文本数据，效果如图 5-33 所示。

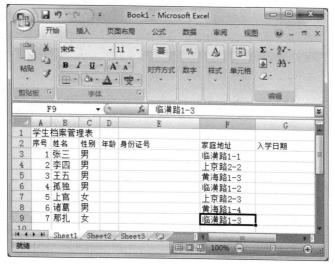

图 5-33 完成文本数据输入效果

**操作 2** 输入数字数据

（1）选择 D3 单元格，将文本插入点定位在数据输入框中，输入数字"18"，如图 5-34 所示。

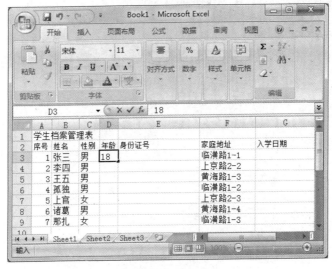

图 5-34　输入数字数据

（2）按【Enter】键确认输入内容，采用相同的方法在表格中输入其他数字数据，效果如图 5-35 所示。

图 5-35　完成数字数据输入效果

**操作 3** 输入特殊数字数据

（1）将鼠标移动到 E 列上方，当鼠标为"↓"形状时，单击鼠标选中"身份证号"所在的列。

（2）在"单元格"功能组中单击"格式"按钮，在弹出的下拉菜单中选择"设置单元格格式"选项，打开"设置单元格格式"对话框，选择"数字"选项卡。

（3）在"分类"列表框中选择"文本"选项，如图 5-36 所示。

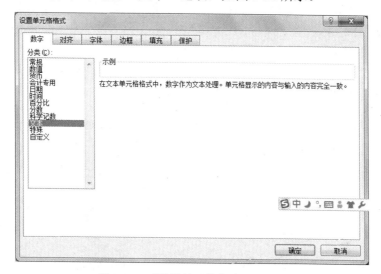

图 5-36　"设置单元格格式"对话框

（4）单击"确定"按钮，返回工作表，在其中输入学生的身份证号码即可，效果如图 5-37 所示。

图 5-37　输入特殊数字数据效果

**提示**：将鼠标移动到 E 列和 F 列中间，当光标为"十"字箭头形状时，按住鼠标左键向右拖动鼠标，移动到合适的位置，释放鼠标，可调整单元格的大小。

（5）选择"入学日期"所在的 G 列，单击鼠标右键，在弹出的快捷菜单中选择"设置单元格格式"选项，打开"设置单元格格式"对话框，选择"数字"选项卡。

（6）在"分类"列表框中选择"日期"选项，在右侧的"类型"列表框中选择一种日期类型，这里选择 2001 年 3 月 14 日，如图 5-38 所示。

（7）单击"确定"按钮，返回 Excel 电子表格，输入"2011-9-1"，单元格中即显示为"2011年 9 月 1 日"样式，用相同方法输入其他日期，效果如图 5-39 所示。

图 5-38　设置日期格式

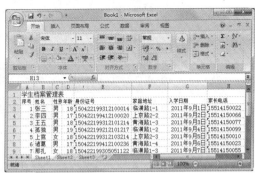

图 5-39　输入日期

（8）在"家长电话"列中输入电话号码即可完成电子表格的制作（文本格式输入）。

（9）单击"Office"按钮，在弹出的下拉菜单中选择"另存为"选项，将文件保存为"学生档案"文件。

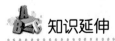

## 知识延伸

本任务练习了在 Excel 2007 电子表格中输入各种数据的方法，包括输入文本数据、输入数字数据和输入特殊数字数据，用户可利用本任务的操作结合数据的输入，制作其他电子表格。

### 1. 快速填充表格

在 Excel 2007 中输入数据时，有时需要输入一些相同或有规律的数据，如学校名称或编号等，这时就可使用 Excel 2007 中提供的快速填充功能，以提高工作效率，下面介绍常用的两种方法。

（1）通过控制柄填充数据。这种方法主要针对需要在连续的单元格区域中输入内容的情况。

◆ 在起始单元格中输入数据，将光标移至单元格边框右下角，当光标变成十形状时按住鼠标左键不放并拖动至所需位置，释放鼠标即可在所选单元格区域中填充相同的数据。

◆ 在两个单元格中输入数据，然后按下【Shift】键选择这两个单元格，当光标变为十形状时，向下拖动即可填充有规律的数据，或输入数据后拖动鼠标到目标位置，此时在单元格边框出现"自动填充选项"按钮，单击右侧的下拉按钮，在弹出的下拉菜单中选择"填充序列"选项，即可在选择的区域中填充有规律的数据。

（2）通过"序列"对话框填充数据。这种方法一般用于快速填充等差、等比和日期等特殊的数据。在单元格中输入数据并选中该单元格，单击"编辑"按钮，在弹出的下拉菜单中选择"序列"选项，打开"序列"对话框，选中"列"和"等比序列"单选按钮，在数值框中分别输入"2"和"100"，如图 5-40 所示，单击"确定"按钮，即可在表格中填充等比序列的数据，如图 5-41 所示。

图 5-40　"序列"对话框

图 5-41　填充等比序列数据

### 2. 在表格中输入特殊符号

在制作 Excel 电子表格时，有时需要输入如"★"等的特殊符号，Excel 2007 提供了输入特殊符号的功能，操作方法如下。

（1）选择需要输入特殊符号的单元格，选择"插入"功能选项卡，在"特殊符号"功能区中单击"符号"按钮，在弹出的下拉菜单中选择"更多"选项。

（2）在打开的"插入特殊符号"对话框中选择"特殊符号"选项卡，在列表框中选择"★"符号，如图 5-42 所示，单击"确定"按钮，即可将特殊符号插入表格，如图 5-43 所示。

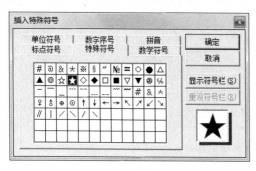

图 5-42　选择特殊符号

图 5-43　插入特殊符号

 任务小结

通过对本任务的学习应该掌握在表格中输入各种数据方法。

# 实战演练 1　创建"课程表"工作簿

 演练目标

本演练要求利用 Excel 2007 工作表的相关知识制作一个"课程表"工作簿，效果如图 5-44 所示，通过本实战演练应掌握 Excel 2007 工作表的基本操作。

| 星期<br>课节 | 星期一 | 星期二 | 星期三 | 星期四 | 星期五 | 星期六 |
|---|---|---|---|---|---|---|
| 第1节 | 语文 | 专业1 | 英语 | 英语 | 语文 | 数学 |
| 第2节 | 数学 | 英语 | 数学 | 语文 | 英语 | 数学 |
| 第3节 | 英语 | 语文 | 语文 | 数学 | 英语 | 语文 |
| 第4节 | 专业1 | 数学 | 专业1 | 专业1 | 数学 | 语文 |
| 第5节 | 专业2 | 体育 | 音乐 | 体育 | 自习 | 英语 |
| 第6节 | 专业3 | 专业2 | 专业2 | 自习 | 专业1 | 专业1 |
| 第7节 | 音乐 | 自习 | 专业3 | 自习 | 自习 | 专业2 |

图 5-44　"课程表"工作簿效果

 演练分析

本演练的操作思路如图 5-45 所示，具体分析及操作如下。

（1）新建工作簿，将工作簿保存为"课程表"电子表格，并为工作表重命名。

（2）在表格中输入普通的文本和数字数据，制作电子表格。

（3）保存制作的工作表，最后退出 Excel 2007。

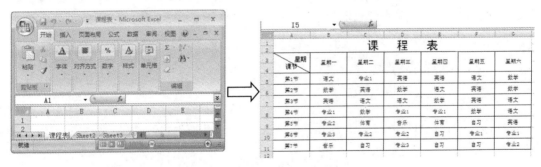

图 5-45　制作课程表工作簿操作思路

# 实战演练 2　制作高版本的"课程表"电子表格

 演练目标

本演练要求利用在 Excel 2007 电子表格中技巧填充各种数据的方法制作课程表，并保存工

### 演练分析

本演练的操作思路如图 5-46 所示，具体分析及操作如下。

（1）打开实战演练 1 创建的"课程表"工作簿，在工作表中使用技巧填充相同文本数据。

（2）在单元格中快速填充有规律的数据。

（3）输入其他数据并保护工作表，保存并退出 Excel 2007。

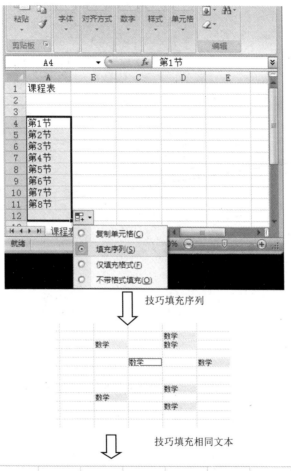

图 5-46 技巧填充数据操作思路

# 拓展与提升

根据本模块所学内容，动手完成以下实践内容。

### 课后练习 1 制作某地海洋大学职工工资表

运用 Excel 2007 的相关知识制作一份某地海洋大学职工工资表，其最终效果如图 5-47 所示。要求尽量使用技巧填充，命名为"海洋大学职工工资表"，文件保存到 D 盘的"Excel 2007 案例"文件夹中。

| 某地海洋大学职工工资表 | | | | | | | |
|---|---|---|---|---|---|---|---|
| 职工编号 | 姓名 | 性别 | 年龄 | 职称 | 工资 | | |
| 50001 | 郑含因 | 女 | 58 | 教授 | ￥ 4,259.64 | | |
| 50002 | 李海儿 | 男 | 37 | 副教授 | ￥ 3,509.64 | | |
| 50003 | 李静 | 女 | 34 | 讲师 | ￥ 3,598.10 | 职工的平均工资: | |
| 50004 | 马东升 | 男 | 30 | 讲师 | ￥ 2,324.64 | 职工的总工资: | |
| 50005 | 钟尔慧 | 男 | 37 | 讲师 | ￥ 4,904.64 | 职工的最高工资: | |
| 50006 | 卢植茵 | 女 | 35 | 讲师 | ￥ 2,904.64 | 职工的最低工资: | |
| 50007 | 林寻 | 男 | 52 | 副教授 | ￥ 3,904.64 | 工资大于3200的人数: | |
| 50008 | 王忠 | 男 | 55 | 副教授 | ￥ 3,829.64 | 教授的平均年龄: | |
| 50009 | 吴心 | 女 | 36 | 讲师 | ￥ 2,349.64 | 讲师的总工资: | |
| 50010 | 李伯仁 | 男 | 54 | 副教授 | ￥ 3,381.03 | | |
| 50011 | 陈醉 | 男 | 41 | 讲师 | ￥ 2,364.01 | | |
| 50012 | 马甫仁 | 男 | 35 | 讲师 | ￥ 3,711.03 | | |
| 50013 | 夏雪 | 女 | 37 | 讲师 | ￥ 2,549.64 | | |
| 50014 | 钟成梦 | 女 | 46 | 副教授 | ￥ 4,466.45 | | |
| 50015 | 王晓宁 | 男 | 46 | 教授 | ￥ 5,069.64 | | |
| 50016 | 魏文鼎 | 男 | 30 | 助教 | ￥ 3,209.64 | | |
| 50017 | 宋成城 | 男 | 40 | 副教授 | ￥ 2,929.64 | | |
| 50018 | 李文如 | 女 | 45 | 副教授 | ￥ 4,494.64 | | |
| 50019 | 伍宁 | 女 | 31 | 助教 | ￥ 3,059.64 | | |
| 50020 | 古琴 | 女 | 38 | 讲师 | ￥ 2,484.01 | | |
| 50021 | 高展翔 | 男 | 54 | 教授 | ￥ 6,846.03 | | |
| 50022 | 石惊 | 男 | 34 | 讲师 | ￥ 2,874.64 | | |
| 50023 | 李宁 | 女 | 30 | 助教 | ￥ 2,999.64 | | |

图 5-47 海洋大学职工工资表

### 课后练习 2 制作班级期中考试成绩单

本练习将使用 Excel 2007 制作一份班级期中成绩统计表，其最终效果如图 5-48 所示。要求尽量使用技巧填充，命名为"某班级期中考试成绩单"，文件保存到 D 盘的"Excel 2007 案例"文件夹中。

### 课后练习 3 提高 Excel 2007 电子表格的制作效率

在工作中利用 Excel 2007 制作电子表格时，除了本模块的学习内容，还应该多查阅相关资料，反复练习，从而提高数据输入的效率。下面补充相关快捷键的使用，供大家参考和探索。

◆ 按【Alt+Enter】组合键可以在单元格中换行。

◆ 按【Ctrl+Enter】组合键可以用当前输入项填充选中的单元格区域。

◆ 按【Shift+Enter】组合键可以完成单元格输入并在选中的区域中上移。

◆ 按【Tab】键可以完成单元格输入并在选中的区域中右移。

◆ 按【Shift+Tab】组合键可以完成单元格输入并在选中的区域中左移。

| 科目 成绩 学号 姓名 | 语文 | 数学 | 英语 | 原理 | VF | 机试成绩 | 笔试总成绩 | 机试评定 | 总评成绩 | 名次 |
|---|---|---|---|---|---|---|---|---|---|---|
| 1 何飞飞 | 77 | 91 | 54 | 100 | 100 | 70 | | | | |
| 2 张丹丹 | 80 | 43 | 65 | 98 | 100 | 65 | | | | |
| 3 聂志新 | 74 | 68 | 22 | 94 | 80 | 88 | | | | |
| 4 刁立新 | 65 | 20 | 13 | 83 | 74 | 99 | | | | |
| 班级参考人数 | | | | | | | | | | |
| 最高分 | | | | | | | | | | |
| 最低分 | | | | | | | | | | |
| 优秀人数 | | | | | | | | | | |
| 优秀率 | | | | | | | | | | |
| 及格人数 | | | | | | | | | | |
| 及格率 | | | | | | | | | | |
| 总分 | | | | | | | | | | |
| 平均分 | | | | | | | | | | |

图 5-48 某班级期中考试成绩单

◆ 按【Ctrl+Delete】组合键可以删除插入点到行末的文本。

◆ 按【F4】键或【Ctrl+Y】组合键可以重复最近一次操作。

◆ 按【Shift+F2】组合键可以编辑单元格批注。

◆ 按【Shift+Ctrl+F3】组合键可以由行或列标志创建名称。

◆ 按【Ctrl+D】组合键可以向下填充。

◆ 按【Ctrl+R】组合键可以向右填充。

◆ 按【Ctrl+F3】组合键可以定义名称。

**课后练习 4  新建一个工作簿，并进行如下操作**

1. 在 Sheet1 工作表中输入如下内容。

（1）在 A1 单元格中输入：赤峰市华夏职业学校。

（2）以数值的形式在 B1 单元格中输入：6666666666。

（3）在 B2 单元格中以文本形式输入：1234567890123456。

（4）在 A3 单元格中输入：2015 年 11 月 11 日。

（5）在 A4 单元格中输入：45。

（6）用智能填充数据的方法向 A5 到 G5 单元格中输入：星期日、星期一、星期二、星期三、星期四、星期五、星期六。

（7）先定义填充序列：机房一、机房二、机房三、…、机房七，向 A6 到 G6 单元格中输入机房一到机房七。

（8）利用填充数据的方法填充 A7 到 G7 单元格等比数据：5，25，125，625，3125，15625，78125。

2. 操作完成后保存到 D:\模块 5 文件夹中，命名为 "1（效果）"。

**课后练习 5  打开模块 5 工作簿 1（效果），并进行如下操作**

1. 将 "Sheet1" 工作表改名为 "练习一"。

2. 将 "Sheet2" 和 "Sheet3" 一起选中（定义成一个工作组），并将该制作组复制到该工作簿中。

3. 将 "Sheet2（2）" 移动到 "Sheet2" 之前。

4. 新建一个工作簿并以文件名 "2"，保存在 D 盘 "模块 5" 文件夹下。

5. 将 "1（效果）" 工作簿中的 "练习一" "Sheet3" "Sheet3（2）" 复制到 "2" 工作簿中。

6. 在 "2" 工作簿中的 "Sheet3" 之前插入一工作表，并命名为 "练习二"。

7. 操作完成后保存到 D:\模块 5 文件夹中，命名为 "2（效果）"。

### 课后练习 6　打开工作簿 2（效果），并进行如下操作

1. 将 "练习一" 工作表水平分割成两个工作表。

2. 将 "练习二" 工作表垂直分割成两个工作表。

3. 操作完成后保存到 D:\模块 5，命名为 "3（效果）"。

### 课后练习 7　打开工作簿 3（效果），并进行如下操作。

1. 取消 "3（效果）" 工作簿中工作表窗口中的水平和垂直分割。

2. 置 "练习一" 工作表为当前。

3. 将 A1 单元格中的内容复制到 H1 单元格中。

4. 将 A1 和 B1 单元格中的内容移动到 A21 和 B21 单元格中。

5. 清除 A4 单元格中的内容。

6. 清除 A3 单元格中的格式。

7. 在第 4 行之前插入一空行。

8. 在第 4 列之前插入一空列。

9. 在 B5 单元格的上方插入一空单元格。

10. 在 C6 单元格的左方插入一空单元格。

11. 将第 5 行删除。

12. 将第 5 列删除。

13. 将 C5 单元格删除。

14. 将表中的 "机房" 全部改为 "Room"。

15. 操作完成后保存到 D:\模块 5 文件夹中，命名为 "4（效果）"。

### 课后练习 8　打开 "4（效果）" 工作簿，并进行如下操作

1. 在快速访问工具栏中添加 "新建" 按钮。

2. 把自动保存的时间间隔设为 "5" 分钟。

3. 把 "练习一" 工作表隐藏。

4. 取消 "练习一" 工作表隐藏。

5. 向 A1 到 G1 中输入▼。

6. 向 A10 中输入：1/3，向 A11 输入：1 1/3。

7. 操作完成后保存到 D:\模块 5 文件夹中，命名为 "6（效果）"。

### 课后练习 9　打开 "4（效果）"，并进行如下操作

1. 把默认打开工作表个数设为 5。

2. 同时打开 "1（效果）" "2（效果）" "3（效果）" 用【Ctrl+Tab】组合键在四个工作簿

之间切换。

3. 在"4（效果）"工作簿中，用【Ctrl+PgUp】组合键向上切换工作表，用【Ctrl+Dn】组合键，向下切换工作表。

**课后练习 10　打开 Excel 2007 新建一个工作簿，输入如下内容（快速输入）**

|  | A |
|---|---|
| 1 |  |
| 2 | 1.23 |
| 3 | 4.56 |
| 4 | 3.33 |
| 5 | 234.56 |
| 6 |  |
| 7 |  |

**提示：**单击"Office"按钮，在弹出的下拉菜单中单击"Excel 选项"按钮，可对 Excel 2007 进行高级设置。单击左侧的"高级"选项卡，也可以在右侧自定义快速访问工具栏。

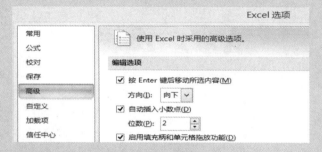

**课后练习 11　打开 Excel 2007，练习快速填充，输入内容如下所示**

| | A | B | C | D | E | F | G | H | I |
|---|---|---|---|---|---|---|---|---|---|
| 1 | 1月 | 2月 | 3月 | 4月 | 5月 | 6月 | 7月 | 8月 | |
| 2 | | | | | | | | | |
| 3 | | | | | | | | | |
| 4 | | 2001年 | 2002年 | 2003年 | 2004年 | 2005年 | 2006年 | 2007年 | |
| 5 | | 2001年 | 2001年 | 2001年 | 2001年 | 2001年 | 2001年 | 2001年 | |
| 6 | 一月 | 二月 | 三月 | 四月 | 五月 | 六月 | 七月 | 八月 | |
| 7 | | | | | | | | | |
| 8 | 一 | 二 | 三 | 四 | 五 | 六 | 日 | 一 | |
| 9 | 一 | 二 | 三 | 四 | 五 | 六 | 七 | 七 | |
| 10 | | | | | | | | | |

操作完成后保存到 D:\模块 5 文件夹中，命名为"10（效果）"。

**课后练习 12　打开 Excel 2007，练习数据输入，输入内容如下所示**

| | A | B | C | D | E | F |
|---|---|---|---|---|---|---|
| 1 | 长风电器集团 | | | | | |
| 2 | 产品 | 年月 | 销售额 | 代理商 | 地区 | |
| 3 | 电视机 | Jan-95 | 4500 | 大地 | 宁夏 | |
| 4 | 音响 | Feb-95 | 5000 | 新华 | 天津 | |
| 5 | 洗衣机 | Mar-96 | 6000 | 华联 | 山东 | |
| 6 | 计算机 | Apr-97 | 1992 | 四海 | 南京 | |
| 7 | 空调 | May-97 | 350 | 和美 | 北京 | |
| 8 | | | | | | |

1. 输入表格中的内容。

2. 将"长风电器集团"标题所在的那一行合并为一个单元格。

3. 将标题"长风电器集团"标题的格式设置为"黑体、16 号字"。

4. 将"年月"这一列的日期格式设为"1997 年 3 月"格式。

5. 操作完成后保存到 D:\模块 5 文件夹中，命名为"12（效果）"。

**课后练习 13　打开 Excel 2007，练习在单元格中创建下拉列表输入数据**

1. 选中需要创建下拉列表的单元格或某个区域。

2. 单击"数据"——"数据工具"——"数据有效性"——"设置"。

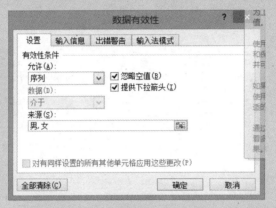

3. 在"允许"列表框中选择"序列"选项，在"来源"文本框中输入想选择的数据，用逗号分开。注意，要用半角逗号（也就是英文逗号）。例如：输入性别时，可以在序列数据来源中输入"男,女"，这样，可以在这个单元格中，把下拉列表拉下来选择数据。效果如下图所示。

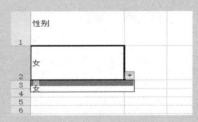

4. 操作完成后保存到 D:\模块 5 文件夹中，命名为"13（效果）"。

**课后练习 14　制作如下图员工档案电子表格所示，要求如下**

1. 性别采用下拉列表输入。

2. 年龄要限定数据的有效性，雇佣的员工最小 16 岁，最大 60 岁。

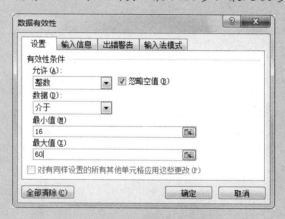

3. 操作完成后保存到 D:\模块 5 文件夹中，命名为"14（效果）"。

### 课后练习 15　练习数据输入的唯一性

1. 打开 Excel 2007，练习在 A 列单元格中输入不重复数据。
2. 用数据的有效性设置数据的唯一性。
3. 操作完成后保存到 D:\模块 5 文件夹中，命名为"15（效果）"。

### 课后练习 16　打开 Excel 2007，数据输入练习如下图所示

1. 代号用填充方法输入。
2. 定价设定小数保留两位。
3. 操作完成后保存到 D:\模块 5 文件夹中，命名为"16（效果）"。

| 剪贴板 | | 字体 | | 对齐方式 | | |
|---|---|---|---|---|---|---|

| H17 | | | $f_x$ | | | |
|---|---|---|---|---|---|---|
| | A | B | C | D | E | F | G |
| 1 | 2005年全国各类成人高等学校招生考试丛书 | | | | | | |
| 2 | 代号 | 图书名称 | 定价 | 定数 | 码洋 | 折扣 | 实洋 |
| 3 | K01 | 语文 | 28.50 | | | | |
| 4 | K02 | 英语 | 24.00 | | | | |
| 5 | K03 | 文科数学 | 19.00 | | | | |
| 6 | K04 | 理科数学 | 25.00 | | | | |
| 7 | K05 | 史地综合一 | 26.50 | | | | |
| 8 | K06 | 史地综合二 | 20.00 | | | | |
| 9 | K08 | 物化综合一 | 21.00 | | | | |
| 10 | K09 | 物化综合二 | 22.50 | | | | |
| 11 | K10 | 大纲 | 12.00 | | | | |
| 12 | | | | | | | |

**课后练习 17　打开 Excel 2007，数据输入练习如下图所示**

1. 性别用列表形式输入。

2. 笔试成绩和面试成绩用数据有效性设置，最高100，最低0，必须为整数。

| D17 | | | $f_x$ | | | | | |
|---|---|---|---|---|---|---|---|---|
| | A | B | C | D | E | F | G | H | I |
| 1 | 某报考学员一览表 | | | | | | | | |
| 2 | 编号 | 姓名 | 性别 | 报考单位 | 学历 | 学位 | 笔试成绩 | 面试成绩 | 总成绩 |
| 3 | 1 | 李丽 | 女 | 武汉研究院 | 博士研究生 | | 92 | 65 | |
| 4 | 2 | 陈娃 | 男 | 国际研究院 | 本科 | | 75 | 66 | |
| 5 | 3 | 朱冰 | 男 | 中院 | 博士研究生 | | 80 | 89 | |
| 6 | 4 | 李萍 | 女 | 中院 | 博士研究生 | | 90 | 89 | |
| 7 | 5 | 城堡 | 男 | 中院 | 本科 | | 80 | 78 | |
| 8 | 6 | 王国利 | 男 | 中院 | 博士研究生 | | 85 | 96 | |
| 9 | 7 | 白立国 | 男 | 浙江大学研究院 | 博士研究生 | | 80 | 86 | |
| 10 | 8 | 陈桂芳 | 女 | 浙江大学研究院 | 硕士研究生 | | 75 | 79 | |
| 11 | 9 | 王小兰 | 女 | 中院 | 博士研究生 | | 90 | 69 | |
| 12 | 10 | 黄小河 | 男 | 中院 | 博士研究生 | | 78 | 78 | |
| 13 | | | | | | | | | |

3. 操作完成后保存到 D:\模块5文件夹中，命名为"17（效果）".

**课后练习 18　打开 Excel 2007，数据输入练习如下图所示**

| 剪贴板 | | 字体 | | |
|---|---|---|---|---|

| D13 | | | $f_x$ | |
|---|---|---|---|---|
| | A | B | C | D | E |
| 1 | 学生英语成绩登记表 | | | | |
| 2 | 姓名 | 口语 | 语法 | 听力 | 作文 |
| 3 | 刘华 | 70 | 90 | 73 | 90 |
| 4 | 张军莉 | 80 | 60 | 75 | 40 |
| 5 | 王晓军 | 56 | 50 | 68 | 50 |
| 6 | 李小丽 | 80 | 70 | 85 | 50 |
| 7 | 江杰 | 68 | 70 | 50 | 78 |
| 8 | 李来群 | 90 | 80 | 96 | 85 |
| 9 | 平均分 | | | | |
| 10 | | | | | |

1. 用数据有效性设置成绩的输入，最高100，最低0，必须为整数。

2. 返回的错误信息为"超出范围"。

3. 操作完成后保存到 D:\模块5文件夹中，命名为"18（效果）".

**课后练习 19　打开 Excel 2007，数据输入练习如下图所示**

| | A | B | C | D | E |
|---|---|---|---|---|---|
| 1 | 姓名 | 性别 | 年龄 | 职称 | 实发工资 |
| 2 | 汪一达 | 男 | 37 | 工程师 | 617 |
| 3 | 周仁 | 男 | 55 | 教 授 | 982 |
| 4 | 李小红 | 女 | 26 | 助 教 | 344 |
| 5 | 周健青 | 男 | 45 | 教 授 | 877 |
| 6 | 张安 | 女 | 42 | 教 授 | 898 |
| 7 | 钱四 | 女 | 45 | 副教授 | 878 |
| 8 | 张颐 | 女 | 47 | 工程师 | 630 |
| 9 | 李晓莉 | 男 | 56 | 副教授 | 797 |
| 10 | 牛三 | 男 | 24 | 助 教 | 456 |
| 11 | 徐平平 | 女 | 26 | 助 教 | 452 |
| 12 | 吴佳莉 | 女 | 24 | 助 教 | 443 |
| 13 | | | | | |

1. 实发工资用人民币货币表示，保留两位小数。
2. 操作完成后保存到 D:\模块 5 文件夹，命名为 "19（效果）"。

**课后练习 20　打开 Excel 2007，数据输入练习如下图所示**

| | A | B | C | D | E |
|---|---|---|---|---|---|
| 1 | | | 期刊统计表 | | |
| 2 | 期刊 | 第一阶段 | 第二阶段 | 第三阶段 | 总　计 |
| 3 | 220期 | 1000 | 800 | 600 | |
| 4 | 221期 | 2000 | 1800 | 1500 | |
| 5 | 222期 | 4000 | 3500 | 3000 | |
| 6 | 总计书籍费 | | | | |
| 7 | | | | | |
| 8 | 220期 | 2000 | 1800 | 1500 | |
| 9 | 221期 | 3000 | 2500 | 2300 | |
| 10 | 222期 | 4000 | 3500 | 3200 | |
| 11 | 总计材料费 | | | | |
| 12 | | | | | |
| 13 | 220期 | 3000 | 2800 | 2500 | |
| 14 | 221期 | 4000 | 3800 | 3500 | |
| 15 | 222期 | 5000 | 4500 | 4000 | |
| 16 | 总计设备费 | | | | |
| 17 | | | | | |

1. 内容相同单元格采用技巧输入（如复制、填充或者用 Ctrl 键辅助填充）。
2. 操作完成后保存到 D:\模块 5 文件夹中，命名为 "20（效果）"。

# 模块 6

# 编辑和美化电子表格

**内容摘要**

在表格中输入数据后，可以调整表格、编辑表格中的数据和设置表格格式等，从而达到美化电子表格的目的，并且使制作的电子表格更便于查看。本模块将以 3 个任务来介绍编辑和美化电子表格的方法。

**学习目标**

📖 熟练掌握制作电子表格的基本操作。

📖 熟练掌握编辑表格数据的方法。

📖 掌握删除和冻结表格的方法。

📖 掌握设置表格格式的方法。

📖 掌握自动套用表格格式的方法。

📖 熟练掌握在电子表格中插入图片和艺术字的方法。

任务1 制作某公司员工销售业绩排名表

### 任务目标

本任务的目标是通过对单元格的基本操作，制作一份员工销售业绩排名表，效果如图 6-1 所示。通过练习应掌握选择、插入、合并与拆分单元格，以及调整单元格的行高与列宽等方法。

| 编号 | 姓名 | 性别 | 销售区域 | 出生日期 | 工龄 | 学历 | 累计销售业绩 | 目前业绩排名 |
|---|---|---|---|---|---|---|---|---|
| | | | | | | | 员工销售业绩排名表 | |
| | 制表人：王小丫 | | | | | | | |
| YW01 | 张建立 | 男 | 东北区 | 1978/8/8 | 6 | 本科 | ￥496,129.00 | |
| YW02 | 赵晓娜 | 女 | 西北区 | 1981/10/1 | 10 | 高中 | ￥312,597.00 | |
| YW03 | 刘婧 | 女 | 西北区 | 1979/9/30 | 6 | 大专 | ￥265,145.00 | |
| YW04 | 张琪 | 女 | 华南区 | 1977/9/25 | 4 | 大专 | ￥458,567.00 | |
| YW05 | 魏翠海 | 女 | 华东区 | 1973/9/16 | 3 | 高中 | ￥185,970.00 | |
| YW06 | 王志刚 | 男 | 西南区 | 1979/7/18 | 8 | 中专 | ￥364,960.00 | |
| YW07 | 乌红丽 | 女 | 西南区 | 1969/9/7 | 7 | 中专 | ￥450,159.00 | |
| YW08 | 刘宝英 | 女 | 西北区 | 1963/8/25 | 8 | 本科 | ￥109,817.00 | |
| YW09 | 王星 | 女 | 西北区 | 1961/8/25 | 3 | 高中 | ￥471,415.00 | |
| YW10 | 郑鹏丽 | 女 | 西北区 | 1959/8/16 | 2 | 本科 | ￥227,267.00 | |
| YW11 | 王利利 | 男 | 华南区 | 1979/5/30 | 11 | 本科 | ￥264,045.00 | |
| YW12 | 丁一夫 | 男 | 华南区 | 1979/8/4 | 6 | 本科 | ￥439,356.00 | |
| YW13 | 洪峰 | 男 | 华南区 | 1980/2/18 | 2 | 大专 | ￥259,850.00 | |
| YW14 | 赵志杰 | 男 | 华南区 | 1980/4/24 | 9 | 大专 | ￥160,787.00 | |
| YW15 | 李晓梅 | 女 | 华中区 | 1957/8/11 | 10 | 大专 | ￥151,984.00 | |

图 6-1　员工销售业绩排名表

（1）熟练掌握选择、合并单元格的方法。
（2）熟练掌握插入单元格和调整行高的方法。
（3）熟练掌握调整列宽和删除单元格的方法。

### 专业背景

员工销售业绩排名表是为了统计员工在本年度的业绩排名，具有统计性、针对性等特点，在企业、团体等企事业单位的财务部门较为常用。在制作评估统计表时，应包含基本的用来评估的数据，如本例中的累计销售业绩。另外，一些公司在制作时也会添加工作业绩、工作贡献、工作能力、工作考勤等项目。

## 操作思路

本任务的操作思路如图 6-2 所示，涉及的知识点有单元格的选择、插入、合并与拆分，以及调整单元格的行高和列宽等基本操作，具体操作及要求如下。

（1）新建工作簿，选择并合并单元格，输入表格数据并设置字体格式。

（2）插入单元格并调整行高。

（3）为单元格调整列宽并删除不需要的单元格。

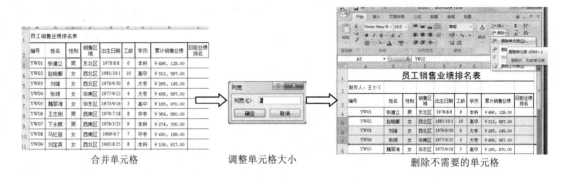

合并单元格 　　　　　　调整单元格大小 　　　　　　删除不需要的单元格

图 6-2　制作员工销售业绩排名表操作思路

操作 1　　制作表格

（1）新建工作簿，并将工作簿保存为"员工销售业绩排名表"电子表格。

（2）选择单元格区域的第 1 个单元格，然后按住鼠标左键向右拖动到目标位置，即可选择该区域的单元格，如图 6-3 所示。

图 6-3　选择单元格区域 A1:I1

（3）选择"开始"功能选项卡，在"对齐方式"功能组中单击"合并后居中"按钮 右侧的下拉按钮 ，在弹出的下拉菜单中选择"合并单元格"选项，如图 6-4 所示。

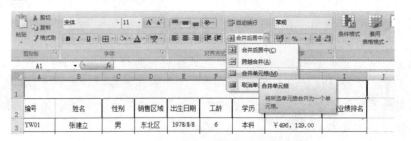

图 6-4　选择"合并单元格"选项

**提示**：Excel 中单元格是最基本的单位，不可以被拆分，只有合并的单元格，才能够被拆分。其方法是选择合并后的单元格，在"开始"选项卡的"对齐方式"功能组中单击"合并后居中"按钮，在弹出的下拉菜单中选择"取消单元格合并"选项。

（4）在单元格中输入文本"员工销售业绩排名表"。

（5）在其他单元格中输入如图 6-5 所示的数据并设置字体为"华文楷体"，字号为"11"。

（6）选择 A2 单元格，按住【Shift】键的同时单击 I2 单元格，即可选择 A2:I2 区域的单元格，选择"开始"功能选项卡，在"单元格"功能组中单击 插入 ▾ 按钮，在弹出的下拉菜单中执行"插入单元格"命令。

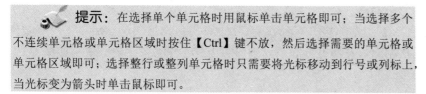

| | A | B | C | D | E | F | G | H | I |
|---|---|---|---|---|---|---|---|---|---|
| 1 | 员工销售业绩排名表 | | | | | | | | |
| 2 | 编号 | 姓名 | 性别 | 销售区域 | 出生日期 | 工龄 | 学历 | 累计销售业绩 | 目前业绩排名 |
| 3 | YW01 | 张建立 | 男 | 东北区 | 1978/8/8 | 6 | 本科 | ￥496, 129.00 | |
| 4 | YW02 | 赵晓娜 | 女 | 西北区 | 1981/10/1 | 10 | 高中 | ￥312, 597.00 | |
| 5 | YW03 | 刘靖 | 女 | 西北区 | 1979/9/30 | 6 | 大专 | ￥265, 145.00 | |
| 6 | YW04 | 张瑛 | 女 | 华南区 | 1977/9/25 | 4 | 大专 | ￥458, 567.00 | |
| 7 | YW05 | 魏翠海 | 女 | 华东区 | 1973/9/16 | 3 | 高中 | ￥185, 970.00 | |
| 8 | YW06 | 王志刚 | 男 | 西南区 | 1979/7/18 | 8 | 中专 | ￥364, 960.00 | |
| 9 | YW07 | 卞永辉 | 男 | 西南区 | 1979/3/25 | 9 | 本科 | ￥274, 330.00 | |
| 10 | YW08 | 马红丽 | 女 | 西南区 | 1969/9/7 | 7 | 中专 | ￥450, 159.00 | |
| 11 | YW09 | 刘宝英 | 女 | 西北区 | 1963/8/25 | 8 | 本科 | ￥109, 817.00 | |
| 12 | YW10 | 王星 | 女 | 西北区 | 1961/8/25 | 3 | 高中 | ￥471, 415.00 | |
| 13 | YW11 | 邢鹏丽 | 女 | 西北区 | 1959/8/16 | 2 | 本科 | ￥227, 267.00 | |
| 14 | YW12 | 王利利 | 男 | 华南区 | 1979/5/30 | 11 | 本科 | ￥264, 045.00 | |

图 6-5　输入数据

（7）打开"插入"对话框，选中"活动单元格下移"单选按钮，如图 6-6 所示，单击"确定"按钮，即可在所选单元格的位置处插入一个单元格，原单元格内容下移一个单元格，在单元格中输入文本"制表人：王小丫"。

图 6-6　"插入"对话框

**提示**：在选择单个单元格时用鼠标单击单元格即可；当选择多个不连续单元格或单元格区域时按住【Ctrl】键不放，然后选择需要的单元格或单元格区域即可；选择整行或整列单元格时只需要将光标移动到行号或列标上，当光标变为箭头时单击鼠标即可。

**操作 2　调整表格**

（1）选择"员工销售业绩排名表"所在的单元格区域，选择"开始"功能选项卡，在"单元格"功能组中单击"格式"按钮，在弹出的下拉菜单中选择"行高"选项。

（2）打开"行高"对话框，在"行高"文本框中输入"30"，如图 6-7 所示，单击"确定"按钮，即可设置行高。

（3）选择"制表人：王小丫"所在的单元格，在"单元格"功能组中单击"格式"按钮，在弹出的下拉菜单中选择"列宽"选项。

（4）打开"列宽"对话框，在"列宽"文本框中输入"12"，如图 6-8 所示，单击"确定"按钮，即可设置列宽。

图 6-7　"行高"对话框

图 6-8　"列宽"对话框

**提示：** 将鼠标指针移到行号或列标上，当其变为 ↕ 或 ↔ 形状时，向下或向右拖动鼠标也可改变行高或列宽。

（5）拖动鼠标选择 A10:I10 单元格区域，如图 6-9 所示。

| | A | B | C | D | E | F | G | H | I |
|---|---|---|---|---|---|---|---|---|---|
| 4 | YW01 | 张建立 | 男 | 东北区 | 1978/8/8 | 6 | 本科 | ￥496, 129.00 | |
| 5 | YW02 | 赵晓娜 | 女 | 西北区 | 1981/10/1 | 10 | 高中 | ￥312, 597.00 | |
| 6 | YW03 | 刘绪 | 女 | 西北区 | 1979/9/30 | 6 | 大专 | ￥265, 145.00 | |
| 7 | YW04 | 张瑛 | 女 | 华南区 | 1977/9/25 | 4 | 大专 | ￥458, 567.00 | |
| 8 | YW05 | 魏翠海 | 女 | 华东区 | 1973/9/16 | 3 | 高中 | ￥185, 970.00 | |
| 9 | YW06 | 王志刚 | 男 | 西南区 | 1979/7/18 | 8 | 中专 | ￥364, 960.00 | |
| 10 | YW07 | 卞永辉 | 男 | 西南区 | 1979/3/25 | 9 | 本科 | ￥274, 330.00 | |
| 11 | YW08 | 马红丽 | 女 | 西南区 | 1969/9/7 | 7 | 中专 | ￥450, 159.00 | |

图 6-9　选择 A10:I10 单元格区域

（6）选择"开始"功能选项卡，在"单元格"功能组中单击 删除 按钮，在弹出的下拉菜单中执行"删除单元格"命令。

（7）在打开的"删除"对话框中选中"下方单元格上移"单选按钮，然后单击"确定"按钮，即可将选中的单元格删除，并使下方的单元格内容上移，删除单元格的效果如图 6-10所示。

**提示：** 选择单元格后单击鼠标右键，在弹出快捷菜单中选择"删除"选项，也可以将单元格删除；若选择"删除内容"选项，则只删除单元格中的数据，而不删除单元格。

| | A | B | C | D | E | F | G | H | I |
|---|---|---|---|---|---|---|---|---|---|
| 4 | YW01 | 张建立 | 男 | 东北区 | 1978/8/8 | 6 | 本科 | ￥496,129.00 | |
| 5 | YW02 | 赵晓娜 | 女 | 西北区 | 1981/10/1 | 10 | 高中 | ￥312,597.00 | |
| 6 | YW03 | 刘靖 | 女 | 西北区 | 1979/9/30 | 6 | 大专 | ￥265,145.00 | |
| 7 | YW04 | 张琪 | 女 | 华南区 | 1977/9/25 | 4 | 大专 | ￥458,567.00 | |
| 8 | YW05 | 魏翠海 | 女 | 华东区 | 1973/9/16 | 3 | 高中 | ￥185,970.00 | |
| 9 | YW06 | 王志刚 | 男 | 西南区 | 1979/7/18 | 8 | 中专 | ￥364,960.00 | |
| 10 | YW08 | 鸟红丽 | 女 | 西南区 | 1969/9/7 | 7 | 中专 | ￥450,159.00 | |
| 11 | YW09 | 刘宝英 | 女 | 西北区 | 1963/8/25 | 8 | 本科 | ￥109,817.00 | |
| 12 | YW10 | 王星 | 女 | 西北区 | 1961/8/25 | 3 | 高中 | ￥471,415.00 | |

图 6-10　删除单元格的效果

 知识延伸

本任务练习了 Excel 2007 中单元格的基本操作，包括选择、插入、合并与拆分单元格，以及调整单元格的行高和列宽等。在进行这些编辑操作时可以选择某一行、列或某个单元格，也可以选择多行、多列或多个单元格。

另外，为了保护单元格中的数据，可将一些重要的单元格隐藏或锁定，达到保护单元格的目的。保护单元格是在保护工作表的基础上进行的，下面进行具体介绍。

### 1. 隐藏和显示单元格

（1）选择需要隐藏的单元格，选择"开始"功能选项卡，在"单元格"功能组中单击"格式"按钮旁的下拉按钮，在弹出的下拉菜单中选择"隐藏和取消隐藏"选项。

（2）在"隐藏和取消隐藏"菜单中选择相应的选项对单元格进行设置即可，如图 6-11 所示，其中各选项的含义如下。

◆ "隐藏行"：选择该命令，将隐藏当前单元格所在的行。

◆ "隐藏列"：选择该命令，将隐藏当前单元格所在的列。

◆ "隐藏工作表"：选择该命令，将隐藏当前工作表。

◆ "取消隐藏行"：选择该命令，将显示隐藏的行。

◆ "取消隐藏列"：选择该命令，将显示隐藏的列。

◆ "取消隐藏工作表"：选择该命令，将显示隐藏的工作表。

图 6-11　"隐藏和取消隐藏"命令

### 2. 锁定单元格

在默认情况下，Excel 2007 单元格处于锁定状态，因此，在锁定某一些单元格时需要先

取消全部单元格的锁定状态，具体操作步骤如下。

（1）按【Ctrl+A】组合键全选工作表，在工作表编辑区单击鼠标右键，在弹出的快捷菜单中选择"设置单元格格式"选项。

（2）在打开的"设置单元格格式"对话框中选择"保护"选项卡，取消选择"锁定"复选框，单击"确定"按钮。

（3）返回工作表，选择任意一个应用了公式的单元格，将光标移动到其左边出现的图标处，可看到系统提示信息："此单元格包含公式，并且未被锁定以防止不经意的更改"。

（4）将光标停留在该图标上，单击下拉按钮 ，在弹出的下拉菜单中选择"锁定单元格"选项，即可锁定该单元格。

## 任务小结

通过本任务的学习应掌握选择、插入、合并和拆分单元格的操作，学会调整列宽和行高。

## 任务2 编辑某公司员工销售业绩排名表

## 任务目标

本任务的目标是运用 Excel 2007 编辑数据的相关知识，继续编辑制作任务1的"员工销售业绩排名表"表格，效果如图6-12所示。通过练习应掌握编辑数据的基本操作。

| 编号 | 姓名 | 性别 | 销售区域 | 出生日期 | 工龄 | 学历 | 累计销售业绩 | 目前业绩排名 |
|---|---|---|---|---|---|---|---|---|
| | | | | | | | | |
| YW01 | 张建立 | 男 | 东北区 | 1978/8/8 | 4 | 本科 | ￥496,129.00 | |
| YW02 | 赵晓娜 | 女 | 西北区 | 1981/10/1 | 10 | 高中 | ￥312,597.00 | |
| YW03 | 刘婕 | 男 | 西北区 | 1979/9/30 | 6 | 大专 | ￥265,145.00 | |
| YW04 | 张琪 | 女 | 临演路 | 1977/9/25 | 4 | 大专 | ￥312,597.00 | |
| YW05 | 魏翠海 | 男 | 华东区 | 1973/9/16 | 3 | 高中 | ￥185,970.00 | |
| YW06 | 卞永辉 | 男 | 西南区 | 1979/3/25 | 9 | 本科 | ￥274,330.00 | |
| YW07 | 乌红丽 | 女 | 西南区 | 1969/9/7 | 7 | 中专 | ￥450,158.00 | |
| YW08 | 刘重英 | 女 | 西北区 | 1963/8/25 | 8 | 本科 | ￥109,817.00 | |
| YW09 | 王星 | 女 | 西北区 | 1961/8/25 | 3 | 高中 | ￥471,415.00 | |
| YW10 | 郑鹏丽 | 女 | 西北区 | 1959/8/16 | 2 | 本科 | ￥227,267.00 | |
| YW11 | 王利利 | 男 | 临演路 | 1979/5/30 | 11 | 本科 | ￥264,045.00 | |
| YW12 | 丁一夫 | 男 | 临演路 | 1979/8/4 | 6 | 本科 | ￥439,356.00 | |
| YW13 | 洪琳 | 男 | 临演路 | 1980/2/18 | 2 | 大专 | ￥259,850.00 | |
| YW14 | 赵志杰 | 男 | 临演路 | 1980/4/24 | 9 | 大专 | ￥160,787.00 | |
| YW15 | 李晓梅 | 女 | 华中区 | 1957/8/11 | 10 | 大专 | ￥151,984.00 | |

图6-12 员工销售业绩排名表编辑效果

本任务的具体目标如下：

（1）熟练掌握修改表格中数据的方法。

（2）熟练掌握移动和复制数据的操作。

（3）掌握查找和替换功能。

（4）掌握删除和冻结表格的操作。

## 专业背景

"员工销售业绩排名表"电子表格主要用于员工销售业绩的管理，表格创建完成后经常需要改动，如增加员工，改动销售额，冻结某些数据，或者复制某些数据等，总之，Excel 2007会使这些管理方便快捷。

## 操作思路

本任务的操作思路如图 6-13 所示，涉及的知识点有修改和删除表格数据、移动和复制表格数据、冻结表格等，具体操作及要求如下：

（1）打开任务1的"员工销售业绩排名表"文件，修改表格中的数据。

（2）移动和复制表格中的数据。

（3）查找和替换表格中的数据。

（4）删除和冻结表格。

## 操作1 编辑表格数据

（1）打开任务1的"员工销售业绩排名表"文件，选择需要修改数据的单元格，这里选择 J3 单元格。

（2）将光标定位在"数据编辑栏"中，或者将插入点定位到需添加数据的位置，输入正确的数据，这里把 F4 单元格的内容由原来的 6 修改为 4，按【Enter】键完成修改，如图 6-14 所示。

（3）双击 C6 单元格，在单元格中定位插入点并将数据修改为"男"，按【Enter】键完成修改。

（4）单击 D9 单元格，然后输入正确的文本数据"华东区"，如图 6-15 所示，按【Enter】键即可快速完成修改。

（5）选择 H7 单元格，选择"开始"功能选项卡，在"剪贴板"功能组中单击"剪切"按钮 ，然后选择 H9 单元格，单击"剪贴板"功能组中的"粘贴"按钮 ，即可移动数据，如图 6-16 所示。

> **提示：** 选择单元格后按【Ctrl+X】组合键，然后移动光标到目标单元格后，按【Ctrl+V】组合键可移动数据；若需要复制数据，则按【Ctrl+C】组合键，选择目标单元格后再按【Ctrl+V】组合键即可。

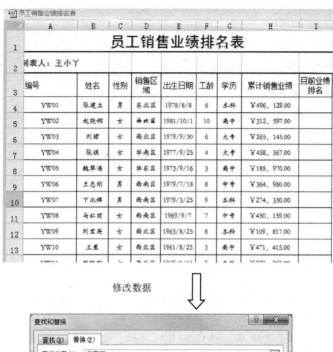

修改数据

查找和替换数据

冻结窗口

图 6-13　编辑员工销售业绩排名表操作思路

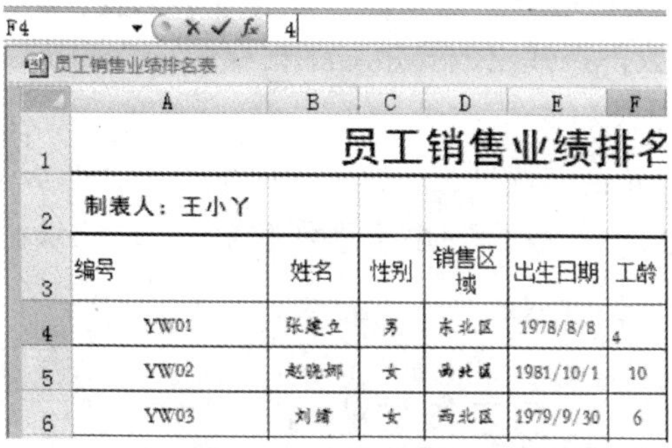

F4　4

员工销售业绩排名表

| | A | B | C | D | E | F |
|---|---|---|---|---|---|---|
| 1 | 员工销售业绩排名 | | | | | |
| 2 | 制表人：王小丫 | | | | | |
| 3 | 编号 | 姓名 | 性别 | 销售区域 | 出生日期 | 工龄 |
| 4 | YW01 | 张建立 | 男 | 东北区 | 1978/8/8 | 4 |
| 5 | YW02 | 赵晓娜 | 女 | 西北区 | 1981/10/1 | 10 |
| 6 | YW03 | 刘绪 | 女 | 西北区 | 1979/9/30 | 6 |

图 6-14　通过“数据编辑栏”修改数据

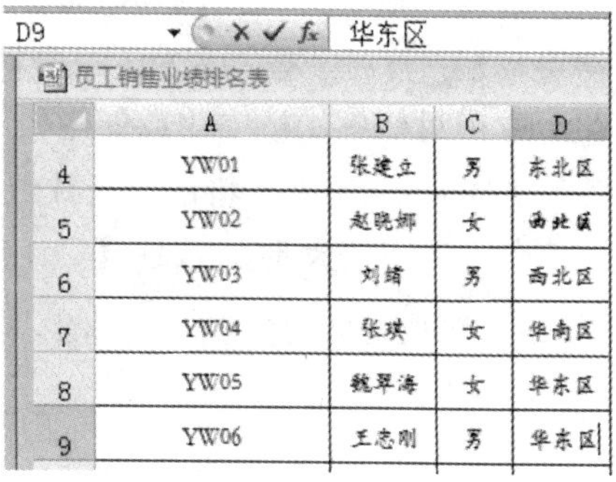

D9　华东区

员工销售业绩排名表

| | A | B | C | D |
|---|---|---|---|---|
| 4 | YW01 | 张建立 | 男 | 东北区 |
| 5 | YW02 | 赵晓娜 | 女 | 西北区 |
| 6 | YW03 | 刘绪 | 男 | 西北区 |
| 7 | YW04 | 张琪 | 女 | 华南区 |
| 8 | YW05 | 魏翠海 | 女 | 华东区 |
| 9 | YW06 | 王志刚 | 男 | 华东区 |

图 6-15　通过选中单元格修改数据

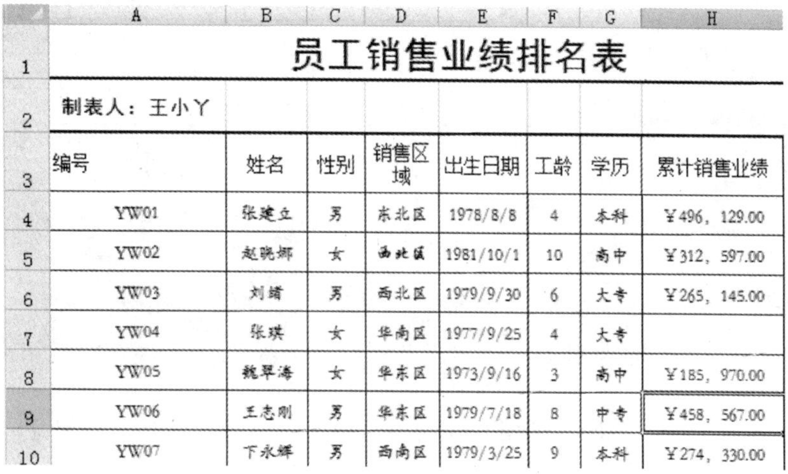

| | A | B | C | D | E | F | G | H |
|---|---|---|---|---|---|---|---|---|
| 1 | 员工销售业绩排名表 | | | | | | | |
| 2 | 制表人：王小丫 | | | | | | | |
| 3 | 编号 | 姓名 | 性别 | 销售区域 | 出生日期 | 工龄 | 学历 | 累计销售业绩 |
| 4 | YW01 | 张建立 | 男 | 东北区 | 1978/8/8 | 4 | 本科 | ￥496，129.00 |
| 5 | YW02 | 赵晓娜 | 女 | 西北区 | 1981/10/1 | 10 | 高中 | ￥312，597.00 |
| 6 | YW03 | 刘绪 | 男 | 西北区 | 1979/9/30 | 6 | 大专 | ￥265，145.00 |
| 7 | YW04 | 张琪 | 女 | 华南区 | 1977/9/25 | 4 | 大专 | |
| 8 | YW05 | 魏翠海 | 女 | 华东区 | 1973/9/16 | 3 | 高中 | ￥185，970.00 |
| 9 | YW06 | 王志刚 | 男 | 华东区 | 1979/7/18 | 8 | 中专 | ￥458，567.00 |
| 10 | YW07 | 卞永辉 | 男 | 西南区 | 1979/3/25 | 9 | 本科 | ￥274，330.00 |

图 6-16　移动数据效果

（6）选择 H5 单元格，选择“开始”选项卡，在“剪贴板”功能组中单击“复制”按钮，选择 H7 单元格，单击“剪贴板”功能组中的“粘贴”按钮，即可复制数据，如图 6-17 所示。

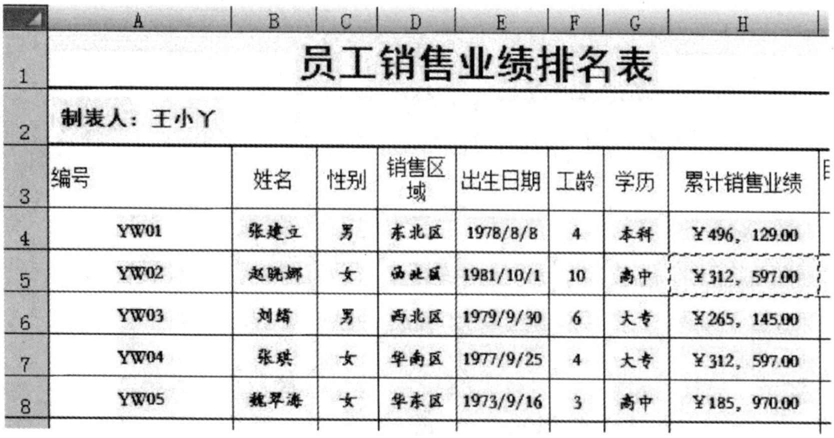

| | A | B | C | D | E | F | G | H |
|---|---|---|---|---|---|---|---|---|
| 1 | 员工销售业绩排名表 | | | | | | | |
| 2 | 制表人：王小丫 | | | | | | | |
| 3 | 编号 | 姓名 | 性别 | 销售区域 | 出生日期 | 工龄 | 学历 | 累计销售业绩 |
| 4 | YW01 | 张建立 | 男 | 东北区 | 1978/8/8 | 4 | 本科 | ￥496，129.00 |
| 5 | YW02 | 赵晓娜 | 女 | 西北区 | 1981/10/1 | 10 | 高中 | ￥312，597.00 |
| 6 | YW03 | 刘绪 | 男 | 西北区 | 1979/9/30 | 6 | 大专 | ￥265，145.00 |
| 7 | YW04 | 张琪 | 女 | 华南区 | 1977/9/25 | 4 | 大专 | ￥312，597.00 |
| 8 | YW05 | 魏翠海 | 女 | 华东区 | 1973/9/16 | 3 | 高中 | ￥185，970.00 |

图 6-17　复制数据效果

（7）选择 H7 单元格，将光标置于所选单元格边框上，当光标由空心十字形状 ✛ 变为十字箭头形状 ✛ 时，拖动鼠标至 H9 单元格释放，在弹出的提示对话框中单击"确定"按钮，即可替换目标单元格中的数据，如图 6-18 所示。

（8）选择 H5 单元格，将鼠标指针置于所选单元格的边框上，当光标由空心十字形状 ✛ 变为十字箭头形状 ✛ 时，按住【Ctrl】键，此时光标将变为小十字形状 ✛，拖动鼠标至 H7 单元格后释放，即可复制单元格数据，如图 6-19 所示。

图 6-18　提示对话框

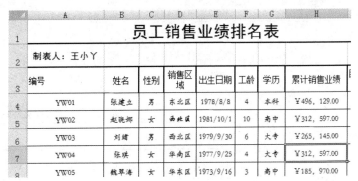

图 6-19　通过拖动鼠标复制数据

**提示：** 在移动和复制数据时，在不同的工作表中可以使用"剪贴板"功能组中的按钮进行移动或复制，在同一个工作表中可使用拖动鼠标进行移动或复制，这样在很大程度上提高了表格的制作效率。

（9）在"开始"选项卡的"编辑"功能组中单击"查找和选择"按钮 🔍，在弹出的下拉菜单中选择"查找"选项。

（10）在打开的"查找和替换"对话框的"查找内容"下拉列表框中输入"华南区"，单击"查找全部"按钮。

（11）选择"替换"选项卡，在"替换为"下拉列表框中输入"临潢路"，如图 6-20 所示，单击"全部替换"按钮。

图 6-20　"查找和替换"对话框

（12）替换完成后，弹出信息提示框，单击"确定"按钮确认替换，返回"查找和替换"对话框，单击"关闭"按钮，完成替换，替换内容后的效果如图 6-21 所示。

| YW03 | 刘绪 | 男 | 西北区 | 1979/9/30 | 6 | 大专 | ￥265, 145.00 |
| YW04 | 张瑛 | 女 | 临潼路 | 1977/9/25 | 4 | 大专 | ￥312, 597.00 |
| YW05 | 魏翠海 | 女 | 华东区 | 1973/9/16 | 3 | 高中 | ￥185, 970.00 |
| YW06 | 王志刚 | 男 | 华东区 | 1979/7/18 | 8 | 中专 | ￥312, 597.00 |
| YW07 | 卞永辉 | 男 | 西南区 | 1979/3/25 | 9 | 本科 | ￥274, 330.00 |
| YW08 | 马红丽 | 女 | 西南区 | 1969/9/7 | 7 | 中专 | ￥450, 159.00 |
| YW09 | 刘宝英 | 女 | 西北区 | 1963/8/25 | 8 | 本科 | ￥109, 817.00 |
| YW10 | 王星 | 女 | 西北区 | 1961/8/25 | 3 | 高中 | ￥471, 415.00 |
| YW11 | 邢鹏丽 | 女 | 西北区 | 1959/8/16 | 2 | 本科 | ￥227, 267.00 |
| YW12 | 王利利 | 男 | 临潼路 | 1979/5/30 | 11 | 本科 | ￥264, 045.00 |
| YW13 | 丁一夫 | 男 | 临潼路 | 1979/8/4 | 6 | 本科 | ￥439, 356.00 |
| YW14 | 洪峰 | 男 | 临潼路 | 1980/2/18 | 2 | 大专 | ￥259, 850.00 |
| YW15 | 赵志杰 | 男 | 临潼路 | 1980/4/24 | 9 | 大专 | ￥160, 787.00 |

图 6-21　替换内容后的效果

**操作 2　删除数据和冻结表格**

（1）将鼠标指针移动到行号（如"1"）上，当其变为向右箭头 ➡ 形状时，单击鼠标即可选择整行表格。

（2）在"开始"选项卡的"单元格"功能组中单击"删除"按钮，在弹出的下拉菜单中选择"删除单元格"选项，即可删除该行单元格。

（3）拖动鼠标选择 A9:H9 单元格区域，单击"数据编辑栏"中的"清除"按钮，在弹出的下拉菜单中选择"全部清除"选项，即可删除单元格区域中的数据和格式，如图 6-22 所示。

| | A | B | C | D | E | F | G | H |
|---|---|---|---|---|---|---|---|---|
| 1 | | | **员工销售业绩排名表** | | | | | |
| 2 | 制表人：王小丫 | | | | | | | |
| 3 | 编号 | 姓名 | 性别 | 销售区域 | 出生日期 | 工龄 | 学历 | 累计销售业绩 |
| 4 | YW01 | 张建立 | 男 | 东北区 | 1978/8/8 | 4 | 本科 | ￥496, 129.00 |
| 5 | YW02 | 赵晓娜 | 女 | 西北区 | 1981/10/1 | 10 | 高中 | ￥312, 597.00 |
| 6 | YW03 | 刘绪 | 男 | 西北区 | 1979/9/30 | 6 | 大专 | ￥265, 145.00 |
| 7 | YW04 | 张瑛 | 女 | 临潼路 | 1977/9/25 | 4 | 大专 | ￥312, 597.00 |
| 8 | YW05 | 魏翠海 | 女 | 华东区 | 1973/9/16 | 3 | 高中 | ￥185, 970.00 |
| 9 | | | | | | | | |
| 10 | YW07 | 卞永辉 | 男 | 西南区 | 1979/3/25 | 9 | 本科 | ￥274, 330.00 |

图 6-22　删除表格中的数据

（4）选择整张工作表，选择"视图"选项卡，在"窗口"功能组中单击"冻结窗格"按钮 旁的下拉按钮，在弹出的下拉菜单中选择"冻结首行"选项。

（5）此时在首行单元格下将出现一条黑色的横线，当滚动鼠标滑轮或拖动垂直滚动条查看表中的数据时，首行的位置始终保持不变，如图 6-23 所示。

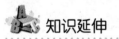

| | A | B | C | D | E | F | G | H | I |
|---|---|---|---|---|---|---|---|---|---|
| 1 | 员工销售业绩排名表 | | | | | | | | |
| 14 | YW11 | 邢鹏丽 | 女 | 西北区 | 1959/8/16 | 2 | 本科 | ￥227, 267.00 | |
| 15 | YW12 | 王利利 | 男 | 临潢路 | 1979/5/30 | 11 | 本科 | ￥264, 045.00 | |
| 16 | YW13 | 丁一夫 | 男 | 临潢路 | 1979/8/4 | 6 | 本科 | ￥439, 356.00 | |
| 17 | YW14 | 洪峰 | 男 | 临潢路 | 1980/2/18 | 2 | 大专 | ￥259, 850.00 | |
| 18 | YW15 | 赵志杰 | 男 | 临潢路 | 1980/4/24 | 9 | 大专 | ￥160, 787.00 | |
| 19 | YW16 | 李晓梅 | 女 | 华中区 | 1957/8/11 | 10 | 大专 | ￥151, 984.00 | |
| 20 | YW17 | 黄学胡 | 男 | 华中区 | 1980/6/29 | 11 | 本科 | ￥431, 166.00 | |
| 21 | YW18 | 张民化 | 男 | 华中区 | 1980/9/3 | 9 | 中专 | ￥91, 092.00 | |
| 22 | YW19 | 王立 | 男 | 华北区 | 1981/1/13 | 4 | 高中 | ￥311, 251.00 | |
| 23 | YW20 | 张先立 | 男 | 华北区 | 1981/3/20 | 11 | 大专 | ￥458, 834.00 | |

图 6-23　冻结表格首行效果

> **提示：** 单击"冻结窗格"按钮右侧的下拉按钮，在弹出的下拉菜单中选择"冻结拆分窗格"选项，可以在查看工作表中的数据时，保持设置的行和列的位置不变；选择"冻结首行"选项可以在查看工作表中的数据时，保持首行的位置不变。

### 知识延伸

本任务练习了在表格中编辑数据的相关操作。当使用查找和替换功能查找表格中的数据时，可以单击"查找和替换"对话框中的"选项"按钮，进一步设置查找和替换条件，如图 6-24 所示，其中各选项含义如下。

图 6-24　"查找和替换"对话框

◆ "范围"下拉列表框：用于选择查找的范围，如选择"工作表"则表示在当前工作表中查找。

◆ "区分大小写"复选框：选中该复选框，可以区分表格中数据的英文大小写状态。

◆ "区分全/半角"复选框：选中该复选框，可以区分中文输入法的全角和半角。

◆ "查找范围"下拉列表框：可以设置查找范围为公式、值或批注。

另外，在编辑表格数据时，如果执行了错误的操作，可使用撤销功能将其撤销。

**任务小结**

通过本任务的学习应掌握修改、移动、复制、查找和替换、删除及冻结单元格数据的操作。

## 任务3 继续完善某公司员工销售业绩排名表

**任务目标**

本任务的目标主要是对表格的格式进行设置以美化表格，满足不同的需要，美化后的员工销售业绩排名表如图 6-25 所示。通过练习应掌握在表格中添加艺术字和文本框的方法。

| 编号 | 姓名 | 性别 | 销售区域 | 出生日期 | 工龄 | 学历 | 累计销售业绩 |
|---|---|---|---|---|---|---|---|
| YW01 | 张建立 | 男 | 东北区 | 1978/8/8 | 6 | 本科 | ￥496,129.00 |
| YW02 | 赵晓娜 | 女 | 西北区 | 1981/10/1 | 10 | 高中 | ￥312,597.00 |
| YW03 | 刘绪 | 女 | 西北区 | 1979/9/30 | 6 | 大专 | ￥265,145.00 |
| YW04 | 张琪 | 女 | 华南区 | 1977/9/25 | 4 | 大专 | ￥458,567.00 |
| YW05 | 魏翠海 | 女 | 华东区 | 1973/9/16 | 3 | 高中 | ￥185,970.00 |
| YW06 | 王志刚 | 男 | 西南区 | 1979/7/18 | 8 | 中专 | ￥364,960.00 |
| YW07 | 卞永辉 | 男 | 西南区 | 1979/3/25 | 9 | 本科 | ￥274,330.00 |
| YW08 | 马红丽 | 女 | 西南区 | 1969/9/7 | 7 | 中专 | ￥450,159.00 |
| YW09 | 刘宝英 | 女 | 西北区 | 1963/8/25 | 8 | 本科 | ￥109,817.00 |
| YW10 | 王星 | 女 | 西北区 | 1961/8/25 | 3 | 高中 | ￥471,415.00 |
| YW11 | 邢鹏丽 | 女 | 西北区 | 1959/8/16 | 2 | 本科 | ￥227,267.00 |
| YW12 | 王利利 | 男 | 西北区 | 1979/5/30 | 11 | 本科 | ￥264,045.00 |
| YW13 | 丁一夫 | 男 | 华南区 | 1979/8/4 | 6 | 本科 | ￥439,356.00 |
| YW14 | 洪峰 | 男 | 华南区 | 1980/2/18 | 2 | 大专 | ￥259,850.00 |
| YW15 | 赵志杰 | 男 | 华南区 | 1980/4/24 | 9 | 大专 | ￥160,787.00 |
| YW16 | 李晓梅 | 女 | 华中区 | 1957/8/11 | 10 | 大专 | ￥151,984.00 |
| YW17 | 黄学胡 | 男 | 华中区 | 1980/6/29 | 11 | 本科 | ￥431,166.00 |
| YW18 | 张民化 | 男 | 华中区 | 1980/9/3 | 9 | 中专 | ￥91,092.00 |
| YW19 | 王立 | 男 | 华北区 | 1981/1/13 | 4 | 高中 | ￥311,251.00 |
| YW20 | 张光立 | 男 | 华北区 | 1981/3/20 | 11 | 大专 | ￥458,834.00 |

图 6-25 美化后的"员工销售业绩排名表"效果

本任务的具体目标要求如下：

（1）熟练掌握设置表格格式的基本操作。

（2）掌握自动套用表格格式的方法。

（3）熟练掌握在表格中插入图片和艺术字的方法。

## 专业背景

在本任务中需要了解销售业绩电子表格的作用，销售业绩表一般用于考核销售量，不同类型的公司其考核方式也不一样，完整的销售业绩电子表格包括表头、产品名称、计划数量、实际完成数量、达成率、下月计划及签字等内容，最后再进行汇总，用总金额来分析人员的业绩情况。

## 操作思路

本任务的操作思路如图6-26所示，涉及的知识点有设置表格中数据的对齐方式和字体、设置边框和图案、自动套用表格格式、插入图片和艺术字等，具体操作及要求如下：

（1）打开"员工销售业绩排名表"文件，设置表格的格式，包括设置字体和对齐方式。

（2）设置自动套用表格格式。

（3）在表格中插入图片和艺术字等美化电子表格。

### 操作1 设置表格的格式

（1）选择"员工销售业绩排名表"所在的单元格，单击"字体"工具栏右下角的 按钮，打开"设置单元格格式"对话框，选择"字体"选项卡。

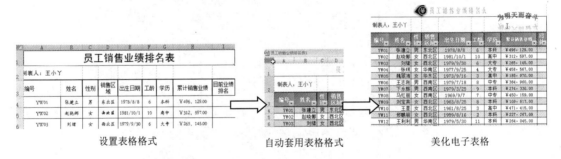

设置表格格式　　　　　自动套用表格格式　　　　　美化电子表格

图6-26　美化员工销售业绩排名表操作思路

（2）在"字体""字形""字号"列表框中分别选择"方正姚体""常规""16"选项，在"颜色"下拉列表框中选择"橙色"，如图6-27所示。

（3）设置完成后，单击"确定"按钮，即可在表格中看到应用字体格式后的效果，如图6-28所示。

（4）选择A3:I3单元格区域，选择"开始"选项卡，在"对齐方式"功能区中单击"居中"按钮 ，设置数据居中对齐。

（5）选择A4:B23单元格区域，选择"开始"选项卡，在"对齐方式"功能区中单击"右对齐"按钮 ，设置数据右对齐。

（6）选择A1:I3单元格区域，单击"对齐方式"功能组右下角的 按钮，打开"设置单元格格式"对话框。

图 6-27　设置字体格式

图 6-28　应用字体格式的效果

（7）选择"边框"选项卡，在"预置"栏中单击"外边框"按钮 ，添加的边框效果将在预览框中显示，在"样式"列表框中选择一个较粗的线条样式。

（8）在"颜色"下拉列表框中选择"紫色"，如图 6-29 所示，单击"确定"按钮。

图 6-29　设置边框和边框颜色

（9）返回电子表格，设置边框的效果如图 6-30 所示。

| | A | B | C | D | E | F | G | H | I |
|---|---|---|---|---|---|---|---|---|---|
| 1 | | | | 员工销售业绩排名表 | | | | | |
| 2 | 制表人：王小丫 | | | | | | | | |
| 3 | 编号 | 姓名 | 性别 | 销售区域 | 出生日期 | 工龄 | 学历 | 累计销售业绩 | 目前业绩排名 |
| 4 | YW01 | 张建立 | 男 | 东北区 | 1978/8/8 | 6 | 本科 | ￥496，129.00 | |

图 6-30　设置边框的效果

（10）选择 A3:I3 单元格区域，单击"对齐方式"功能组右下角 按钮，打开"设置单元格格式"对话框。

（11）选择"填充"选项卡，单击"填充效果"按钮，打开"填充效果"对话框。

（12）在其中的"颜色 1"下拉列表框中选择"橙色"，在"颜色 2"下拉列表框中选择"红色"。

（13）在"底纹样式"中选中"角部辐射"单选按钮，如图 6-31 所示。

图 6-31　"填充效果"对话框

（14）单击"确定"按钮，返回"设置单元格格式"对话框，单击"确定"按钮，返回电子表格，填充图案的效果如图 6-32 所示。

图 6-32　填充图案的效果

## 操作2　自动套用格式

（1）选择 A3:I23 单元格区域。

（2）单击"样式"功能组中的"套用表格格式"按钮，在弹出的下拉列表中选择需要套用的样式。

（3）打开"套用表格式"对话框，如图 6-33 所示，单击"确定"按钮，套用格式的效果如图 6-34 所示。

图 6-33　"套用表格式"对话框

图 6-34　套用格式的效果

## 操作3　插入图片和艺术字

（1）将光标移动到行号"2"和"3"之间，当其变为 ✛ 形状时，按住鼠标向下拖动，调整行高到合适的位置。

（2）选择 A1:I2 单元格区域，选择"插入"选项卡，在"插图"功能组中单击"剪贴画"按钮，此时将在窗口右侧打开"剪贴画"面板，如图 6-35 所示，在"搜索文字"文本框中输入"符号"，单击"搜索"按钮，在下面的列表框中选择需要的剪贴画即可。

图 6-35　"剪贴画"面板

（3）拖动剪贴画的4个角点，调整剪贴画到合适大小。

（4）在"格式"选项卡的"调整"功能组中单击"对比度"按钮，在弹出的下拉列表框选择"+30%"选项。

（5）单击"重新着色"按钮，在弹出的下拉菜单中选择"深色变体"栏中的"强调文字颜色6"选项。

（6）单击"图片样式"功能组中的"图片效果"按钮，在弹出的下拉列表框中执行"发光"→"强调文字颜色2"菜单命令，插入图片的效果如图6-36所示。

（7）单击任意单元格，退出剪贴画编辑状态。

（8）在"插入"选项卡的"文本"功能组中单击"艺术字"按钮，在弹出的下拉列表框中选择最后一种艺术字效果，在表格中将弹出如图6-37所示的"艺术字编辑"文本框。

图6-36 插入图片的效果

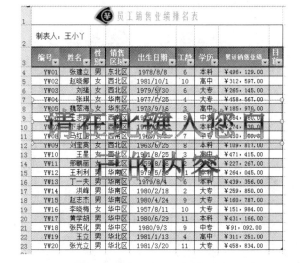

图6-37 "艺术字编辑"文本框

（9）在其中输入"为明天而奋斗"文本，选中文本并选择"开始"选项卡，在"字体"功能组中设置字体为"方正华隶简体"，字号为"16"。

（10）将光标移动到文本框上，拖动艺术字到适当位置。

（11）在"格式"选项卡的"艺术字样式"功能组中单击"文本效果"按钮，在弹出的下拉列表框中执行"转换"→"跟随文字转换"菜单命令，插入艺术字的效果如图6-38所示。

图6-38 插入艺术字的效果

> **提示**：在表格中不仅可以插入剪贴画和艺术字，还可以根据用户的需要，插入各种图片、形状、SmartArt图形及文本框等，并可设置相应的样式效果。

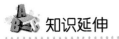知识延伸

本任务练习了在表格中设置表格样式的相关操作，通过本任务的练习，应掌握利用 Excel 2007 制作各种精美电子表格的方法。

另外，除了本任务中介绍的套用表格样式美化表格的方法，还可以使用条件格式美化表格，从而使表格更有特色。

条件格式即规定单元格中的数据在满足设定条件时，单元格将显示为相应条件的单元格样式，以突出显示所关注的单元格或单元格区域，强调异常值并通过使用颜色刻度、数据条和图标集来直观地显示数据。使用条件格式美化表格的方法主要有以下几个方面，下面进行具体介绍。

### 1．使用突出显示单元格规则

（1）在"开始"选项卡的"样式"功能组中单击"条件格式"按钮 ，在弹出的下拉菜单中选择"突出显示单元格规则"选项，将弹出如图 6-39 所示的选项。

（2）选择相应的选项，这里选择"小于"选项，将弹出"小于"对话框，在数值框中输入数值，这里输入"200"，在右侧列表框中选择一种颜色样式，单击"确定"按钮，如图 6-40 所示。

图 6-39　"突出显示单元格规则"选项　　　　图 6-40　"小于"对话框

### 2．使用色阶设置条件格式

（1）单击"样式"功能组中的"条件格式"按钮，在弹出的下拉菜单中选择"色阶"选项，在下拉菜单中选择颜色样式即可。

（2）在"色阶"子菜单中只有 8 种颜色，如果要设置更多双色刻度的颜色，可选择"其他规则"选项，在打开的"新建格式规则"对话框中进行设置即可。

### 3．使用数据条设置条件格式

（1）在"开始"选项卡的"样式"功能组中，选择"条件格式"下拉菜单中的"数据条"选项，在其下拉菜单中可选择相应的数据条样式。

（2）在"条件格式"下拉列表中选择"新建规则"选项，在打开的对话框中可以设置条件格式；若选择"清除规则"选项，则可删除单元格中设置的条件格式。

### 4．使用图标集设置条件格式

在"开始"选项卡的"样式"功能组中，选择"条件格式"下拉菜单中的"图标集"选项，在弹出的下拉菜单中可选择相应的图标集样式。

 **任务小结**

通过本任务的学习应学会设置表格所需格式，自动套用表格格式，以及在表格中插入艺术字和图片等。

## 实战演练 1 制作学生档案登记表

 **演练目标**

本演练要求利用制作 Excel 电子表格的相关知识，通过调整单元格和设置单元格格式的方法制作一份学生档案登记表电子表格，其效果如图 6-41 所示。通过本实战演练应掌握电子表格的制作和调整方法。

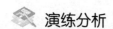

图 6-41 学生档案登记表效果

 **演练分析**

本演练的操作思路如图 6-42 所示，具体分析及操作如下。

（1）在表格的相应位置输入数据。

（2）设置表格样式，使其更加合理美观。

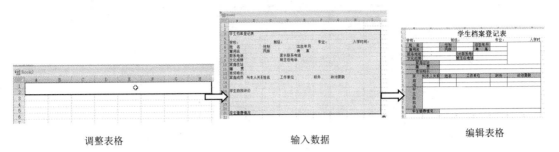

调整表格　　　　　　　　　　　　输入数据　　　　　　　　　　　　编辑表格

图 6-42　制作学生档案登记表操作思路

# 实战演练 2　制作员工工资表电子表格

 演练目标

本演练要求利用编辑表格中的数据和冻结表格等知识制作如图 6-43 所示的员工工资表电子表格。

| | A | B | C | D | E | F | G | H | I |
|---|---|---|---|---|---|---|---|---|---|
| 1 | 第一车间第五小组（5月份）工资表 | | | | | | | | |
| 2 | 编号 | 姓　名 | 基本工资 | 岗位津贴 | 工龄津贴 | 奖励工资 | 应发工资 | 应扣工资 | 实发工资 |
| 3 | 001 | 张小东 | 540.00 | 210.00 | 68.00 | 244.00 | | 25.00 | |
| 4 | 002 | 王晓杭 | 480.00 | 200.00 | 64.00 | 300.00 | | 12.00 | |
| 5 | 004 | 钱明明 | 520.00 | 200.00 | 42.00 | 250.00 | | 0.00 | |
| 6 | 005 | 程坚强 | 515.00 | 215.00 | 20.00 | 280.00 | | 15.00 | |
| 7 | | | | | | | | | |
| 8 | 006 | 叶明放 | 540.00 | 240.00 | 16.00 | 230.00 | | 18.00 | |
| 9 | 007 | 周学军 | 550.00 | 220.00 | 42.00 | 180.00 | | 20.00 | |
| 10 | 008 | 赵爱军 | 520.00 | 250.00 | 40.00 | 246.00 | | 0.00 | |
| 11 | 009 | 黄永抗 | 540.00 | 200.00 | 34.00 | 380.00 | | 10.00 | |
| 12 | 010 | 梁水冉 | 500.00 | 210.00 | 12.00 | 220.00 | | 18.00 | |
| 13 | 合计 | | | | | | | | |
| 14 | 平均 | | | | | | | | |
| 15 | | | | | | | | | |

图 6-43　员工工资表效果

演练分析

本演练的操作思路如图 6-44 所示，具体分析及操作如下。

（1）创建员工工资表文件，输入表格中的数据，编辑并修改表格中的数据。

（2）在编号 006 前插入一行，删除不需要的单元格（如编号为 003），为表格添加边框和底纹。

（3）冻结表格首行并查看表格。

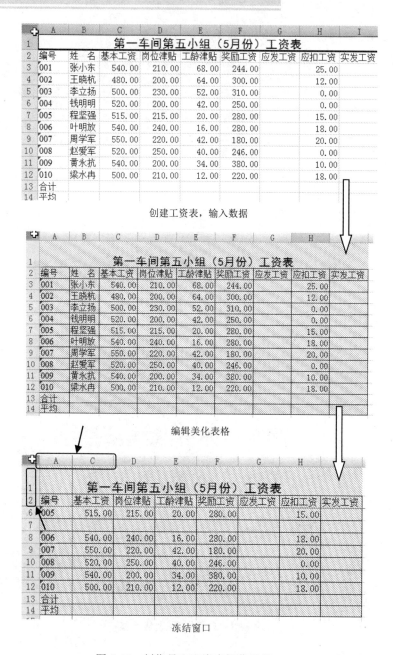

图 6-44　制作员工工资表操作思路

## 实战演练 3　美化教师结构工资月报表电子表格

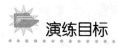 演练目标

本演练要求利用设置表格样式的相关知识来美化教师结构工资月报表电子表格，效果如图 6-45 所示。

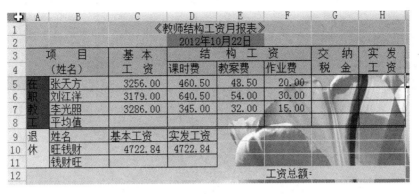

图 6-45　教师结构工资月报表效果

 演练分析

本演练的操作思路如图 6-46 所示，具体分析及操作如下。

（1）设置表格格式，如边框、字体、对齐方式及表格的行高和列宽等。

（2）为表格插入背景图片，美化表格。

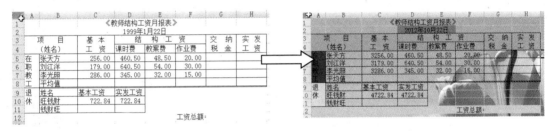

设置表格格式　　　　　　　　　　　　　　　　　添加背景

图 6-46　美化教师结构工资表操作思路

## 拓展与提升

根据本模块所学的内容，动手完成以下实践内容。

**课后练习 1　制作某超市饮料销售统计表**

运用制作表格和编辑表格的相关知识，制作一份某超市饮料销售统计表，效果如图 6-47 所示。

**课后练习 2　制作商店商品一览表**

本练习将制作一份商店商品一览表，需要用到编辑表格数据和插入艺术字等相关操作，效果如图 6-48 所示。

**课后练习 3　制作正大电子公司 4 种商品销售额统计表**

本练习需要用到设置表格样式的相关操作，通过设置表格格式和套用表格样式等操作，快速制作一份正大电子公司 4 种商品销售额统计表，效果如图 6-49 所示。

| 日期： | 1999年10月20日 | | | 利润率： | 30% |
|---|---|---|---|---|---|
| 名称 | 包装单位 | 零售单价 | 销售量 | 销售额 | 利润 |
| 可乐 | 听 | 3.00 | 120 | 360.00 | 108.00 |
| 雪碧 | 听 | 2.80 | 98 | 274.40 | 82.32 |
| 美年达 | 听 | 2.80 | 97 | 271.60 | 81.48 |
| 健力宝 | 听 | 2.90 | 80 | 232.00 | 69.60 |
| 红牛 | 听 | 6.00 | 56 | 336.00 | 100.80 |
| 橙汁 | 听 | 2.60 | 140 | 364.00 | 109.20 |
| 汽水 | 瓶 | 1.50 | 136 | 204.00 | 61.20 |
| 啤酒 | 瓶 | 2.00 | 110 | 220.00 | 66.00 |
| 酸奶 | 瓶 | 1.20 | 97 | 116.40 | 34.92 |
| 矿泉水 | 瓶 | 2.30 | 88 | 202.40 | 60.72 |
| 合 计 | | | | 2580.80 | 774.24 |

图 6-47　某超市饮料销售统计表效果

| 水果名称 | 级别 | 单价(元) | 数量(斤) | 金额(元) | 推荐指数 |
|---|---|---|---|---|---|
| 苹果 | 1 | 2 | 123 | 200 | ☆☆ |
| 苹果 | 2 | 0.99 | 214 | 99 | ☆☆☆ |
| 苹果 | 3 | 0.68 | 234 | 68 | ☆☆☆☆ |
| 香蕉 | 1 | 1.5 | 200 | 150 | ☆☆ |
| 香蕉 | 2 | 0.78 | 320 | 78 | ☆☆☆ |
| 荔枝 | 1 | 15 | 405 | 1500 | ☆☆ |
| 荔枝 | 2 | 12.5 | 234.5 | 1250 | ☆☆☆ |
| 西瓜 | 1 | 2.5 | 78.8 | 250 | ☆☆ |
| 西瓜 | 2 | 1.8 | 650 | 180 | ☆☆☆ |
| 梨 | 1 | 1.5 | 456.6 | 150 | ☆☆ |
| 梨 | 2 | 0.8 | 100 | 80 | ☆☆☆☆ |

图 6-48　商店商品一览表效果

| 正大电子公司4种商品销售额统计表 | | | | | | | | | | | | | | |
|---|---|---|---|---|---|---|---|---|---|---|---|---|---|---|
| 单位：（万元） | | | | | | | | | | | | 02/05/98 | | |
| | | 销 售 总 额 | | | | | | | | | | | （计算） | |
| 合计 | 季度 | 一 季 度 | | | 二 季 度 | | | 三 季 度 | | | 四 季 度 | | | 平 |
| 数值 | | （计算） | | | （计算） | | | （计算） | | | （计算） | | | 均 |
| 月份 | | 一月 | 二月 | 三月 | 四月 | 五月 | 六月 | 七月 | 八月 | 九月 | 十月 | 十一月 | 十二月 | |
| 彩电 | | 11 | 12 | 13 | 14 | | 16 | 17 | 18 | 19 | 20 | 21 | 22 | （计算） |
| 冰箱 | | | | 23 | 24 | 25 | 26 | 27 | 28 | 29 | 30 | | | （计算） |
| 洗衣机 | | 31 | 32 | 33 | 34 | 35 | 36 | 37 | 38 | 39 | 40 | 41 | 42 | （计算） |
| 电脑 | | 50 | 51 | 52 | 53 | 54 | 55 | 56 | 57 | 58 | 59 | 60 | 61 | （计算） |
| 附 表 | | | | | | | | | （上年销售额：923万元） | | | | | |
| 据总个数 | | | | 最大数值 | | | 最小值 | | | 增长百分比 | | | | |
| （计算） | | | | （计算） | | | （计算） | | | （计算） | | | | |

图 6-49　正大电子公司4种商品销售额统计表效果

**课后练习4　提高编辑和美化电子表格能力**

在编辑和美化电子表格时，除了本模块所讲知识，用户可以通过上网查阅资料或购买相关书籍来提高编辑和美化电子表格的能力，从而制作出更加精美的电子表格。

**课后练习5　建立以下电子表格，按要求完成操作（可以自己输入，也可以把素材1调出，编辑后存入效果图）**

1. 表格标题为隶书、20磅大小，合并居中。

2. 表格内部标题、周次、月份为黑体、12磅大小。

3. 表格内周次水平居中、月份垂直居中。

4. 法定假期数据格式为红色、加粗。

5. 外框线为粗框线，周次、月份和日期之间为竖粗线隔离、每个月之间日期用双线间隔。

6. 保存到 D:\模块6文件夹中，命名为"1（效果）"。

### 2015—2016学年上学期校历

| 周次\星期 | 星期一 | 星期二 | 星期三 | 星期四 | 星期五 | 星期六 | 星期日 | 月份 |
|---|---|---|---|---|---|---|---|---|
| 1 | 31 | 1 | 2 | 3 | 4 | 5 | 6 | 九月 |
| 2 | 7 | 8 | 9 | 10 | 11 | 12 | 13 | |
| 3 | 14 | 15 | 16 | 17 | 18 | 19 | 20 | |
| 4 | 21 | 22 | 23 | 24 | 25 | 26 | 27 | |
| 5 | 28 | 29 | 30 | 1 | 2 | 3 | 4 | 十月 |
| 6 | 5 | 6 | 7 | 8 | 9 | 10 | 11 | |
| 7 | 12 | 13 | 14 | 15 | 16 | 17 | 18 | |
| 8 | 19 | 20 | 21 | 22 | 23 | 24 | 25 | |
| 9 | 26 | 27 | 28 | 29 | 30 | 31 | 1 | 十一月 |
| 10 | 2 | 3 | 4 | 5 | 6 | 7 | 8 | |
| 11 | 9 | 10 | 11 | 12 | 13 | 14 | 15 | |
| 12 | 16 | 17 | 18 | 19 | 20 | 21 | 22 | |
| 13 | 23 | 24 | 25 | 26 | 27 | 28 | 29 | |
| 14 | 30 | 1 | 2 | 3 | 4 | 5 | 6 | 十二月 |
| 15 | 7 | 8 | 9 | 10 | 11 | 12 | 13 | |
| 16 | 14 | 15 | 16 | 17 | 18 | 19 | 20 | |
| 17 | 21 | 22 | 23 | 24 | 25 | 26 | 27 | |
| 18 | 28 | 29 | 30 | 31 | 1 | 2 | 3 | 一月 |
| 19 | 4 | 5 | 6 | 7 | 8 | 9 | 10 | |
| 20 | 11 | 12 | 13 | 14 | 15 | 16 | 17 | |

## 课后练习6 打开模块6工作簿2，按要求完成操作

1. 语文、数学、英语保留2位小数。

2. 把表头从 A1 到 G1 进行合并，并设为居中，垂直对齐方式为"靠下"，文字格式为楷体、15磅。

3. 设置标题行高为30。

4. 把数据区域 A2 到 G9 加边框线。

5. 修改文件的安全性，设置打开密码为"123"，修改密码为"123"。

6. 将学号区域 A3 到 A8 单元格数字格式设置为"文本"，将列标题行 A2 到 G2 设置底纹为"浅蓝"，文字颜色设为"红色"。

7. 更改工作表标签"Sheet1"为"成绩统计"。

8. 保存到 D:\模块6文件夹中，命名为"2（效果）"。

| 学号 | 姓名 | 性别 | 语文 | 数学 | 英语 | 总分 |
|---|---|---|---|---|---|---|
| | | 学生成绩统计表 | | | | |
| 1301 | 李 聪 | 女 | 92.00 | 78.00 | 78.00 | |
| 1302 | 吴 蒙 | 男 | 75.00 | 88.00 | 72.00 | |
| 1303 | 王亚楠 | 女 | 52.00 | 76.00 | 80.00 | |
| 1304 | 高 震 | 女 | 88.00 | 67.00 | 97.00 | |
| 1305 | 刘一博 | 男 | 75.00 | 67.00 | 92.00 | |
| 1306 | 张大伟 | 男 | 69.00 | 87.00 | 94.00 | |
| 各科平均分 | | | | | | |

**课后练习 7　打开模块 6 工作簿 3，按要求完成操作**

1. 选中 A2:I2，设置为黑体、12 磅。

2. 标题所在行的行高设置为 30。

3. A 列列宽设为 8。

4. 在星期一列前插入一列。

5. 星期六、星期日单元格用绿色背景。

6. 保存到 D:\模块 6 文件夹中，命名为"3（效果）"。

| | | 星期一 | 星期二 | 星期三 | 星期四 | 星期五 | 星期六 | 星期日 | 月份 |
|---|---|---|---|---|---|---|---|---|---|
| | 2015--2016学年上学期校历 | | | | | | | | |
| 3 | 1 | 31 | 1 | 2 | 3 | 4 | 5 | 6 | |
| 4 | 2 | 7 | 8 | 9 | 10 | 11 | 12 | 13 | |
| 5 | 3 | 14 | 15 | 16 | 17 | 18 | 19 | 20 | |
| 6 | 4 | 21 | 22 | 23 | 24 | 25 | 26 | 27 | |
| 7 | 5 | 28 | 29 | 30 | 1 | 2 | 3 | 4 | |
| 8 | 6 | 5 | 6 | 7 | 8 | 9 | 10 | 11 | |
| 9 | 7 | 12 | 13 | 14 | 15 | 16 | 17 | 18 | |
| 10 | 8 | 19 | 20 | 21 | 22 | 23 | 24 | 25 | |
| 11 | 9 | 26 | 27 | 28 | 29 | 30 | 31 | 1 | |
| 12 | 10 | 2 | 3 | 4 | 5 | 6 | 7 | 8 | |
| 13 | 11 | 9 | 10 | 11 | 12 | 13 | 14 | 15 | |
| 14 | 12 | 16 | 17 | 18 | 19 | 20 | 21 | 22 | |
| 15 | 13 | 23 | 24 | 25 | 26 | 27 | 28 | 29 | |
| 16 | 14 | 30 | 1 | 2 | 3 | 4 | 5 | 6 | |
| 17 | 15 | 7 | 8 | 9 | 10 | 11 | 12 | 13 | |
| 18 | 16 | 14 | 15 | 16 | 17 | 18 | 19 | 20 | |
| 19 | 17 | 21 | 22 | 23 | 24 | 25 | 26 | 27 | |
| 20 | 18 | 28 | 29 | 30 | 31 | 1 | 2 | 3 | |
| 21 | 19 | 4 | 5 | 6 | 7 | 8 | 9 | 10 | |
| 22 | 20 | 11 | 12 | 13 | 14 | 15 | 16 | 17 | |

**课后练习 8　打开模块 6 工作簿 4，按要求完成操作**

1. 将"A1:F1"单元格合并，标题居中显示，格式为黑体、20 磅。

2. 使用公式计算出每种商品的销售利润，并将计算结果放在相应的单元格中（试一试，也可以留在学习模块 7 中操作）。

3. 使用 SUM 函数在 F10 单元格中计算出所有商品的总利润（试一试，也可以留在学习模块 7 中操作）。

4. 将"F3:F10"单元格中的数据设置为货币样式，保留两位小数，货币符号为"¥"。

| | A | B | C | D | E | F |
|---|---|---|---|---|---|---|
| 1 | 国美电器7月主要商品销售统计表 | | | | | |
| 2 | 编号 | 名称 | 进价（元） | 售价（元） | 销量（件） | 销售利润 |
| 3 | 1 | 手机 | 450 | 620 | 207 | ¥35,190.00 |
| 4 | 2 | 空调 | 2560 | 3050 | 187 | ¥91,630.00 |
| 5 | 3 | 洗衣机 | 1230 | 1500 | 112 | ¥30,240.00 |
| 6 | 4 | 彩电 | 4530 | 5410 | 90 | ¥79,200.00 |
| 7 | 5 | 电脑 | 2800 | 3420 | 85 | ¥52,700.00 |
| 8 | 6 | 电磁炉 | 880 | 1180 | 78 | ¥23,400.00 |
| 9 | 7 | 电冰箱 | 1460 | 1700 | 45 | ¥10,800.00 |
| 10 | | | | | 总利润 | ¥323,160.00 |

5. 表格所在区域列宽设为10，"销售利润"列设为12。

6. 表格中数据水平、垂直居中显示。

7. 文字数据用11磅，数值数据用10磅；"销售利润"列用绿字显示，"总利润"用红字显示。

8. 操作完成后，以"4（效果）"文件名保存在D:\模块6文件夹内。

**课后练习9　打开模块6工作簿5，按要求完成操作**

1. 将表格中的A6，A7取消合并单元格。

2. 将空白的第7行删除，将学号补充完整。

3. 将标题"A1:G1单元格合并居中"，设为黑体、22磅。

4. 把表格中的数据居中显示，不及格标记为红色（60分以下），90分以上标记为绿色。

5. 锁定单元格中的原始数据，只有输入密码才能解锁（密码为123）。

6. 操作完成后，保存到D:\模块6文件夹中，命名为"5（效果）"。

| 平时成绩统计 | | | | | | |
|---|---|---|---|---|---|---|
| 学号 | 姓名 | 测验1 | 测验2 | 测验3 | 测验4 | 平均成绩 |
| 1001 | 沈一丹 | 87 | 76 | 79 | 90 | |
| 1002 | 刘力国 | 92 | 76 | 94 | 95 | |
| 1003 | 王红梅 | 96 | 78 | 90 | 87 | |
| 1004 | 张灵芳 | 84 | 88 | 87 | 88 | |
| 1005 | 杨 帆 | 76 | 68 | 55 | 85 | |
| 1006 | 高浩飞 | 57 | 81 | 86 | 64 | |
| 1007 | 贾 铭 | 60 | 74 | 73 | 80 | |
| 1008 | 吴朔源 | 88 | 75 | 89 | 92 | |

**课后练习10　打开模块6工作簿6，按要求完成操作**

1. 将标题所在的"A1:H1"单元格区域合并、居中；行高调整为20，数据格式为黑体、22磅。

2. 将单元格区域"A3:H5"的所有边框线设置为双实线。

3. 温度低于10摄氏度的单元格标为蓝色，高于25摄氏度的标为红色。

4. 隐藏温差所在的行。

5. 操作完成后，保存到D:\模块6文件夹中，命名为"6（效果）"。

| B城市2010年4月一周气温 | | | | | | | |
|---|---|---|---|---|---|---|---|
| 日期气温/℃ | 5日 | 6日 | 7日 | 8日 | 9日 | 10日 | 11日 |
| 最高气温 | 18 | 18 | 12 | 18 | 26 | 25 | 24 |
| 最低气温 | 9 | 7 | 8 | 5 | 9 | 15 | 17 |

**课后练习11　打开模块6工作簿7，按要求完成操作**

1. 在第4行前插入一行，并在这一行中写数据：电路，2，2，80。

2. 调整行高和列宽。

3. 将单元格区域 "A2:E7" 的所有边框线设置为细实线。

4. 将装修项目 "地面" 改成 "地板"。

5. 将每天工资 80 改成 100（可以用整体修改的技巧）。

6. 操作完成后，保存到 D:\模块 6 文件夹中，命名为 "7（效果）"。

| 装修预算表 | | | | |
|---|---|---|---|---|
| 装修项目 | 用时（天） | 所需工人（人） | 每人每天工资（元） | 项目工资（元） |
| 地板 | 4 | 4 | 100 | |
| 电路 | 2 | 2 | 100 | |
| 墙面 | 2 | 3 | 100 | |
| 吊顶 | 2 | 2 | 100 | |
| 门窗 | 2 | 2 | 100 | |

**课后练习 12　打开模块 6 工作簿 8，按要求完成操作。**

1. 把李 10 所在列删除。

2. 把所有的 "李" 换成 "王"。

3. 冻结窗格（D5），使表格阅读方便。

4. 操作完成后，保存到 D:\模块 6 文件夹中，命名为 "8（效果）"。

**课后练习 13　打开模块 6 工作簿 9，按要求完成操作。**

1. 将出生年月中吴秋菊的数据（1996 年 10 月 25 日）补充完整，日期显示为 "1996 年 10 月 25 日"。

2. 将数据表中 "性别" 一列的所有 "男生" 改为 "男"。

3. 复制 "韩福燕" 一行，并粘贴到 13 行。

4. 移动 "王虹宁" 一行到最后一行。

5. 操作完成后，保存到 D:\模块 6 文件夹中，命名为 "9（效果）"。

| 初三（2）班基本情况 | | | | | | |
|---|---|---|---|---|---|---|
| 学号 | 姓名 | 性别 | 政治面貌 | 民族 | 出生年月 | 中考总分 |
| 7601 | 潘玉林 | 女 | 团员 | 汉族 | 1995年12月10日 | 567 |
| 7602 | 韩福燕 | 女 | | 彝族 | 1996年7月15日 | 580 |
| 7603 | 苏亚刚 | 男 | 团员 | 汉族 | 1997年1月20日 | 584 |
| 7604 | 杨态良 | 男 | 团员 | 汉族 | 1996年4月10日 | 583 |
| 7605 | 李鑫 | 男 | | 汉族 | 1996年12月12日 | 563 |
| 7606 | 罗晓燕 | 女 | 团员 | 汉族 | 1995年9月21日 | 583 |
| | | | | | | |
| 7608 | 陆之丽 | 女 | 团员 | 彝族 | 1996年12月8日 | 581 |
| 7609 | 吴秋菊 | 女 | 团员 | 汉族 | 1996年10月25日 | 583 |
| 7610 | 陶艳 | 女 | 团员 | 汉族 | 1997年1月19日 | 586 |
| 7602 | 韩福燕 | 女 | | 彝族 | 1996年7月15日 | 580 |
| 7607 | 王虹宁 | 女 | 团员 | 汉族 | 1996年1月30日 | 563 |

**课后练习 14　打开模块 6 工作簿 10，按要求完成操作**

1. 把标题行合并居中、黑体、22 磅，调整行高。

2. 调整列宽到合适宽度。

3. 把评委的评分四舍五入，无小数。

4. 操作完成后，保存到 D:\模块 6 文件夹中，命名为 "10（效果）"。

### 六一合唱比赛评分表

| 比赛顺序 | 班级 | 合唱曲目 | 评委1 | 评委2 | 评委3 | 评委4 | 评委5 | 平均分 |
|---|---|---|---|---|---|---|---|---|
| 1 | 初一2 | 共产儿童团歌 | 9 | 8 | 9 | 9 | 9 | |
| 2 | 初一5 | 我们把祖国爱在心窝里 | 9 | 9 | 9 | 9 | 9 | |
| 3 | 初一4 | 我和我的祖国 | 9 | 9 | 9 | 9 | 10 | |
| 4 | 初一6 | 校园的早晨 | 9 | 9 | 10 | 9 | 9 | |
| 5 | 初一1 | 小水滴 | 9 | 10 | 9 | 9 | 9 | |
| 6 | 初一3 | 多来咪 | 10 | 10 | 10 | 10 | 9 | |

## 课后练习15 打开模块6工作簿11，按要求完成操作

1. 将A1:E1合并单元格，设置对齐方式为水平居中、垂直居中。

2. 大于或等于70分的成绩用绿色表示。

3. 调整适当的行高列宽。

4. 在表格的右上角插入国徽图标（在素材库）。

5. 操作完成后，保存到D:\模块6文件夹中，命名为"11（效果）"。

### 2016年公务员录用考试资格复审入围人员名单

| 职位代码 | 准考证号 | 行测成绩 | 申论成绩 | 合成成绩 |
|---|---|---|---|---|
| 030001 | 031000102107 | 77.5 | 62 | |
| 030001 | 031000102830 | 72 | 66.5 | |
| 030001 | 031000102009 | 62.9 | 74 | |
| 030001 | 031000102006 | 73.8 | 61 | |
| 030001 | 031000102226 | 69.2 | 64 | |
| 030001 | 031000102208 | 65.7 | 67 | |
| 030001 | 031000102801 | 66.6 | 66 | |
| 030001 | 031000102529 | 65.6 | 65.5 | |
| 030001 | 031000102328 | 70 | 61 | |
| 030001 | 031000102803 | 67.3 | 63.5 | |
| 030001 | 031000101906 | 63.6 | 66.5 | |
| 030001 | 031000102024 | 66.6 | 63.5 | |
| 030001 | 031000102503 | 70.1 | 60 | |
| 030001 | 031000102523 | 64.6 | 65.5 | |

## 课后练习16 打开模块6工作簿12，按要求完成操作

1. 把标题合并居中，格式为黑体、22磅。

2. 在I列加入"照片"一列，准备插入照片。

3. 在表格区域加上细单线边框。

4. 调整3到9行的行高为80。

5. 插入张三照片（照片在素材库），让照片嵌入单元格内，大小和位置随着单元格的变化而变化（改变一下I3单元格大小，检验效果）。

6. 操作完成后，保存到D:\模块6文件夹中，命名为"12（效果）"。

### 学生档案管理表

| 序号 | 姓名 | 性别 | 年龄 | 身份证号 | 家庭地址 | 入学日期 | 家长电话 | 照片 |
|---|---|---|---|---|---|---|---|---|
| 1 | 张三 | 男 | 18 | 150422199312100014 | 临潢路1-1 | 2011年9月1日 | 15514150022 | |
| 2 | 李四 | 男 | 17 | 150422199412100020 | 上京路2-2 | 2011年9月2日 | 15514150066 | |
| 3 | 王五 | 男 | 18 | 150422199312101214 | 黄海路1-3 | 2011年9月3日 | 15514150077 | |

**课后练习 17　打开模块 6 工作簿 13，按要求完成操作**

1. 为电子表格插入背景图片（背景图片在素材库）。

2. 语文、数学、英语三科在 90 分以下的以浅红色填充单元格。

3. 其他科目在 60 分以下，用浅红色填充，文本为深红色。

4. 操作完成后，保存到 D:\模块 6 文件夹中，命名为"13（效果）"。

| 学号 姓名 | 语文 | 数学 | 英语 | QB | 原理 | 计英 | 计基础 | 政治 | 总分 | 名次 |
|---|---|---|---|---|---|---|---|---|---|---|
| 1 陈冬梅 | 90 | 85 | 98 | 86 | 92 | 99 | 99 | | 649 | 1 |
| 2 高海宏 | 67 | 79 | 92 | 86 | 87 | 99 | 97 | | 607 | 3 |
| 3 苏日格 | 86 | 47 | 74 | 94 | 74 | 98 | 91 | | 564 | 6 |
| 4 丛静 | 78 | 64 | 62 | 74 | 89 | 91 | 87 | | 545 | 8 |
| 5 党建 | 93 | 70 | 60 | 100 | 75 | 99 | 95 | | 592 | 4 |
| 6 高奔 | | | | | | | | | | |
| 7 孟凡超 | 85 | 59 | 78 | 80 | 87 | 97 | 99 | | 585 | 5 |
| 8 王云朋 | 89 | 88 | 95 | 76 | 95 | 98 | 98 | | 639 | 2 |
| 9 伊晓军 | 77 | 55 | 55 | 74 | 86 | 65 | 90 | | 502 | 14 |
| 10 魏超 | | | | | | | | | | |
| 11 王欣欣 | 64 | 61 | 78 | 72 | 84 | 98 | 96 | | 553 | 7 |
| 12 常亚明 | 62 | 75 | 70 | 76 | 81 | 69 | 90 | | 523 | 13 |
| 13 辛伟龙 | 36 | 4 | 25 | 34 | 7 | | 46 | | 152 | 29 |
| 14 刀晓松 | 43 | 57 | 65 | 62 | 89 | 95 | 87 | | 498 | 15 |
| 15 周立新 | 64 | 57 | 90 | 74 | 70 | 92 | 96 | | 543 | 9 |
| 16 李文强 | 51 | 48 | 34 | 74 | 76 | 85 | 96 | | 476 | 16 |
| 17 卢亚丽 | 74 | 81 | 53 | 86 | 73 | 74 | 100 | | 541 | 11 |
| 18 刘峰 | 32 | 7 | 33 | 42 | 52 | 85 | 87 | | 338 | 20 |
| 19 于文星 | 32 | 12 | 25 | 54 | 81 | 57 | 87 | | 348 | 19 |
| 20 李泽群 | 27 | 12 | 33 | 58 | 65 | 58 | 70 | | 323 | 21 |
| 21 姜艳平 | 30 | 21 | 28 | 74 | 26 | 34 | 70 | | 283 | 24 |
| 22 周文静 | 67 | 12 | 54 | 44 | 77 | 95 | 66 | | 415 | 17 |
| 23 谢晓芳 | 56 | 20 | 20 | 68 | 88 | 75 | 86 | | 413 | 18 |
| 24 宋占龙 | 35 | 10 | 28 | 73 | 5 | | 51 | | 261 | 26 |
| 25 张朋飞 | 31 | 4 | 29 | 66 | 83 | 34 | 39 | | 261 | 23 |
| 26 付东旭 | 4 | 4 | 20 | 16 | 33 | 16 | 43 | | 136 | 32 |

**课后练习 18　打开模块 6 工作簿 14，按要求完成操作**

1. 给数据区表格加边框。

2. 使用"条件格式"将大于等于 1000 的数字加删除线，并设为倾斜。

3. 100 至 200 之间的数字设为"红色字"。

4. 并将单元格填充图案样式设为 6.25%灰色。

5. 操作完成后，保存到 D:\模块 6 文件夹中，命名为"14（效果）"。

| | A | B | C | D | E | F |
|---|---|---|---|---|---|---|
| 1 | 850 | 888 | 100 | 890 | 1320 | 670 |
| 2 | 765 | 666 | 200 | 990 | 546 | 753 |
| 3 | 777 | 760 | 450 | 4699 | 125 | 159 |
| 4 | 658 | 300 | 550 | 378 | 456 | 357 |
| 5 | 900 | 250 | 650 | 555 | 789 | 951 |
| 6 | 430 | 680 | 3000 | 600 | 123 | 862 |
| 7 | 758 | 720 | 320 | 580 | 258 | 248 |
| 8 | 444 | 900 | 700 | 480 | 147 | 760 |
| 9 | 600 | 380 | 600 | 1000 | 369 | 333 |

**课后练习 19　打开模块 6 工作簿 15，按要求完成操作**

1. 在工作表"Sheet1"中将数据区域（A1:E12）加上蓝色双线外边框及蓝色单线内部为框线。

2. 在"Sheet2"表中在"流水编号"为 5 的行前插入一新行，并填入相应的数据："12，豆浆机，93，50，321"。

3. 在工作表"Sheet2"数据区右边增加名为"销售额"的新列。

4. 将工作表"Sheet2"数据复制到工作表"Sheet3"的对应区域中，并将工作表"Sheet3"更名为"销售报表"。

5. 操作完成后，保存到 D:\模块6文件夹中，命名为"15（效果）"。

**课后练习20　打开模块6工作簿17，按要求完成操作**

1. 在第1行之前插入一行，调整行高，插入艺术字"某公司员工工资表"，并设置为渐变填充灰色，轮廓为灰色，文字效果设为强调文字颜色1、18pt发光，字体为华文新魏，字号为28。

2. 把工资前加上人民币符号¥。

3. 表格加粗外边框，内边框加虚线边框，适当调整行高列宽。

4. 内容居中（水平、垂直）。

5. 操作完成后，保存到 D:\模块6文件夹中，命名为"16（效果）"。

| | 姓名 | 基本工资 | 工龄工资 | 职务津贴 | 奖金 |
|---|---|---|---|---|---|
| 张1 | ¥768.00 | ¥32.00 | ¥240.00 | ¥96.00 |
| 张2 | ¥311.00 | ¥5.00 | ¥156.00 | ¥15.00 |
| 张3 | ¥323.00 | ¥17.00 | ¥180.00 | ¥51.00 |
| 张4 | ¥516.00 | ¥28.00 | ¥208.00 | ¥84.00 |
| 张5 | ¥332.00 | ¥22.00 | ¥180.00 | ¥66.00 |
| 张6 | ¥580.00 | ¥30.00 | ¥310.00 | ¥90.00 |
| 张7 | ¥488.00 | ¥25.00 | ¥240.00 | ¥75.00 |
| 张8 | ¥311.00 | ¥8.00 | ¥156.00 | ¥24.00 |
| 张9 | ¥456.00 | ¥24.00 | ¥208.00 | ¥72.00 |
| 张10 | ¥830.00 | ¥38.00 | ¥310.00 | ¥114.00 |

C17　　1、在第一行之前插入一行，

| | A | B | C | D | E | F |
|---|---|---|---|---|---|---|
| 1 | 姓名 | 基本工资 | 工龄工资 | 职务津贴 | 奖金 | |
| 2 | 张1 | 768 | 32 | 240 | 96 | |
| 3 | 张2 | 311 | 5 | 156 | 15 | |
| 4 | 张3 | 323 | 17 | 180 | 51 | |
| 5 | 张4 | 516 | 28 | 208 | 84 | |
| 6 | 张5 | 332 | 22 | 180 | 66 | |
| 7 | 张6 | 580 | 30 | 310 | 90 | |
| 8 | 张7 | 488 | 25 | 240 | 75 | |
| 9 | 张8 | 311 | 8 | 156 | 24 | |
| 10 | 张9 | 456 | 24 | 208 | 72 | |
| 11 | 张10 | 830 | 38 | 310 | 114 | |
| 12 | | | | | | |

# 模块 7

# 计算和管理电子表格数据

**内容摘要**

　　Excel 2007 具有强大的数据计算和管理功能，能轻松地计算大量复杂的数据并有序管理好各种数据信息，包括对表格中的数据进行计算与统计、公式的使用、单元格和区域的使用、函数的应用、数据排序、筛选、分类汇总和数据统计等。本模块将通过 4 个任务介绍计算和管理电子表格数据的方法。

**学习目标**

  📖 熟练掌握公式在 Excel 2007 中的使用。
  📖 熟练掌握管理表格数据的基本操作。
  📖 熟练掌握汇总数据的方法。
  📖 掌握制作汇总图表的方法。
  📖 熟练掌握表格的页面设置。
  📖 掌握表格的打印操作。

## 任务 1　计算某班学生期末考核成绩单

### 任务目标

本任务的目标是通过使用 Excel 2007 中的公式和函数来编辑计算班级期末考核成绩单，效果如图 7-1 所示。通过练习应掌握公式和函数在表格中的使用方法，并掌握公式和函数在表格中的运用。

| 学号 | 姓名 | 语文 | | | 数学 | | | 英语 | | | 总分 | 排名 |
|---|---|---|---|---|---|---|---|---|---|---|---|---|
| 科目 | | 期末成绩 | 学期作业 | 总分 | 期末成绩 | 学期作业 | 总分 | 期末成绩 | 学期作业 | 总分 | | |
| 1 | 王鑫 | 56 | 90 | 63 | 57 | 90 | 64 | 56 | 90 | 63 | 189 | 9 |
| 2 | 张超 | 50 | 80 | 56 | 50 | 80 | 56 | 50 | 80 | 56 | 168 | 10 |
| 3 | 谢娜 | 75 | 90 | 78 | 75 | 90 | 78 | 75 | 90 | 78 | 234 | 6 |
| 4 | 于庆 | 80 | 90 | 82 | 80 | 90 | 82 | 80 | 90 | 82 | 246 | 5 |
| 5 | 张阳 | 95 | 90 | 94 | 95 | 90 | 94 | 95 | 90 | 94 | 282 | 1 |
| 6 | 李敏 | 86 | 90 | 85 | 90 | 80 | 88 | 86 | 80 | 85 | 258 | 4 |
| 7 | 王刚 | 90 | 90 | 90 | 90 | 90 | 90 | 90 | 90 | 90 | 270 | 2 |
| 8 | 钱雨 | 66 | 90 | 71 | 66 | 90 | 71 | 66 | 90 | 71 | 212 | 7 |
| 9 | 王丫 | 90 | 80 | 88 | 90 | 80 | 88 | 90 | 80 | 88 | 264 | 3 |
| 10 | 徐牛 | 0 | 90 | 18 | 56 | 90 | 63 | 56 | 90 | 63 | 144 | 11 |
| 11 | 张艺 | 60 | 90 | 66 | 75 | 90 | 78 | 60 | 90 | 66 | 210 | 8 |
| 总分 | | 748 | 960 | 790 | 824 | 960 | 851 | 804 | 960 | 835 | | |
| 平均分 | | 68 | 87.27 | 72 | 74.91 | 87.27 | 77 | 73.09 | 87.27 | 76 | | |
| 参考人数 | | 11 | 11 | 11 | 11 | 11 | 11 | 11 | 11 | 11 | | |
| 及格人数 | | 8 | 11 | 9 | 8 | 11 | 10 | 8 | 11 | 10 | | |
| 及格率 | | 73% | 100% | 82% | 73% | 100% | 91% | 73% | 100% | 91% | | |
| 优秀人数 | | 4 | 8 | 3 | 4 | 8 | 4 | 4 | 8 | 3 | | |
| 优秀率 | | 36% | 73% | 27% | 36% | 73% | 36% | 36% | 73% | 27% | | |
| 最低分 | | 0 | 80 | 18 | 50 | 80 | 56 | 50 | 80 | 56 | | |
| 最高分 | | 95 | 90 | 94 | 95 | 90 | 94 | 95 | 90 | 94 | | |

填表说明：及格分为60分，优秀分数为85，个人每科总分是期末成绩的80%，作业20%

图 7-1　班级期末考核成绩单效果

本任务的具体目标要求如下：

（1）熟练掌握公式的使用方法。

（2）熟练掌握函数的使用方法。

### 专业背景

班级期末考核成绩单是为了统计学生在本学期内知识的掌握情况，计算的具体方法为平时的作业表现和期末试卷成绩的百分比相加。在制作期末考核成绩单时，应包含基本的计算数据，如本例中的原始数据（各科分数）。另外，有时可能会引用其他工作表中的数据，对其成绩进行排名等。

### 操作思路

本任务的操作思路如图 7-2 所示，涉及的知识点有公式的使用和函数的应用等，具体操作及要求如下：

（1）创建原始数据文件，使用公式计算表中的各项数据。

（2）使用函数计算总分、平均分、参考人数、最高分、最低分等。

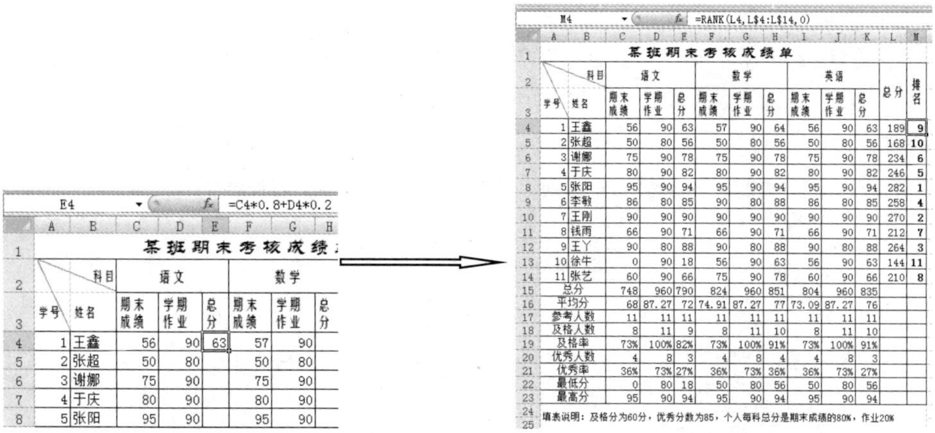

使用公式计算数据

使用函数计算数据

图 7-2 制作班级期末考核成绩单操作思路

## 操作 1　使用公式

（1）创建表格，输入原始数据，选中 E4 单元格。

（2）在"数据编辑框"中输入等号"="，选择 C4 单元格，再在"数据编辑框"中输入乘号"*"，输入数据 0.8，输入加号"+"，选择 D4 单元格，再输入乘号"*"，输入 0.2，如图 7-3 所示。

（3）按【Enter】键，E4 单元格中将显示公式的计算结果，如图 7-4 所示。

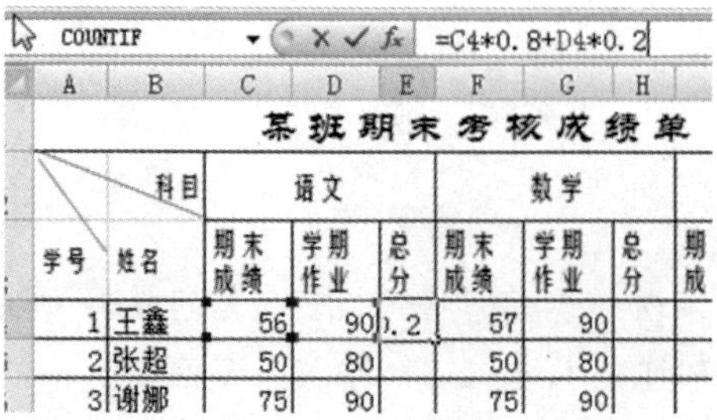

图 7-3　输入公式

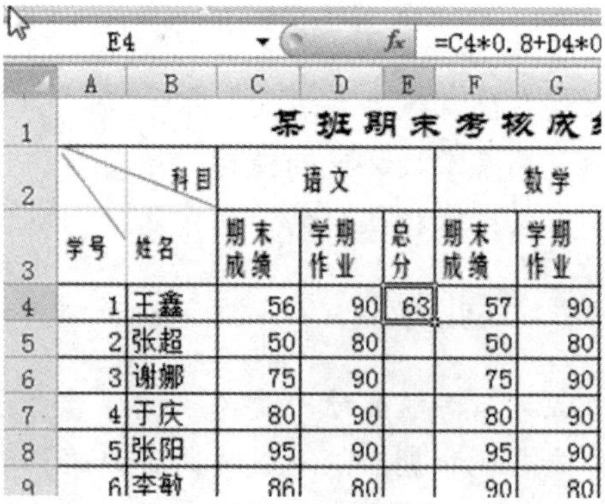

图 7-4　公式的计算结果

（4）选择 E4 单元格，将鼠标指针移动到单元格的右下方，当鼠标指针变为 ✛ 形状时，向下拖动控制柄至 E14 单元格，释放鼠标，显示并完成公式的复制。

（5）此时 E4:E14 单元格区域将自动计算公式，并显示结果，如图 7-5 所示。

（6）如果需要的只是这一列数据，不想让数据随着原始数据改变，那么在"剪贴板"功能组中单击"复制"按钮 ，再单击"粘贴"按钮 下方的下拉按钮 ，在粘贴下拉菜单中选择"选择性粘贴"选项。

（7）在打开的"选择性粘贴"对话框的"粘贴"栏中，选中"数值"单选按钮，单击"确定"按钮，将公式转化为数值，如图 7-6 所示。但在这个任务中，不需要转换数值，这样在改变原始数据时，用公式和函数计算的数据也会有相应的变化。

图 7-5　复制公式　　　　　　　　　　图 7-6　"选择性粘贴"对话框

（8）选择 E4 单元格，单击"复制"按钮 ，选择 H4 单元格，单击"粘贴"按钮 ，此时 H4 单元格公式显示为"=F4*0.8+G4*0.2"。用向下拖动控制柄的方法复制公式到 H14 单元格，用同样的方法复制公式到 K4:K14。

> **提示：** 要将单元格中的公式和计算结果一起删除，可先选择公式和计算结果所在的单元格，然后按【Delete】键，或者通过"数据编辑栏"的"编辑框"删除公式。

**操作 2　设置表格**

（1）选择 C15 单元格，选择"公式"选项卡，在"函数库"功能组中单击"自动求和"按钮，系统将自动对该列包含数值的单元格进行求和，如图 7-7 所示。如果数据不在一列或一行，或者这列中间有空单元格或非数值单元格，用"自动求和"功能就会受到局限，需修改求和区域，这时就不如直接用求和函数求和更便捷。

（2）按【Ctrl+Enter】组合键，C15 单元格中将显示自动求和的结果，自动求和的结果如图 7-8 所示。

（3）选择 C15 单元格，将鼠标指针移动到单元格的右下方，当鼠标指针变为 ✛ 形状时，向右拖动控制柄至 K15 单元格，释放鼠标，完成公式的复制。

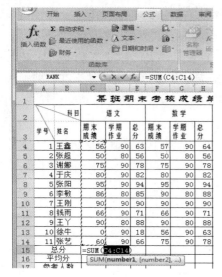

图 7-7　自动求和

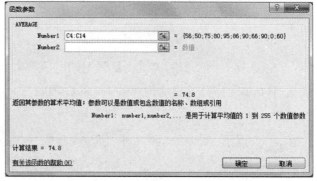

图 7-8　自动求和的结果

（4）选择 C16 单元格，在"编辑栏"中单击"插入函数"按钮 ![fx]。

（5）打开"插入函数"对话框，在"或选择类别"下拉列表框中选择"常用函数"选项，在"选择函数"列表框中选择"AVERAGE"选项，如图 7-9 所示，单击"确定"按钮。

（6）打开"函数参数"对话框，在"Number1"文本框中输入"C4:C14"，如图 7-10 所示。单击"确定"按钮，计算出语文期末成绩的平均分。

图 7-9　"插入函数"对话框

图 7-10　"函数参数"对话框

（7）将鼠标指针移动到 C16 单元格右下角的填充柄上，按住鼠标左键向右拖动到 K16 单元格中释放，计算出所有科目的平均值。

（8）选择 C17 单元格，在"编辑栏"中单击"插入函数"按钮 ![fx]。

（9）打开"插入函数"对话框，在"或选择类别"下拉列表框中选择"常用函数"选项，在"选择函数"列表框中选择"COUNT"选项，单击"确定"按钮。

（10）打开"函数参数"对话框，在"Number1"文本框中输入"C4:C14"，单击"确定"按钮。

（11）返回工作表，在 C17 单元格中将显示 C4～C14 单元格中不为零的数值个数，即参加考试人数。如果缺考，则相应的单元格空白，COUNT 函数不计数，如图 7-11 所示，如果成绩为零分，则填写"0"，COUNT 函数计数，如图 7-12 所示。同样的问题也存在于平均函数"AVERAGE"中。

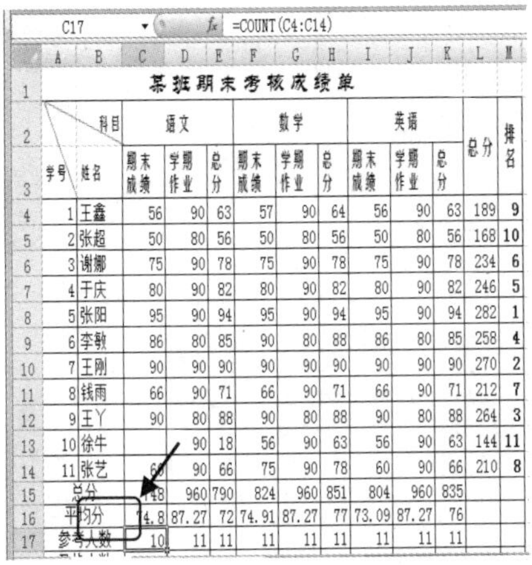

图 7-11　"COUNT"函数不计空白单元格

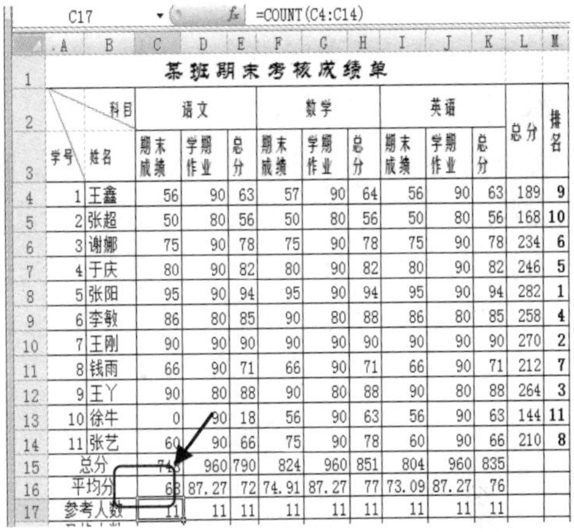

图 7-12　"COUNT"函数计数值 0

（12）将鼠标指针移动到 C17 单元格右下角的填充柄上，按住鼠标左键向右拖动到 K17 单元格中释放，计算出所有科目的参加考试人数。

（13）选择 C18 单元格，在"编辑栏"中单击"插入函数"按钮。

（14）打开"插入函数"对话框，在"或选择类别"下拉列表框中选择"推荐"选项，在"选择函数"列表框中选择"COUNTIF"选项，单击"确定"按钮。

（15）打开"函数参数"对话框，在"Range"参数框中输入"C4:C14"，在参数"Criteria"文本框中输入""">=60""，如图 7-13 所示，单击"确定"按钮，将得到 C4～C14 中 60 分及 60 分以上的数值个数。向右复制单元格，计算所有科目的及格人数。

（16）选择 C19 单元格，在"编辑栏"中输入"="，选择 C18 单元格，输入"/"，再选择 C17 单元格，按【Enter】键，C19 单元格中将显示公式的计算结果，用百分比的形式显示计算结果。向右复制单元格，计算所有的及格率。用同样的方法计算优秀人数和优秀率。

（17）选择 C22 单元格，在"编辑栏"中单击"插入函数"按钮。

（18）打开"插入函数"对话框，在"或选择类别"下拉列表框中选择"常用函数"选项，在"选择函数"列表框中选择"MAX"选项，单击"确定"按钮。

（19）打开"函数参数"对话框，在"Number1"参数框中输入"C4:C14"，单击"确定"按钮。计算 C4～C14 中的最高分。向右复制单元格，计算所有科目的最高分。用同样的方法插入"MIN"函数，计算各科目的最低分。

（20）选择 L4 单元格，在"编辑栏"中单击"插入函数"按钮。

（21）打开"插入函数"对话框，在"或选择类别"下拉列表框中选择"常用函数"选项，在"选择函数"列表框中选择"SUM"选项，单击"确定"按钮。

（22）打开"函数参数"对话框，在"Number1"参数框中输入"E4,H4,K4"，单击"确定"按钮，计算每人最后总分，向下复制公式，计算所有人的总分。

（23）选择 M4 单元格，在"编辑栏"中单击"插入函数"按钮 。

（24）打开"插入函数"对话框，在"或选择类别"下拉列表框中选择"统计"选项，在"选择函数"列表框中选择"RANK"选项，单击"确定"按钮。

（25）打开"函数参数"对话框，在"Number"参数框中输入"L4"（想要排名的数据），在"Ref"参数框中输入"L\$4:L\$14"（在那一列数据中排名）。为了向下复制公式，列中的数据区域是固定的，用绝对引用，如果不向下复制公式，可用相对引用，这个任务中在向下复制过程中列没有变，行在变，所以可以用列相对引用，行绝对引用。在"Order"参数框中输入"0"（降序为0，升序非0），单击"确定"按钮，计算每人最后总分在整个总分中的排名，向下复制公式，计算所有人的排名，排名后的结果如图7-14所示。

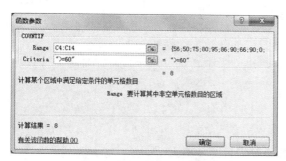

图7-13 输入单元格区域和条件

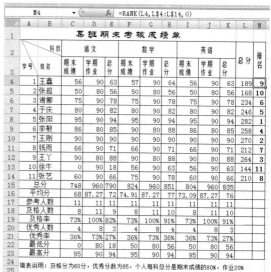

图7-14 排名后的结果

**提示：** 如果不知道应该用哪个函数进行计算，可以在"插入函数"对话框的"搜索函数"文本框中输入关键字，然后单击"转到"按钮查找相关函数，也可以用函数的帮助理解参数的应用。

## 知识延伸

本任务练习了在表格中使用公式和函数计算数据的操作，使用公式计算数据时只须选中单元格，然后在单元格中输入公式即可；使用函数计算数据时，需要进行一定的参数设置。常用的函数主要有以下几个，下面分别进行介绍。

### 1. 求和函数 SUM

SUM 函数用于计算单元格区域中所有数值的和，其参数可以是数值，如 SUM(1,2)表示计算"1+2"的和；也可以是单元格或单元格区域的引用，如 SUM(A3,F7)，表示计算 A3+F7，而 SUM(C4:B5)表示计算"C4:B5"区域内所有单元格数值的和。同时，还可以相对或绝对引用其他工作表或工作簿中的单元格或单元格区域。

## 2. 条件函数 IF

使用 IF 函数可以对数值和公式进行条件判断,根据逻辑计算的真假值返回不同的结果。其方法是选择单元格,单击"插入函数"按钮,打开"插入函数"对话框,在"选择函数"列表框中选择"IF"选项,单击"确定"按钮,打开"函数参数"对话框,在"Logical_test"文本框中输入条件,"Value_if_true"文本框中填入条件成立时输入的数据,"Value_if_true"文本框中填入条件不成立时输入的数据,单击"确定"按钮即可。

## 3. 平均值函数 AVERAGE

AVERAGE 函数用于计算参数中所有数值的平均值,其参数与 SUM 函数的参数类似,选择该函数后单元格中会自动显示计算结果。

## 4. 最大值函数 MAX 和最小值函数 MIN

MAX 函数可返回所选单元格区域中所有数值中的最大值,MIN 函数是 MAX 函数的反函数,返回所选单元格区域中所有数值中的最小值。它们的语法结构为 MAX 或 MIN ( Number1,Number2,… ),其中 "Number1,Number2,…" 表示要筛选的 1~30 个数值或引用,如 MAX(C1,C2,C3)表示求 C1、C2 和 C3 单元格中数值的最大值,MIN(C1,C2,C3)表示求 C1、C2 和 C3 单元格中数值的最小值。

## 5. 年份函数 YEAR 和日期 TODAY

YEAR 函数可返回日期的年份值,一个 1900~9999 之间的数字。例如:A1 单元格中数据是 "2015-10-10","Serial_number" 参数中输入 A1,也就是 "=YEAR(A1)",确定后返回年份 "2015"。TODAY 函数返回当前日期,是个可变的日期数据,没有参数。

另外,除了本例中用到的选择函数外,还可以在函数中嵌套函数,即将一个函数或公式作为另一个函数的参数使用。在使用嵌套函数时应该注意,返回值类型需要符合函数的参数类型,如参数为整数值,则嵌套函数也必须返回整数值,否则 Excel 将显示#VALUE!错误值。嵌套函数中的参数最多可嵌套 64 个级别的函数。

当在工作表中多处使用公式或函数时,为了查看公式的输入是否正确,可在工作表中将公式显示出来,有两种方法,一种是选择"公式"选项卡,在"公式审核"功能组中单击"显示公式"按钮 ; 另一种是选取要显示公式的单元格,按【Ctrl+~】组合键即可显示该单元格中的公式,再次按【Ctrl+~】组合键可显示公式的计算结果。

 任务小结

通过本任务的学习应掌握公式和函数的使用方法。

## 任务目标

本任务的目标是运用记录单记录表格数据并对表格数据进行排序、筛选、分类汇总等操作，分析彩电各季度销售数量，效果如图 7-15 所示，通过练习应掌握管理表格数据的方法。

| 品牌 | 第一季度 | 第二季度 | 第三季度 | 第四季度 | 市场占有率 | 交易额 | 业务员 |
|---|---|---|---|---|---|---|---|
| 海信彩电 | 85000 | 80000 | 78000 | 86000 | 0.0177 | 1952005 | 王文颖 |
| 海信彩电 | 65000 | 54000 | 85000 | 65000 | 0.0184 | 1151418 | 韩广慧 |
| 海信彩电 | 86000 | 65000 | 98000 | 54000 | 0.0191 | 1350831 | 陈志颖 |
| 海信彩电 | 86001 | 65001 | 98000 | 54000 | 0.0218 | 1123568 | 董秀艳 |
| 海信彩电 | 65001 | 54001 | 85000 | 65000 | 0.0245 | 1156923 | 徐向欣 |
| 海信彩电 | 85001 | 80001 | 78000 | 86000 | 0.0272 | 1175380 | 张蕊 |
| 海信彩电 | 85002 | 80002 | 78000 | 86000 | 0.0632 | 1236987 | 霍清枝 |
| 海信彩电 | 86002 | 65002 | 98000 | 54000 | 0.0988 | 1232364 | 刘吉元 |
| 海信彩电 | 65002 | 54002 | 85000 | 65000 | 0.1049 | 1235656 | 邹瑞霞 |
| 海信彩电 计数 | 9 | 9 | | 9 | | | |
| 康佳彩电 | 38001 | 28000 | 24000 | 34000 | 0.0156 | 1176930 | 王彩艳 |
| 康佳彩电 | 26001 | 25501 | 24000 | 29000 | 0.0163 | 1756009 | 刘志颖 |
| 康佳彩电 | 24001 | 25001 | 25500 | 26000 | 0.017 | 1752592 | 门秀华 |
| 康佳彩电 | 24003 | 25003 | 25500 | 26000 | 0.0215 | 1235698 | 虎彩霞 |
| 康佳彩电 | 30000 | 32000 | 28000 | 45000 | 0.0219 | 1448483 | 虎会敏 |
| 康佳彩电 | 26000 | 25500 | 24000 | 29000 | 0.0226 | 1447896 | 李志影 |
| 康佳彩电 | 24000 | 25500 | 25500 | 26000 | 0.0233 | 1347309 | 王妍 |
| 康佳彩电 | 38002 | 28002 | 24000 | 34000 | 0.0263 | 1237664 | 苗志广 |
| 康佳彩电 | 26002 | 25502 | 24000 | 29000 | 0.0281 | 1233674 | 徐峰波 |
| 康佳彩电 | 24002 | 25002 | 25500 | 26000 | 0.0299 | 1233664 | 李晓燕 |
| 康佳彩电 计数 | 10 | 10 | | 10 | | | 10 |
| 长虹彩电 | 54000 | 55000 | 56000 | 68000 | 0.0198 | 1550244 | 冯爱雯 |
| 长虹彩电 | 56000 | 56000 | 65000 | 70000 | 0.0205 | 1749657 | 马亚丹 |
| 长虹彩电 | 54002 | 55002 | 56000 | 68000 | 0.0227 | 1123698 | 于长宏 |
| 长虹彩电 | 56002 | 56602 | 65000 | 70000 | 0.0245 | 1123689 | 王文强 |
| 长虹彩电 | 23000 | 25000 | 25000 | 26000 | 0.0276 | 1234567 | 王文雅 |
| 长虹彩电 | 54001 | 55001 | 56000 | 68000 | 0.0407 | 1112560 | 于亚洁 |
| 长虹彩电 | 56001 | 56601 | 65000 | 70000 | 0.0596 | 1193132 | 张晓宇 |
| 长虹彩电 计数 | 7 | 7 | | 7 | | | 7 |
| 总计数 | 26 | 26 | 26 | 26 | | 26 | |

图 7-15　分析彩电各季度销售数量

本任务的具体目标要求如下：

（1）掌握记录单的使用方法。

（2）熟练掌握在表格中数据的排序和筛选方法。

（3）熟练掌握分类汇总的操作方法。

## 专业背景

在本任务的操作中，需要了解数据的筛选和分类汇总在表格中的作用，当表格中统计的数据较多而且种类繁多时，为了方便查找数据，可以对表格进行数据筛选和分类汇总，使用户在查找时更加方便，同时也使表格更有条理性。

## 操作思路

本任务的操作思路如图 7-16 所示，涉及的知识点有记录单的使用、在表格中排序和筛选数据、分类汇总数据等操作，具体思路及要求如下：

（1）使用记录单管理表格中的数据。

（2）排序和筛选表格中的数据。

（3）分类汇总表格中的数据。

| 使用记录单 | 排序和筛选表格数据 | 分类汇总表格数据 |

图 7-16    分析彩电各季度销售数量操作思路

**操作 1    使用记录单**

（1）单击"Office"按钮，在弹出的下拉菜单中选择"Excel 选项"选项。

（2）在打开的"Excel 选项"对话框中，选择"自定义"选项卡，在"从下列位置选择命令"下拉列表框中选择"所有命令"选项，在其下的列表框中选择"记录单"选项，单击"添加"按钮，将其添加到右侧的列表框中，如图 7-17 所示。

图 7-17    添加"记录单"命令

（3）单击"确定"按钮，选择 A3:H28 单元格区域中的任意单元格，在快速访问工具栏中单击"记录单"按钮📇。

（4）在打开的对话框中单击"新建"按钮，打开"新建记录"对话框，在其中输入相应的数据信息，如图 7-18 所示。

（5）完成数据输入后，按【Enter】键，继续输入另一名员工的销售情况。

（6）单击"条件"按钮，打开输入查找条件的对话框，在"业务员"文本框中输入"陈欢欢"，按【Enter】键，Excel 将自动查找符合条件的记录并显示出来，如图 7-19 所示。

（7）单击"删除"按钮，打开"提示"对话框，单击"确定"按钮将其删除，如图 7-20 所示，然后单击"关闭"按钮，将"记录单"对话框关闭即可。

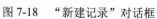
图 7-18　"新建记录"对话框

图 7-19　查找记录

图 7-20　删除记录

## 操作2　排序和筛选数据

（1）打开"彩电各季度销售数量"电子表格，选择任意一个有数据的单元格，选择"数据"选项卡。

（2）单击"排序和筛选"功能组中的"排序"按钮，打开"排序"对话框，在"主要关键字"下拉列表框中选择"市场占有率"选项，在"次序"下拉列表框中选择"升序"选项，如图 7-21 所示。

图 7-21　设置排序条件

（3）单击"确定"按钮，完成排序操作，效果如图 7-22 所示。

| | A | B | C | D | E | F | G | H |
|---|---|---|---|---|---|---|---|---|
| 1 | 蓝天家电城彩电销售情况统计表 | | | | | | | |
| 2 | 品牌 | 第一季度 | 第二季度 | 第三季度 | 第四季度 | 市场占有率 | 交易额 | 业务员 |
| 3 | 康佳彩电 | 38001 | 28000 | 24000 | 34000 | 0.0156 | 1176930 | 王彩艳 |
| 4 | 康佳彩电 | 26001 | 25501 | 24000 | 29000 | 0.0163 | 1756009 | 刘志颖 |
| 5 | 康佳彩电 | 24001 | 25001 | 25500 | 26000 | 0.017 | 1752592 | 门秀华 |
| 6 | 海信彩电 | 85000 | 80000 | 78000 | 86000 | 0.0177 | 1952005 | 王文颖 |
| 7 | 海信彩电 | 65000 | 54000 | 85000 | 65000 | 0.0184 | 1151418 | 韩广慧 |
| 8 | 海信彩电 | 86000 | 65000 | 98000 | 54000 | 0.0191 | 1350831 | 陈志颖 |
| 9 | 长虹彩电 | 54000 | 55000 | 56000 | 68000 | 0.0198 | 1550244 | 冯雯雯 |
| 10 | 长虹彩电 | 56000 | 56600 | 65000 | 70000 | 0.0205 | 1749657 | 马亚丹 |
| 11 | 康佳彩电 | 24003 | 25003 | 25500 | 26000 | 0.0215 | 1235698 | 庞彩霞 |
| 12 | 海信彩电 | 86001 | 65001 | 98000 | 54000 | 0.0218 | 1123568 | 董秀艳 |
| 13 | 康佳彩电 | 30000 | 32000 | 28000 | 45000 | 0.0219 | 1448483 | 庞会敏 |
| 14 | 康佳彩电 | 26000 | 25500 | 24000 | 29000 | 0.0226 | 1447896 | 李志影 |
| 15 | 长虹彩电 | 54002 | 55002 | 56000 | 68000 | 0.0227 | 1123698 | 于长宏 |
| 16 | 康佳彩电 | 24000 | 25000 | 25500 | 26000 | 0.0233 | 1347309 | 王妍 |
| 17 | 海信彩电 | 65001 | 54001 | 85000 | 65000 | 0.0245 | 1156923 | 徐向欣 |
| 18 | 长虹彩电 | 56002 | 56602 | 65000 | 70000 | 0.0245 | 1123689 | 王文强 |
| 19 | 康佳彩电 | 38002 | 28002 | 24000 | 34000 | 0.0263 | 1237664 | 苗志广 |
| 20 | 海信彩电 | 85001 | 80001 | 78000 | 86000 | 0.0272 | 1175380 | 张蕊 |
| 21 | 长虹彩电 | 23000 | 24000 | 25000 | 26000 | 0.0276 | 0.0255 | 王文雅 |
| 22 | 康佳彩电 | 26000 | 25502 | 24000 | 29000 | 0.0281 | 1233674 | 徐峰波 |
| 23 | 康佳彩电 | 24002 | 25002 | 25500 | 26000 | 0.0299 | 1233664 | 李晓燕 |
| 24 | 长虹彩电 | 54001 | 55001 | 56000 | 68000 | 0.0407 | 1112560 | 于亚洁 |
| 25 | 长虹彩电 | 56001 | 56601 | 65000 | 70000 | 0.0596 | 1193132 | 张晓宇 |
| 26 | 海信彩电 | 85002 | 80002 | 78000 | 86000 | 0.0632 | 1236987 | 霍清枝 |
| 27 | 海信彩电 | 86002 | 65002 | 98000 | 54000 | 0.0988 | 1232364 | 刘吉元 |
| 28 | 海信彩电 | 65002 | 54002 | 85000 | 65000 | 0.1049 | 1235656 | 邹瑞霞 |
| 29 | | | | | | | | |

图 7-22　排序效果

**提示：** 在表格中可以对数字、文本、日期、时间等数据进行排序。文本按拼音的首字母进行排序；日期和时间按时间的早晚进行排序。如果进行排序单元格旁边的单元格中有数据，那么选择排序命令后将打开"排序提醒"对话框。

（4）单击任意一个有数据的单元格，单击"排序和筛选"功能组中的"筛选"按钮。

（5）此时在每个表头的右边都会出现一个"下拉箭头"按钮，单击需要进行筛选数据表头右侧的"下拉箭头"按钮，这里单击"第四季度"右侧的"下拉箭头"按钮，在弹出的快捷菜单中，执行"数字筛选"→"大于"菜单命令，如图 7-23 所示。

（6）打开"自定义自动筛选方式"对话框，在第 1 行的第 1 个下拉列表中选择"大于"选项，在其后的下拉列表框中输入"26000"，如图 7-24 所示。

（7）单击"确定"按钮，在工作表中将只显示第四季度中销售量大于 26000 的相关数据，并且"第四季度"字段名右侧的按钮将变成按钮，筛选数据效果如图 7-25 所示。

图 7-23 "大于"菜单

图 7-24 "自定义自动筛选方式"对话框

图 7-25 筛选数据效果

## 操作3 销售数据分类汇总

（1）选择"数据"选项卡，在"排序和筛选"功能组中单击"筛选"按钮，取消对表格数据的筛选。单击"排序"按钮，打开"排序"对话框，在"主要关键字"下拉列表中选择

"品牌"选项，在"次序"下拉列表框中选择"升序"选项，单击"确定"按钮进行排序。

（2）选择 A3:H28 单元格区域中的任意单元格，选择"数据"选项卡，在"分级显示"功能组中单击"分类汇总"按钮 。

（3）打开"分类汇总"对话框，在"分类字段"下拉列表框中选择"品牌"选项，在"汇总方式"下拉列表框中选择"计数"选项，在"选定汇总项"列表框选中"第一季度""第二季度""第三季度""第四季度"和"交易额"复选框，其他各项设置保持不变，如图 7-26所示。

（4）单击"确定"按钮，完成分类汇总，这样相同"品牌"汇总结果将显示在相应的品牌数据下方，并将所有交易额进行总计显示在工作表的最后一行，分类汇总效果如图 7-27所示。

图 7-26　"分类汇总"对话框

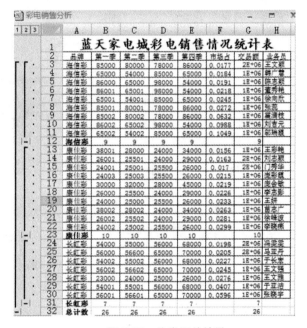

图 7-27　分类汇总效果

 知识延伸

本任务练习了在表格中对数据进行排序、筛选及分类汇总的操作方法。另外，在排序时，如果只按一个条件进行排序，一般可通过按钮进行快速排序，具体方法是选择需要进行排序区域的任意单元格，单击"排序和筛选"功能组中的升序按钮 或降序按钮 。在分类汇总时，需要注意的是，分类汇总前必须先将数据进行排序，当不需要分类汇总时，可以将其删除，删除分类汇总的方法是单击"分级显示"功能组中的"分类汇总"按钮，在"分类汇总"对话框中单击"全部删除"按钮。

除了本任务介绍的管理表格数据的方法外，还可以通过按钮进行排序，以及使用自定义排序和筛选，下面进行详细介绍。

### 1. 自定义排序

自定义排序就是按照用户自行设置的条件对数据进行排序，具体操作方法如下。

（1）选择需要进行排序的单元格区域，单击"数据"选项卡"排序和筛选"工具栏中的"排序"按钮，打开"排序"对话框，单击"选项"按钮，打开"排序选项"对话框，在其中可以设置区分大小写、排序方向和排序方法等，如图 7-28 所示，设置完成后单击"确定"按钮，返回"排序"对话框。

（2）在"排序"对话框中，设置"主要关键字"和"排序依据"，在"次序"下拉列表框中选择"自定义序列"选项，单击"确定"按钮。

（3）打开"自定义序列"对话框，在"自定义序列"列表中可以选择已有的排序方式，也可以单击"添加"按钮，在"输入序列"文本框中输入自定义的排序方式，如图 7-29 所示，单击"确定"按钮，返回"排序"对话框。

图 7-28　"排序选项"对话框

图 7-29　"自定义序列"对话框

（4）此时，"排序"对话框中"次序"下拉列表框中将显示自定义设置的次序，单击"确定"按钮，关闭对话框。

### 2. 自定义筛选

自定义筛选功能是在自动筛选的基础上进行操作的，即单击需要自定义筛选的字段名右侧的 ▼ 按钮，在弹出的下拉菜单中选择"自定义筛选"选项，打开"自定义自动筛选方式"对话框，在其中进行相应的设置即可，如图 7-30 所示。

图 7-30　"自定义自动筛选方式"对话框

任务小结

通过本任务的学习应学会使用记录单，会在表格中排序和筛选数据，会在表格中分类汇总数据。

任务目标

本任务的目标是将数据分类汇总后制作汇总图表，效果如图 7-31 所示。通过练习应掌握在表格中制作和编辑图表的方法。

本任务的具体目标要求如下：

（1）掌握在表格中对数据进行分类汇总的方法。

（2）掌握在表格中制作汇总图表的操作。

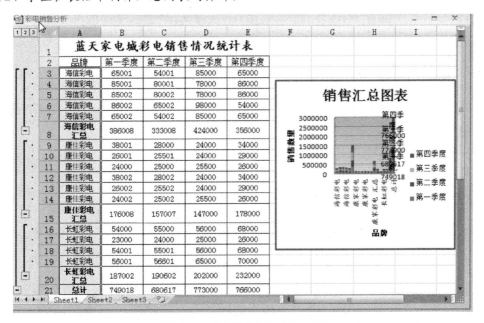

图 7-31　彩电销售汇总图表效果

操作思路

本任务的操作思路如图 7-32 所示，涉及的知识点有制作汇总图表和对汇总图表进行编辑等，具体思路及要求如下：

（1）在表格中制作汇总图表。

（2）对制作的汇总图表进行编辑。

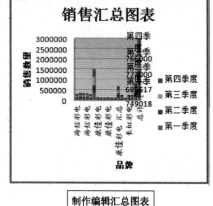

图 7-32  制作彩电销售汇总图表操作思路

### 操作 1　制作汇总图表

（1）打开任务 2 中的"彩电各季度销售数量"工作簿，在任务 2 中的分类汇总中，将"汇总方式"中的"计数"改选为"求和"，为了更好地查看效果，删除一些记录，然后选中 A2:E21 单元格区域，选择"插入"选项卡，单击"图表"功能组中右下角的按钮，打开"插入图表"对话框。

（2）在左侧的列表框中选择"柱形图"选项，在右侧打开的列表框中选择需要的图表样式，如图 7-33 所示。

（3）单击"确定"按钮，此时将在工作表中插入所选样式的图表，然后在工作表的空白处单击鼠标，确认创建的图表，插入的汇总图表如图 7-34 所示。

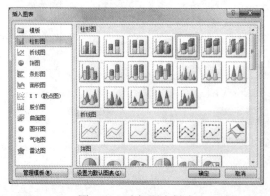

图 7-33　选择图表样式

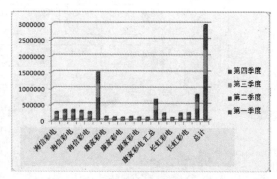

图 7-34　插入的汇总图表

## 操作 2　编辑图表

（1）单击表格中的图表，将鼠标移动到图表周围的 4 个角点上，拖动鼠标可调整图表大小。

（2）在选中图表的情况下，选择"设计"选项卡，在"图表布局"功能组中单击"其他"按钮，在弹出的下拉菜单中选择"布局 6"选项，在图表的相应位置输入图表标题和坐标标题，图表布局如图 7-35 所示。

（3）选择"布局"选项卡，在"坐标轴"功能组中单击"网格线"按钮，在弹出的列表框中，执行"主要横网格线"→"主要网格线和次要网格线"菜单命令。

（4）在"背景"功能组中单击"图表背景墙"按钮，在弹出的下拉菜单中选择"其他背景墙选项"选项，打开"设置背景墙格式"对话框，并按如图 7-36 所示进行设置。

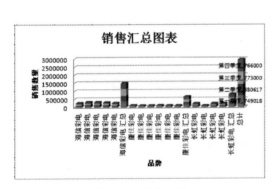

图 7-35　图表布局

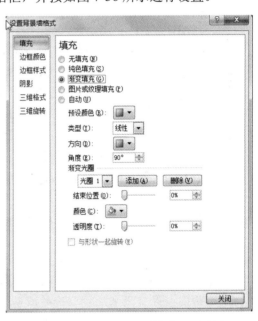

图 7-36　"设置背景墙格式"对话框

（5）单击"关闭"按钮，为图表添加背景墙，效果如图 7-37 所示。

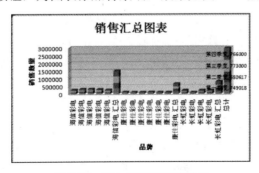

图 7-37　添加图表背景墙效果

（6）选中图表，选择"布局"选项卡，单击"标签"功能组中的"图例"按钮，在弹出的列表框中选择"右侧显示图例"选项，为图表添加图例，效果如图 7-38 所示。

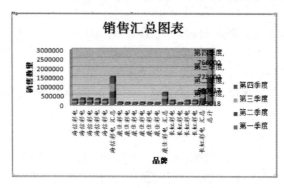

图 7-38　添加图例效果

 知识延伸

本任务练习了在表格中通过制作汇总图表直观地展现表格中数据的操作。

另外，在"选择图表样式"对话框中，有多种图表类型，下面分别介绍其特点。

◆ 柱形图：即直方图，表示不同项目间的比较结果，也可以说明某时间段内的数据变化。

◆ 折线图：常用于描绘连续数据系列，确定数据的发展趋势。

◆ 饼图和圆环图：常用于表示总体与部分的比例关系，但饼图只能表示一个数据系列，而圆环图可表示多个数据系列。

◆ 条形图：表示各个项目之间的比较情况，主要强调各个值之间的比较，不强调时间。

◆ 面积图：显示各数据系列与整体的比例关系，强调数据随时间的变化幅度。

◆ 散点图：比较在不均匀时间或测量间隔段的数据变化趋势。

◆ 股价图：经常用来显示股价的波动，也用于科学数据，如表示每天或每年温度的波动。创建股价图时，必须按正确的顺序组织数据才能创建。

◆ 曲面图：显示连接一组数据点的三维曲面，当需要比较两组数据的最优组合时，曲面图较为适合。

◆ 气泡图：数据标记的大小反映第 3 个变量的大小，气泡图应包括 3 行或 3 列。

◆ 雷达图：适合比较若干数据系列的聚合值。

除了利用本任务中介绍的制作汇总图表来直观展现数据外，还可以为表格创建数据透视表，快速汇总大量数据，以交互式方法深入分析数值数据。

为表格创建数据透视表的具体操作方法如下。

（1）选择需要插入数据透视表的单元格，在"插入"选项卡的"表"功能组中单击"数据透视表"按钮，在弹出的快捷菜单中选择"数据透视表"选项。

（2）打开"创建数据透视表"对话框，选中"请选择要分析的数据"栏中的"选择一个表或区域"单选按钮，单击"表/区域"文本框后的 按钮。

（3）选择需要用来创建数据透视表的单元格区域，然后单击对话框中的 按钮，返回"创建数据透视表"对话框。

（4）选中"选择放置数据透视表的位置"栏中的"现有工作表"单选按钮，单击"位置"文本框后的 按钮。

（5）选择数据透视表放置的位置，单击对话框中的 按钮，返回"创建数据透视表"对话框，如图 7-39 所示，然后单击"确定"按钮，关闭该对话框。

图 7-39　"创建数据透视表"对话框

（6）打开"数据透视表字段列表"任务窗格，在其中的"选择要添加到报表的字段"栏中选中需要显示的报表字段。

（7）单击任意单元格，"数据透视表字段列表"任务窗格将自动关闭，在选择的放置数据透视表的单元格中会显示刚插入的数据透视表，效果如图 7-40 所示。

图 7-40　插入数据透视表效果

## 任务小结

通过本任务的学习应掌握制作汇总图表的方法。

任务 4　打印彩电各季度销售统计表

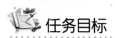任务目标

本任务的目标是通过对表格的页面进行设置，然后进行打印表格，包括设置页眉和页脚，设置表头和分页符及调整页边距等，最后进行打印预览，预览无误后进行打印输出，效果如图 7-41 所示。通过练习应掌握在 Excel 2007 中打印表格的方法。

本任务的具体目标要求如下：

（1）掌握设置页眉和页脚的方法。

（2）了解设置表头和分页符的方法。

（3）掌握打印表格的操作方法。

**蓝天家电城**

**蓝天家电城彩电销售情况统计表**

| 品牌 | 第一季度 | 第二季度 | 第三季度 | 第四季度 |
|---|---|---|---|---|
| 海信彩电 | 65001 | 54001 | 85000 | 65000 |
| 海信彩电 | 85001 | 80001 | 78000 | 86000 |
| 海信彩电 | 85002 | 80002 | 78000 | 86000 |
| 海信彩电 | 86002 | 65002 | 98000 | 54000 |
| 海信彩电 | 65002 | 54002 | 85000 | 65000 |
| 海信彩电 汇 | 386008 | 333008 | 424000 | 356000 |
| 康佳彩电 | 38001 | 28000 | 24000 | 34000 |
| 康佳彩电 | 26001 | 25501 | 24000 | 29000 |
| 康佳彩电 | 24000 | 25000 | 25500 | 26000 |
| 康佳彩电 | 38002 | 28002 | 24000 | 34000 |
| 康佳彩电 | 26002 | 25502 | 24000 | 29000 |
| 康佳彩电 | 24002 | 25002 | 25500 | 26000 |
| 康佳彩电 汇 | 176008 | 157007 | 147000 | 178000 |
| 长虹彩电 | 54000 | 55000 | 56000 | 68000 |
| 长虹彩电 | 23000 | 24000 | 25000 | 26000 |
| 长虹彩电 | 54001 | 55001 | 56000 | 68000 |
| 长虹彩电 | 56001 | 56601 | 65000 | 70000 |
| 长虹彩电 汇 | 187002 | 190602 | 202000 | 232000 |
| 总计 | 749018 | 680617 | 773000 | 766000 |

2012/9/15

图 7-41　彩电销售情况统计表打印效果

### 操作思路

本任务的操作思路如图 7-42 所示，涉及的知识点有设置页眉和页脚、设置表头和分页符及打印电子表格等操作，具体思路及要求如下：

（1）为电子表格设置页眉和页脚。

（2）设置表头和分页符。

（3）打印表格。

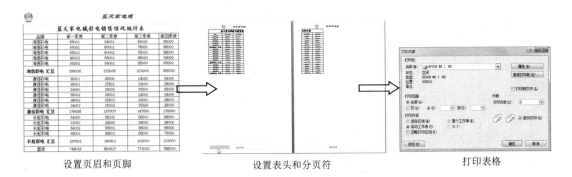

　　设置页眉和页脚　　　　　　　　　设置表头和分页符　　　　　　　　　打印表格

图 7-42　打印销售业绩表操作思路

### 操作 1 | 设置页眉和页脚

（1）打开任务 3 中的"彩电各季度销售数据"工作簿，选择"页面布局"选项卡，在"页面设置"功能组中单击右下角的"对话框启动器"按钮 ⌐。

（2）打开"页面设置"对话框，选择"页眉/页脚"选项卡，如图 7-43 所示。

（3）单击"自定义页眉"按钮，打开"页眉"对话框，在"中"文本框中输入"蓝天家电城"，如图 7-44 所示。

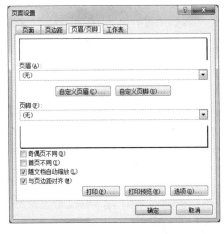

图 7-43　"页面设置"对话框

图 7-44　"页眉"对话框

（4）单击"格式文本"按钮 **A**，打开"字体"对话框，设置文本的字体为"华文隶书"、字形为"加粗　倾斜"、字号为"12"、颜色为"深蓝色"，如图 7-45 所示，单击"确定"按钮。

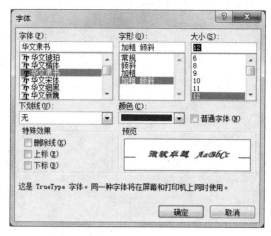

图 7-45　"字体"对话框

（5）返回"页眉"对话框，将文本插入点定位在"左"文本框中，单击"插入图片"按钮 ，打开"插入图片"对话框，选择需要插入的图片，如图 7-46 所示，单击"插入"按钮。

图 7-46　"插入图片"对话框

（6）返回"页眉"对话框，完成设置效果如图 7-47 所示，单击"确定"按钮，返回"页眉/页脚"对话框，单击"确定"按钮，返回工作表。

（7）选择"插入"选项卡，在"文本"功能组中单击"页眉和页脚"按钮 。

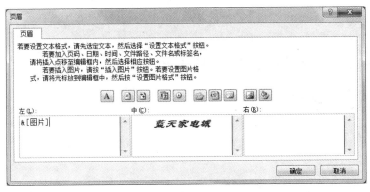

图 7-47 "页眉"对话框

（8）工作表自动进入页眉和页脚编辑状态，且当前功能区为"设计"选项卡，在页眉左侧的图片位置单击鼠标，在"页眉和页脚元素"功能组中单击"设置图片格式"按钮 。

（9）打开"设置图片格式"对话框，选择"大小"选项卡，在"比例"栏中的"高度"数值框中输入"21%"，如图7-48所示。

（10）单击"确定"按钮，插入页眉的效果如图7-49所示。

（11）选择"设计"选项卡，在"导航"功能组中单击"转至页脚"按钮 ，然后单击"页眉和页脚元素"功能组中的"当前日期"按钮

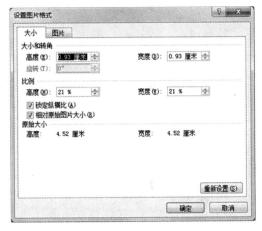

图 7-48 "设置图片格式"对话框

 ，在页脚处插入当前系统的日期，插入页脚的效果如图7-50所示。

蓝天家电城

| 蓝天家电城彩电销售情况统计表 | | | | |
|---|---|---|---|---|
| 品牌 | 第一季度 | 第二季度 | 第三季度 | 第四季度 |
| 海信彩电 | 65001 | 54001 | 85000 | 65000 |
| 海信彩电 | 85001 | 80001 | 78000 | 86000 |
| 海信彩电 | 85002 | 80002 | 78000 | 86000 |
| 海信彩电 | 86002 | 65002 | 98000 | 54000 |
| 海信彩电 | 65002 | 54002 | 85000 | 65000 |
| 海信彩电 汇总 | 386008 | 333008 | 424000 | 356000 |
| 康佳彩电 | 38001 | 28000 | 24000 | 34000 |
| 康佳彩电 | 26001 | 25501 | 24000 | 29000 |
| 康佳彩电 | 24000 | 25000 | 25500 | 26000 |
| 康佳彩电 | 38002 | 28002 | 24000 | 34000 |
| 康佳彩电 | 26002 | 25502 | 24000 | 29000 |
| 康佳彩电 | 24002 | 25002 | 25500 | 26000 |
| 康佳彩电 汇总 | 176008 | 157007 | 147000 | 178000 |
| 长虹彩电 | 54000 | 55000 | 56000 | 68000 |
| 长虹彩电 | 23000 | 24000 | 25000 | 26000 |
| 长虹彩电 | 54001 | 55001 | 56000 | 68000 |
| 长虹彩电 | 56001 | 56601 | 65000 | 70000 |
| 长虹彩电 汇总 | 187002 | 190602 | 202000 | 232000 |
| 总计 | 749018 | 680617 | 773000 | 766000 |

图 7-49 插入页眉效果

| | | | | |
|---|---|---|---|---|
| 总计 | 749018 | 680617 | 773000 | 766000 |

2012/9/15

图 7-50 插入页脚效果

**提示：** 在"页眉"和"页脚"数值框中可以设置页眉和页脚区域与纸张顶部和底部的距离，通常这两个数值应小于相应的页边距，以免页眉和页脚覆盖工作表数据。页眉和页脚都是独立于工作表数据的，只有在打印预览状态或已被打印输出的工作表中才会显示。

### 操作2　设置表头和分页符

（1）选择"页面布局"选项卡，在"页面设置"功能组中单击"打印标题"按钮，打开"页面设置"对话框。

（2）在"打印标题"栏中单击"顶端标题行"文本框右侧的按钮，在工作表中选择需要打印的表头，单击按钮，返回"页面设置"对话框，如图 7-51 所示，单击"确定"按钮。

（3）选择 D21 单元格，在"页面设置"功能组中单击"分页符"按钮，在弹出的下拉列表中选择"插入分页符"选项。

（4）单击"Office"按钮，在弹出的下拉菜单中，执行"打印"→"打印预览"菜单命令，可查看插入分页符效果，如图 7-52 所示。

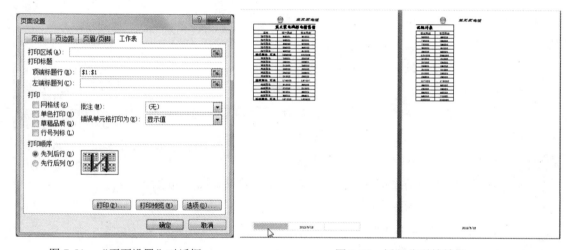

图 7-51　"页面设置"对话框　　　　　图 7-52　插入分页符效果

### 操作3　打印预览

（1）在"页面设置"功能组中单击"分页符"按钮，在弹出的下拉列表框中选择"删除分页符"选项。

（2）单击"Office"按钮，在弹出的下拉菜单中，执行"打印"→"打印预览"菜单命令。

（3）单击"打印"功能组中的"页面设置"按钮，打开"页面设置"对话框，选择"页面"选项卡，在"缩放"栏中的"缩放比例"数值框中输入"150"，设置打印预览时的缩放比例。

（4）选择"页边距"选项卡，设置"上""下""左""右"页边距的值，在"居中方式"栏中选中"水平"和"垂直"复选框，如图 7-53 所示。

（5）单击"确定"按钮，可查看打印预览的效果，如图 7-54 所示，单击"关闭打印预览"按钮，关闭打印预览窗口。

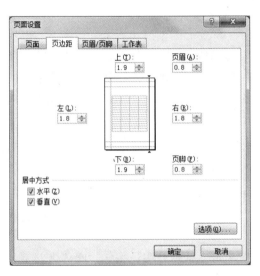

图 7-53　"页边距"选项卡

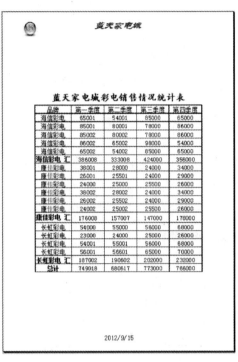

图 7-54　打印预览效果

## 操作 4　打印工作表

（1）执行"Office"→"打印"→"打印"菜单命令，打开"打印内容"对话框。

（2）在对话框中"打印机"栏的"名称"下拉列表框中选择需要使用的打印机。

（3）在"份数"栏中的"打印份数"数值框中输入"2"，选中"逐份打印"复选框，如图 7-55 所示，单击"确定"按钮，即可打印工作表。

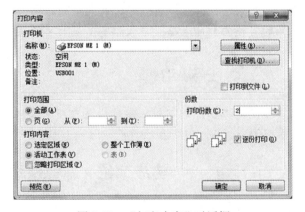

图 7-55　"打印内容"对话框

**提示**：若需要打印多个不连续的区域，可以按住【Ctrl】键不放，选取多个区域后再进行打印设置。

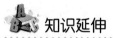

## 知识延伸

本任务练习了打印电子表格的相关知识，包括页面设置、分页符和表头设置、打印预览等。除了本任务所讲解的知识外，还可以设置表格的主题和纸张的大小、方向等，下面分别进行介绍。

### 1. 设置表格主题

表格主题是一组统一归类的设计元素。通过设置表格主题可以快速并轻松地设置整个表格的样式，使其具有专业和时尚的外观。可以在"页面布局"选项卡的"主题"功能组中，通过下面两种方式来设置打印主题。

- ◆ 应用预定义主题。单击"主题"按钮，在弹出的下拉菜单中，选择一种预定义主题，工作表中的数据，包括图表将应用该主题的字体格式、颜色等效果等样式。
- ◆ 自定义打印主题。在"主题"功能组中，分别单击"颜色""字体"及"效果"按钮，在弹出的下拉菜单中选择主题的颜色、文字字体及效果等。

### 2. 设置纸张大小和方向

设置纸张包括设置纸张大小和设置纸张方向两个方面。

（1）设置纸张大小。在"页面设置"功能组中，单击"纸张大小"按钮，在弹出的下拉菜单中，选择已经定义好的纸张大小，或者选择"其他纸张大小"选项，在打开的对话框中自定义纸张大小。

（2）设置纸张方向。在"页面设置"功能组中单击"纸张方向"按钮。在弹出的下拉菜单中选择"纵向"或"横向"选项。

在打印时，也可以打印表格的部分区域，选择需要打印的单元格区域，选择"页面布局"选项卡，在"页面设置"功能组中单击"打印区域"按钮，在弹出的下拉菜单中选择"设置打印区域"选项。此时，在所选区域四周将显示虚线框，表示将打印该区域，单击"Office"按钮，在弹出的下拉菜单中，执行"打印"→"打印预览"命令。

当表格内容较少时，可增大表格的行高和列宽并居中显示或放大打印；当表格的列数较多时可横向打印表格；当表格有多页时可设置打印表头。

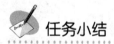

## 任务小结

通过本任务的学习应学会设置打印页面（包括页眉和页脚、页边距等），学会设置表头和分页符。

## 实战演练1 管理学生英语成绩登记表

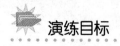

## 演练目标

本演练要求利用公式和函数的相关知识，计算学生英语成绩登记表中的数据，效果如图 7-56 所示。通过本演练应掌握公式和函数在表格中的应用。

### 演练分析

本演练的操作思路如图 7-57 所示，具体分析及思路如下。

（1）创建 Excel 文件，输入成绩数据，利用公式计算出每个学生的"总分"（总分 = 口语+语法+听力+作文）。

（2）使用函数计算全班各部分的平均分。

图 7-56　计算学生英语成绩表效果

使用公式计算总分　　　　　　　　　　使用函数计算平均分

图 7-57　计算学生英语成绩表操作思路

## 实战演练 2　管理推销人员奖金计算表

### 演练目标

本演练要求通过对表格中的数据进行排序、筛选及分类汇总等操作，管理推销人员奖金计算表数据，效果如图 7-58 所示。

图 7-58　管理推销人员奖金计算表效果

## 演练分析

本演练的操作思路如图 7-59 所示，具体分析及思路如下。

（1）创建"推销人员奖金计算表"文件，按图 7-59 所示，输入数据，如姓名、科室、产品数量和产品单价等。

（2）用公式计算每人的销售额及奖金提成。

（3）以"科室"为主要关键字"奖金提成"为次要关键字对表格中的数据进行升序排序。

（4）筛选表格中"奖金提成"大于 2000 的数据。

（5）取消对表格中数据的筛选，然后对数据进行分类汇总。

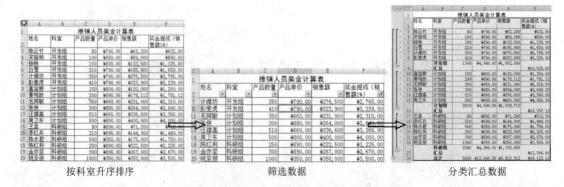

按科室升序排序　　　　筛选数据　　　　分类汇总数据

图 7-59　管理推销人员奖金计算表操作思路

# 实战演练 3　制作水果月销售量图表

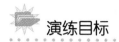 演练目标

本演练要求利用在表格中插入图表的相关知识，制作水果月销售量图表，效果如图 7-60 所示。

图 7-60　水果月销售量图表效果

演练分析

本演练的操作思路如图 7-61 所示，具体分析及思路如下。

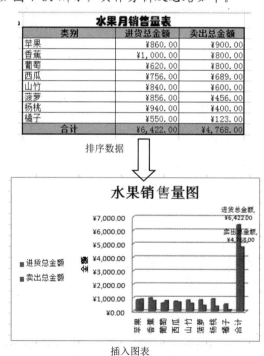

图 7-61　制作水果月销售量图表操作思路

（1）创建表格，按图7-60所示输入原始数据，计算进货总金额合计和卖出总金额合计。以"卖出总金额"为主关键字对数据进行降序排序。

（2）在表格中插入图表，分析卖出总金额和进货总金额之间的关系。

## 实战演练4　打印海达电子产品库存单

演练目标

本演练要求对海达电子产品库存单进行相应的设置，包括设置页眉和页脚、设置纸张大小等，然后打印海达电子产品库存单，打印预览效果如图7-62所示。

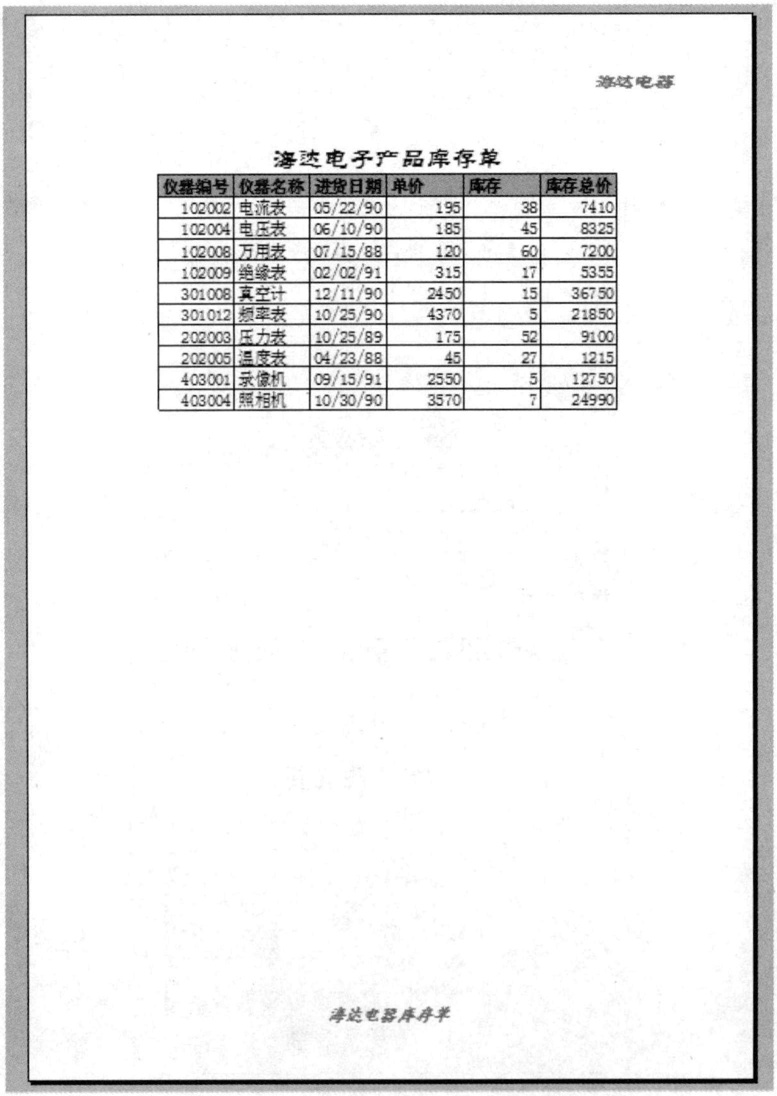

海达电器

### 海达电子产品库存单

| 仪器编号 | 仪器名称 | 进货日期 | 单价 | 库存 | 库存总价 |
|---|---|---|---|---|---|
| 102002 | 电流表 | 05/22/90 | 195 | 38 | 7410 |
| 102004 | 电压表 | 06/10/90 | 185 | 45 | 8325 |
| 102008 | 万用表 | 07/15/88 | 120 | 60 | 7200 |
| 102009 | 绝缘表 | 02/02/91 | 315 | 17 | 5355 |
| 301008 | 真空计 | 12/11/90 | 2450 | 15 | 36750 |
| 301012 | 频率表 | 10/25/90 | 4370 | 5 | 21850 |
| 202003 | 压力表 | 10/25/89 | 175 | 52 | 9100 |
| 202005 | 温度表 | 04/23/88 | 45 | 27 | 1215 |
| 403001 | 录像机 | 09/15/91 | 2550 | 5 | 12750 |
| 403004 | 照相机 | 10/30/90 | 3570 | 7 | 24990 |

海达电器库存单

图7-62　海达电子产品库存单打印预览效果

### 演练分析

本演练的操作思路如图 7-63 所示，具体分析及思路如下。

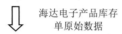

海达电子产品库存
单原始数据

计算数据

设置页眉和
249页脚

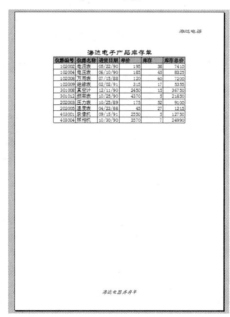

打印预览

图 7-63　海达电子产品库存单打印操作思路

（1）创建表格，输入原始数据。

（2）用公式或函数计算表格中需要计算的数值。

（3）设置表格的页眉和页脚。

（4）对表格进行打印预览。

## 拓展与提升

根据本模块所学内容，动手完成以下实践内容。

**课后练习1　计算教师工资表**

（1）创建如下原始数据文件，如图7-64所示。

### 教师工资表

| 姓名 | 职务岗位 | 性别 | 基本工资 | | 妇女卫生费 | 应发实际工资 | 住房公积金 | 实发工资合计 |
|------|---------|------|---------|---------|---------|---------|---------|---------|
| | | | 基础工资 | 提高标准10% | | | | |
| 无名一 | 高教 | 男 | 980 | | | | | |
| 无名二 | 中一 | 男 | 980 | | | | | |
| 无名三 | 高教 | 女 | 663 | | | | | |
| 无名四 | 中一 | 女 | 626 | | | | | |
| 无名五 | 中二 | 男 | 626 | | | | | |
| 无名六 | 中一 | 男 | 815 | | | | | |
| 无名七 | 中一 | 女 | 729 | | | | | |
| 无名八 | 中一 | 女 | 729 | | | | | |
| 无名九 | 中二 | 男 | 772 | | | | | |
| 无名十 | 中二 | 男 | 663 | | | | | |

图 7-64　教师工资表原始数据

（2）运用公式和函数的相关知识，计算教师工资表中的数据，其中，提高标准=基础工资*10%，住房公积金=基本工资*20%，最终结果如图7-65所示。

### 教师工资表

| 姓名 | 职务岗位 | 性别 | 基本工资 | | 妇女卫生费 | 应发实际工资 | 住房公积金 | 实发工资合计 |
|------|---------|------|---------|---------|---------|---------|---------|---------|
| | | | 基础工资 | 提高标准10% | | | | |
| 无名一 | 高教 | 男 | 980 | 98.0 | | ¥1,078.00 | 215.6 | ¥  862.40 |
| 无名二 | 中一 | 男 | 980 | 98.0 | | ¥1,078.00 | 215.6 | ¥  862.40 |
| 无名三 | 高教 | 女 | 663 | 66.3 | 5 | ¥ 734.30 | 145.86 | ¥  588.44 |
| 无名四 | 中一 | 女 | 626 | 62.6 | 5 | ¥ 693.60 | 137.72 | ¥  555.88 |
| 无名五 | 中二 | 男 | 626 | 62.6 | | ¥ 688.60 | 137.72 | ¥  550.88 |
| 无名六 | 中一 | 男 | 815 | 81.5 | | ¥ 896.50 | 179.3 | ¥  717.20 |
| 无名七 | 中一 | 女 | 729 | 72.9 | 5 | ¥ 806.90 | 160.38 | ¥  646.52 |
| 无名八 | 中一 | 女 | 729 | 72.9 | 5 | ¥ 806.90 | 160.38 | ¥  646.52 |
| 无名九 | 中二 | 男 | 772 | 77.2 | | ¥ 849.20 | 169.84 | ¥  679.36 |
| 无名十 | 中二 | 男 | 663 | 66.3 | | ¥ 729.30 | 145.86 | ¥  583.44 |

图 7-65　计算教师工资表最终结果

**课后练习 2　管理教师工资表**

本练习将运用管理表格数据的相关知识管理教师工资表，需要对表格进行排序、筛选及分类汇总数据等操作，最后制作汇总图表，效果如图 7-66 所示。

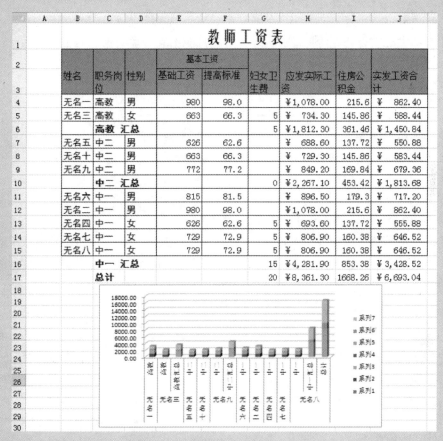

图 7-66　教师工资表的图表效果

**课后练习 3　提高 Excel 2007 函数与图表的应用**

在 Excel 2007 中，除了本模块所讲解的知识外，还可以通过上网学习其他函数或购买相关书籍解决函数计算中遇到的问题，以提高 Excel 2007 函数和图表的使用效率，如使用函数计算数据时，单元格区域中不能带有符号或文字等，也可以通过实践了解图表类型的分析与应用。

**课后练习 4　打开模块 7 工作簿 1，按要求完成操作。**

1. 总成绩=笔试成绩+上机成绩。
2. 如果笔试成绩小于 30，补笔试列请显示"补考"，反之留空。
3. 如果上机成绩小于 30，补上机列请显示"补考"，反之留空。
4. 用函数算出平均分、最高分、最低分、全班总人数、排名。
5. 利用姓名列和总成绩列创建簇状柱形图。

6. 操作完成后保存到 D:\模块 7，命名为 1（效果）。

**课后练习 5　打开模块 7 工作簿 2，按要求完成操作。**

1. 计算统计表格中每个学生的总分和平均分（平均分保留 1 位小数）。

2. 按总分递减顺序排序。

3. 表格中数据居中对齐，加边框。（按照自己的审美美化一下）。

4. 在表格下面空白处制作姓名+英语两列数据的图表（类型为三维圆柱图）。

5. 操作完成后保存到 D:\模块 7，命名为 2（效果）。

**课后练习 6　打开模块 7 工作簿 4，按要求完成操作。**

1. 在单元格区域 F2:F13 中用函数计算每个学生 3 门课程的平均分。

2. 在单元格 C15 用函数计算所有学生"英语"成绩的总分。

3. 在单元格 E15 用函数计算所有学生中"高等数学"的最高分。

4. 在单元格 F15 用函数计算所有学生中"计算机基础"的最低分。

5. 根据平均分为每个学生写出评语：平均分在 85 分以上为"优秀"，85 至 75 分为"良好"，75 分至 60 分为"及格"，60 分以下为"不及格"。

6. 根据各学生的评语计算奖学金："优秀"为 500，"良好"为 200，其余都没有奖学金（对应单元格为空）。

7. 操作完成后保存到 D:\模块 7，命名为 4（效果）。

**课后练习 7　打开模块 7 工作簿 5，按要求完成操作。**

1. 标题格式用宋体、16 磅、加粗、倾斜、紫色、加会计双下画线，合并居中显示。

2. 横表头竖表头加粗倾斜，蓝色数据显示，所有数据居中显示，表格任意套用一格式，转换为区域显示，横表头竖表头用另一种颜色填充。

3. 用求和函数或公式求出一月、二月、三月的销售总额。

4. 用函数求出三个月的平均销售额、每个月的销售总额、三个月中各个物品的销售总额的最大值和最小值。

5. 操作完成后保存到 D:\模块 7，命名为 5（效果）。

**课后练习 8　打开模块 7 工作簿 6，按要求完成操作。**

1. 标题合并居中显示，"流行音乐"格式用蓝色、华文、行楷。

2. 表格的第 1 行第 1 列要用深色填充，其他数据行列用浅色填充。

3. 选手和评委用加粗字体。

4. 得分去掉最高分和最低分，取平均值，在"得分"单元格加批注"去掉一个最高分，去掉一个最低分，求平均值"。

5. 操作完成后保存到 D:\模块 7，命名为 6（效果）。

**课后练习 9　打开模块 7 工作簿 7，按要求完成操作。**

1. 计算总额=单价*数量。

2. 总额超过 20000 是"优秀"，反之"一般"。

3. 表格中数据居中显示，美化表格。

4. 操作完成后保存到 D:\模块 7，命名为 7（效果）。

**课后练习 10　打开模块 7 工作簿 9，按要求完成操作。**

1. 给表格加背景，给表格填充颜色。

2. 计算合格数，给小表格所有边框加双线；颜色为橙色。

3. 操作完成后保存到 D:\模块 7，命名为 9（效果）。

**课后练习 11　打开模块 7 工作簿 10，按要求完成操作。**

1. 标题合并居中，调整行高。

2. 给科目行加紫色，数据区（除排名列）加蓝色，排名列加黄色。

3. 总分用公式算，排名用函数排名（RANK）。

4. 操作完成后保存到 D:\模块 7，命名为 10（效果）。

**课后练习 12　打开模块 7 工作簿 11，按要求完成操作。**

1. 按说明填写等级。

等级说明：总分在 54 以上的为天皇歌手；总分在 47 分至 54 分的为明星歌手；总分在 45 分至 47 分的为一般歌手；总分在 45 分以下为流浪歌手。

2. 操作完成后保存到 D:\模块 7，命名为 11（效果）。

**课后练习 13　打开模块 7 工作簿 12，按要求完成操作。**

1. 标题合并居中，文字为红色、加粗，标题单元格下边框为红色单虚线，下一个单元格为灰色下边框，框线加粗。

2. 调整行高，原始数据区为橙色填充，伙食费、捐款、实发工资数据区用淡蓝色填充。计算部分的数据区用双线边框，边框颜色用蓝色。

3. 伙食费男职工 100 元，女职工 50 元。

4. 捐款：基本工资≤600，捐款额=基本工资*5%；600<基本工资≤800，捐款额=基本工资*10%；基本工资>800，捐款额=基本工资*15%。

5. 表格数据按性别排序，选择数据区按性别分类，用对实发工资求和的汇总方式对此表格分类汇总。

6. 用姓名列和实发工资列生成二维饼图。

7. 设置页眉，在文本框中输入"华夏集团"，页脚插入页码。

8. 纸张为 A4，上下左右页边距为 2 厘米。

9. 操作完成后保存到 D:\模块 7，命名为 12（效果）。

**课后练习 14　打开模块 7 工作簿 14，按要求完成操作。**

1. 用 Excel 2007 编制职工的 1～3 月工资明细表，其中：基本工资、津贴是基本数据，标准出勤 21.75 天。缺勤工资的计算公式为：基本工资/21.75*缺勤天数；应发工资的计算公式为：基本工资+津贴－缺勤工资；实发工资的计算公式为：应发工资－个人所得税。假设个人所得税起征点为 3500 元（实发），所得税是超出部分的 10%，（保留 2 位小数）。

2. 适当美化所做表格，用姓名、和实发工资数据区生成簇状柱形图。

3. 操作完成后保存到 D:\模块 7，命名为 14（效果）。

**课后练习 15　打开模块 7 工作簿 15，按要求完成操作。**

1. 按超市名称排序，计算出所有产品的总金额。

2. 按超市名称分类，总金额求和汇总。

3. 适当美化表格。

4. 用超市名称和总金额数据插入图表（分离型三维饼图）；用超市名称和汇总金额生成图表（分离型三维饼图）。

5. 操作完成后保存到 D:\模块 7，命名为 15（效果）。

**课后练习 16　打开模块 7 工作簿 16，按要求完成操作。**

1. 按性别排序：女性在前，男性在后。

2. 按性别及年龄排序（计算出年龄后，女性在前，男性在后，并分别按年龄从高到低排序）。

3. 按职称排序（教授，副教授，讲师，助教）。（自定义）

4. 操作完成后保存到 D:\模块 7，命名为 16（效果）1、16（效果）2、16（效果）3。

**课后练习 17　打开模块 7 工作簿 17，按要求完成操作。**

1. 请筛选出所有男同事；（效果 1）

2. 请筛选出所有姓"杨"的同事。（效果 2）

3. 请筛选出所有姓名只有两个字的同事。（效果 3）

4. 请筛选出所有职称不是"助教"的同事。（效果 4）

5. 请筛选出所有职称是"助教"的男同事。（效果 5）

6. 请筛选出所有六十年代出生的同事。（效果 6）

**课后练习 18　打开模块 7 工作簿 18，按要求完成操作，可以使用条件对原库中的数据进行筛选，并将所选的数据替换原数据或者放置在其他区域中。**

1. 筛选出所有职称"未定"的数据，数据放在表后的单元格中（效果 1）。

2. 筛选出所有男性教授和女性讲师的数据，结果放在表后的单元格中（效果 2）。

3. 筛选出所有课时量在 50 以上的男性教授的数据（效果 3）。

4. 筛选出所有财经系年龄在 80 年以后出生的人员的数据（效果 4）。

**课后练习 19　打开模块 7 工作簿 19，按要求完成操作。**

1. 添加表格内容，计算设备总价。

2. 按设备排序，适当美化表格。

3. 利用分类汇总统计表中各类设备的总价和数量之和。

4. 操作完成后保存到 D:\模块 7，命名为 19（效果）。

**课后练习 20　打开模块 7 工作簿 20，按要求完成操作。**

1. 给表格加边框，美化表格。

2. 使用记录单功能，查找条件为：计算机 2 班、杨 11，并把英语成绩修改为 100 分。

3. 使用记录单功能，在表格最后面增加一条记录：200137、张三、计算机 1 班、计算机系、80、60、40、35、60、65。

4. 算出个人总分，用函数排名。

5. 使用分类汇总功能，统计出各个班级的英语和计算机的平均成绩。

6. 操作完成后保存到 D:\模块 7，命名为 20（效果）。

# 模块 8

# PowerPoint 2007 基础

**内容摘要**

　　PowerPoint 2007 是 Microsoft 公司推出的 Office 2007 办公软件家族中的重要一员，是目前最流行的一款专门用来制作演示文稿的应用软件。使用 PowerPoint 2007 可以制作出集文字、图形、图像、声音及视频等多媒体对象为一体的演示文稿，因此，PowerPoint 2007 被广泛应用于教育教学、广告宣传、产品展示及会议等领域。

　　本模块将介绍 PowerPoint 2007 的工作界面，以及演示文稿与幻灯片的基本操作方法。

**学习目标**

　📖 熟悉 PowerPoint 2007 的工作界面。
　📖 熟练掌握 PowerPoint 2007 演示文稿的打开、新建和保存等操作。
　📖 熟练掌握幻灯片的插入、复制和删除等操作。
　📖 熟练掌握演示文稿的播放与保存方法。

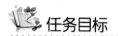

## 任务 1　初识 PowerPoint 2007

### 任务目标

本任务的目标是对 PowerPoint 2007 的操作环境进行初步认识。

本任务的具体目标要求如下：

（1）熟悉 PowerPoint 2007 的工作界面。

（2）了解 PowerPoint 2007 的视图模式。

（3）了解 PowerPoint 2007 的新增功能。

（4）掌握自定义快速访问工具栏的方法。

（5）掌握 PowerPoint 2007 工作环境的常用设置。

### 操作 1　认识 PowerPoint 2007 的工作界面

#### 1. 工作界面

启动 PowerPoint 2007 的方法与启动 Office 2007 其他组件的方法一样，双击桌面上的 PowerPoint 2007 快捷方式图标，即可启动 PowerPoint 2007。PowerPoint 2007 的工作界面如图 8-1 所示。

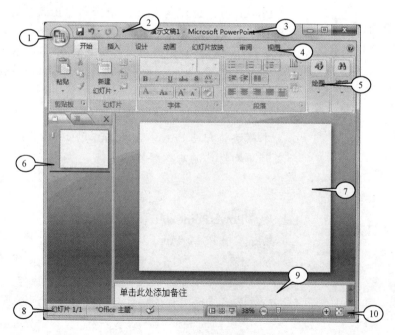

图 8-1　PowerPoint 2007 的工作界面

## 2．界面简介

PowerPoint 2007 工作界面的功能说明如表 8-1 所示。

表 8-1　PowerPoint 2007 工作界面的功能说明

| 编　号 | 名　称 | 功　能　说　明 |
|---|---|---|
| 1 | Office 按钮 | 主要以文件为对象，进行文件的新建、打开和保存等操作 |
| 2 | 快速访问工具栏 | 包含多个常用按钮，默认状态下包含"保存""撤销"和"恢复"按钮 |
| 3 | 标题栏 | 显示幻灯片的标题 |
| 4 | 功能选项卡 | 集成了幻灯片功能区 |
| 5 | 功能区 | 功能区中包含多个组，并集成了系统的很多功能按钮，可使用户快速找到完成某一项任务所需的命令 |
| 6 | 大纲/幻灯片浏览窗格 | 显示幻灯片文本的大纲或幻灯片缩略图 |
| 7 | 幻灯片编辑区 | 可以对幻灯片进行编辑、修改及添加等操作 |
| 8 | 状态栏 | 显示当前文档的信息 |
| 9 | 备注窗口 | 可用来添加相关的说明和注释，供演讲者参考 |
| 10 | 视图栏 | 用于快速切换视图或调整工作区的显示比例 |

## 操作 2　认识演示文稿的视图模式

PowerPoint 2007 为满足不同用户的需要，提供了四种视图模式，包括普通视图、幻灯片浏览视图、备注页视图和幻灯片放映视图。在视图栏或 "视图"选项卡的"演示文稿视图"功能组中单击相应的按钮可切换到相应的视图。下面分别介绍各种视图的作用。

### 1．普通视图

普通视图是 PowerPoint 2007 的默认视图，包括幻灯片视图和大纲视图。普通视图多用于调整幻灯片结构、编辑单张幻灯片内容及在"备注"窗格添加备注等操作，如图 8-2 所示。

### 2．幻灯片浏览视图

幻灯片浏览视图中列出了所有幻灯片的缩略图。在幻灯片浏览视图下，可以浏览演示文稿的整体效果，可以对幻灯片进行添加、复制、删除和重新排列等操作，还可以改变幻灯片的版式、主题和切换效果等，如图 8-3 所示。

### 3．备注页视图

备注页视图分为上、下两部分，上面是一个缩小了的幻灯片，下面的方框中则可以输入幻灯片的备注信息，记录演示时所需要的一些提示重点，如图 8-4 所示。备注内容还可以打印出来，供演讲者使用。

另外，在 PowerPoint 2007 普通视图的幻灯片窗格下方可以看到备注窗格，在备注窗格内可以输入幻灯片的文字备注信息。

提示：在普通视图的备注窗格中只能输入文本内容，如果想在备注中加入图片等其他信息，则需要切换到备注页视图。

图 8-2　普通视图

图 8-3　幻灯片浏览视图

### 4．幻灯片放映视图

幻灯片放映视图是指把演示文稿中的幻灯片以全屏幕的方式动态地显示出来，用于查看设计好的演示文稿的文本、动画及声音等效果。在幻灯片放映视图中，按键盘上的【Esc】键、单击鼠标右键选择"结束放映"命令或放映完所有幻灯片后，系统会退出幻灯片放映视图，返回先前的视图状态，如图 8-5 所示。

图 8-4　备注页视图

图 8-5　幻灯片放映视图

## 操作3　了解 PowerPoint 2007 的新增功能

PowerPoint 2007 在继承以前版本的强大功能基础上，以全新的界面和便捷的操作模式，引导用户制作图文并茂、声形兼备的动态演示文稿。与早期的版本相比，PowerPoint 2007 明显地调整了工作环境与工作按钮，从而使操作更加直观和便捷。此外 PowerPoint 2007 还新增了以下功能。

（1）丰富的主题和快速样式：Office PowerPoint 2007 提供了新的版式和快速样式，更易于设置文档和对象的格式。

（2）自定义幻灯片版式：可以创建包含任意多个占位符的自定义版式、多种元素乃至多个幻灯片母版，还可以保存自定义创建的版式。

（3）设计师水准的 SmartArt 图形：利用 SmartArt 图形，可以直观地说明层级、附属、并列、循环等常见关系，而且制作出来的图形漂亮精美，具有很强的立体感和画质感。完全不需要专业设计师的帮助，就可以为 SmartArt 图形、形状、艺术字和图表添加绝妙的视觉效果。

（4）新效果和改进效果：可以为形状、SmartArt 图形、表格、文字和艺术字等对象添加阴影、反射、发光、柔化边缘、扭曲、棱台和三维旋转等效果。

（5）新增文字选项：可以使用多种文字格式功能，还可以选择不连续文字。新的字符样式提供了更多文字选择。

（6）表格和图表增强功能：在 Office PowerPoint 2007 中，表格和图表都经过了重新设计，因而更加易于编辑和使用。功能区提供了许多直观便捷的选项，供编辑表格和图表使用。快速样式库提供了创建具有专业外观的表格和图表所需的效果和格式选项。

（7）可以保存为 XML、PDF 文件格式：XML 是压缩文件格式，因此生成的文件相当小，这样就降低了存储和带宽要求。PDF 格式可确保在联机查看或打印文件时，能够完全保留原有的格式，且文件中的数据不会轻易被更改。

## 操作 4　自定义快速访问工具栏及设置工作环境

PowerPoint 2007 支持自定义快速访问工具栏及设置工作环境，从而使用户能够按照自己的习惯设置工作环境，在制作演示文稿时更加得心应手。

### 1. 自定义快速访问工具栏

快速访问工具栏是一个可以自定义的工具栏，它包含一组独立于当前显示选项卡的命令，用户可以根据自己的需要在快速访问工具栏中添加或删除命令按钮。

（1）单击快速访问工具栏右侧的下拉按钮，如图 8-6 所示，在弹出的下拉菜单中选择要添加的命令，如"新建""打开"等，添加"新建"和"打开"命令到快速访问工具栏，如图 8-7 所示。

图 8-6　添加命令前

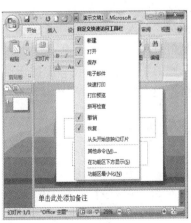

图 8-7　添加命令后

（2）若要向快速访问工具栏添加其他命令，有以下三种方式。

◆ 单击快速访问工具栏右侧的下拉按钮，在弹出的下拉菜单中选择"其他命令"选项，打开"PowerPoint 选项"对话框，选择"自定义"选项，选择所需的命令，如图 8-8 所示。

图 8-8 "PowerPoint 选项"对话框

◆ 单击"Office 按钮"，在弹出的下拉菜单中选择"PowerPoint 选项"选项，在"PowerPoint 选项"对话框中选择"自定义"选项，选择所需的命令。

◆ 用鼠标右键单击功能区中的任意按钮，在弹出的快捷菜单中选择"添加到快速访问工具栏"命令，添加所选按钮到快速访问工具栏中；也可在弹出的快捷菜单中选择"自定义快速访问工具栏"选项，打开"PowerPoint 选项"对话框，选择"自定义"选项，选择所需的命令。

**2. 设置工作环境**

PowerPoint 2007 的工作环境主要在"Office 按钮"下的"PowerPoint 选项"对话框中设置，包括"开发工具"选项卡的显示及隐藏、工作环境默认"配色方案"的设置、"保存自动恢复信息时间间隔"设置、"撤销"命令最多撤销的次数设置等。另外，单击快速访问工具栏右侧的下拉按钮，在弹出的下拉菜单中选择"功能区最小化"选项，可将功能区隐藏，从而获得更大的幻灯片工作区。

 任务小结

本任务主要介绍了 PowerPoint 2007 的工作界面，演示文稿的视图模式，PowerPoint 2007 的新增功能，以及对 PowerPoint 2007 工作界面设置的方法。通过本任务的学习，应对 PowerPoint 2007 有初步的认识，掌握本任务的知识，是学习制作演示文稿的前提。

任务2　使用 PowerPoint 2007 创建演示文稿

演示文稿是用于介绍和说明某个问题和事件的一组多媒体文件，也就是 PowerPoint 2007 生成的文件形式。演示文稿中可以包含幻灯片、演讲者备注和大纲等内容，而 PowerPoint 2007 则是创建和演示播放这些内容的工具。

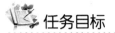

## 任务目标

本任务的目标是介绍 PowerPoint 2007 演示文稿与幻灯片的基本操作。

本任务的具体目标要求如下：

（1）掌握创建演示文稿的方法。

（2）掌握幻灯片的复制、移动、添加、删除及选择方法。

（3）掌握放映与保存演示文稿的方法。

### 操作 1　创建演示文稿

PowerPoint 2007 提供了多种创建新演示文稿的方法。用户可以根据自己对 PowerPoint 2007 的熟悉程度和任务需要，灵活地进行选择。

#### 1．快速建立空演示文稿

空演示文稿由带有布局格式的空白幻灯片组成，用户可以在空白的幻灯片上设计具有鲜明个性的背景色彩、配色方案、文本格式和图片等。快速创建空演示文稿的方法有以下两种。

◆ 启动 PowerPoint 自动创建空演示文稿，如图 8-9 所示。

◆ 使用"Office"按钮创建空演示文稿，如图 8-10 所示。

图 8-9　启动 PowerPoint 创建空演示文稿

图 8-10　利用"Office"按钮创建空演示文稿

### 2．创建演示文稿的其他方法

执行"Office"→"新建"菜单命令，可以选择其中的一种模板创建演示文稿。模板就是一个包含初始设置（有时还有初始内容）的文件，可以根据它来新建演示文稿。模板所提供的具体设置和内容各有不同，可能包括示例幻灯片、背景图片、自定义颜色、文字布局及对象占位符等。PowerPoint 2007 为用户提供了许多美观的设计模板，用户在设计演示文稿时可以先选择演示文稿的整体风格，然后再进一步地编辑修改。除了上面介绍的两种方法外，创建演示文稿的方法还有以下几种。

◆ 根据已安装的模板创建演示文稿。

◆ 根据我的模板创建演示文稿。

◆ 根据现有内容创建演示文稿。

◆ 使用 Office Online 模板创建演示文稿。

◆ 根据已安装的主题创建演示文稿。

### 操作 2  编辑幻灯片

在 PowerPoint 2007 中，存在演示文稿和幻灯片两个概念，使用 PowerPoint 2007 制作出来的整个文件称为演示文稿。演示文稿中的每一张叫做幻灯片，每张幻灯片都是演示文稿中既相互独立又相互联系的内容。

幻灯片的编辑主要包括新建幻灯片、选择幻灯片、复制幻灯片、调整幻灯片顺序和删除幻灯片等。进行幻灯片操作最方便的视图模式是幻灯片浏览视图。对于小范围或少量的幻灯片操作，也可以在普通视图模式下进行。

### 1．新建幻灯片

在启动 PowerPoint 2007 后，PowerPoint 会自动建立一张新的默认版式的幻灯片，随着制作过程的推进，需要在演示文稿中添加更多的幻灯片。添加新幻灯片有以下几种方法。

◆ 在幻灯片普通视图下，在左侧窗格中选择一张幻灯片，按回车键，可在选中幻灯片的后面插入一张新幻灯片，如图 8-11 所示。

◆ 单击"开始"选项卡，在功能区的"幻灯片"组中单击"新建幻灯片"按钮，在弹出的幻灯片版式列表中，选择一种需要的幻灯片版式，可插入一张选中版式的幻灯片，如图 8-12 所示。

◆ 在幻灯片普通视图下，在左侧窗格中单击鼠标右键，在弹出的菜单中选择"新建幻灯片"选项，可在当前位置插入一张幻灯片。

### 2．选择幻灯片

在 PowerPoint 2007 中，用户可以选择一张或多张幻灯片，然后对选中的幻灯片进行操作。选择幻灯片一般在幻灯片普通视图左侧窗格或幻灯片浏览视图下进行操作，以下是选择幻灯片的常用方法：

◆ 选择单张幻灯片：单击需要的幻灯片。

◆ 选择相连的多张幻灯片：首先单击起始编号的幻灯片，然后按住【Shift】键不放，单击结束编号的幻灯片。

◆ 选择编号不相连的多张幻灯片：先按住【Ctrl】键不放，然后依次单击需要选择的每张幻灯片，如图 8-13 所示。

图 8-11　插入一张新幻灯片

图 8-12　插入一张选定版式幻灯片

### 3．复制幻灯片

选中需要复制的一张或多张幻灯片，在"开始"选项卡的"剪贴板"组中单击"复制"按钮。将光标定位在需要插入幻灯片的位置，然后在"开始"选项卡的"剪贴板"组中单击"粘贴"按钮，如图 8-14 所示。

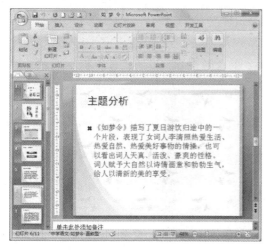

图 8-13　选择不连续的幻灯片

图 8-14　复制、粘贴幻灯片

### 4．调整幻灯片顺序

在制作演示文稿时，如果需要重新排列幻灯片的顺序，可移动幻灯片。移动幻灯片在普通视图左侧窗格或幻灯片浏览视图下进行操作，有以下两种方法：

◆ 拖动鼠标移动幻灯片。

◆ 使用"剪切"和"粘贴"按钮。

### 5．删除幻灯片

选中需要删除的一张或多张幻灯片，在"开始"选项卡的"幻灯片"组中单击"删除"按钮。

**操作3　播放与保存演示文稿**

#### 1．播放演示文稿

设计幻灯片的最终目的是播放，在不同场合、不同观众的条件下，可根据实际情况来选择具体的播放方式。

在 PowerPoint 2007 中，提供了 3 种不同的幻灯片播放模式：

◆ 从头开始放映：单击"幻灯片放映"选项卡的"从头开始"命令或按【F5】键。

◆ 从当前幻灯片放映：单击幻灯片窗口右下角视图切换栏的"幻灯片放映"视图按钮或选择"幻灯片放映"选项卡的"从当前幻灯片开始"选项。

◆ 自定义幻灯片放映：只放映选中的幻灯片，单击"幻灯片放映"选项卡的"自定义幻灯片放映"选项。

> **提示**：在制作幻灯片时，按【F5】键可快速切换到幻灯片放映模式查看制作效果，按【Esc】键可返回先前的视图状态。

#### 2．保存演示文稿

对于新建的演示文稿或编辑完成的演示文稿，要及时保存，以防止计算机出现意外导致演示文稿丢失。演示文稿的保存分为 3 种情况：

◆ 对新建演示文稿进行保存。

◆ 对已保存过的演示文稿进行保存。

◆ 演示文稿另存为其他文档格式。

**知识延伸**

在 PowerPoint 2007 中选择"开始"选项卡，如图 8-15 所示，其中"幻灯片"分组中各按钮的功能分别如下：

图 8-15　"开始"选项卡功能区

◆ "新建幻灯片"按钮：单击该按钮，可新建一张幻灯片。

◆ "版式"按钮：单击该按钮，可更改所选幻灯片的版式布局。

◆ "重设"按钮：单击该按钮，可将幻灯片占位符的位置、大小和格式等重设为默认设置。

◆ "删除"按钮：单击该按钮，可删除所选幻灯片。

 任务小结

本任务主要讲解了演示文稿和幻灯片的基本操作，包括新建和保存演示文稿，插入、复制、选择及删除幻灯片等。熟练掌握这些基本操作，可为以后制作演示文稿打下坚实的基础。

## 实战演练　幻灯片的基本操作

素材位置：模块 8\素材\介绍 PowerPoint 2007.pptx

效果图位置：模块 8\源文件\PowerPoint 2007 简介.pptx

 演练目标

通过本演练应掌握使用"已安装的模板"命令创建一个新的"PowerPoint 2007 简介"演示文稿，并利用新建的演示文稿进行幻灯片的插入、复制、删除、移动，以及更改幻灯片顺序等操作练习。

演练分析

具体分析及操作思路如下：

执行"开始"→"所有程序"→"Microsoft Office"→"Microsoft Office PowerPoint 2007"菜单命令，启动 PowerPoint 2007 程序。

（1）执行"Office 按钮"→"新建"菜单命令，打开"新建演示文稿"对话框。

（2）在"模板"列表中，选择"已安装的模板"选项，此时将弹出一个已安装模板列表。

（3）单击"PowerPoint 2007 简介"模板并查看预览，如图 8-16 所示。

（4）单击"创建"按钮，创建一份以"PowerPoint 2007 简介"模板为基础的新演示文稿，如图 8-17 所示。

图 8-16　"PowerPoint 2007 简介"模板　　　　　图 8-17　新建的演示文稿

（5）在新建演示文稿窗口左侧的"幻灯片/大纲"窗格中，按住【Ctrl】键的同时，依次单击第 3、7、11、16 张幻灯片，选中上述幻灯片。

（6）按键盘上的【Delete】键，删除选中的幻灯片。

（7）执行"Office"→"另存为"→"PowerPoint 97-2003 文档"菜单命令，打开"另存为"对话框。

（8）设置保存位置为"库/文档"，文件名为"PowerPoint 2007 简介 1.pptx"，单击"保存"按钮。

（9）执行"幻灯片放映"→"开始放映幻灯片"→"从头开始"菜单命令，幻灯片将从头开始放映，单击鼠标直至幻灯片放映结束。

（10）单击快速访问工具栏中的"撤销"按钮，直至该按钮变为灰色（不可用），恢复被删除的幻灯片。

（11）执行"视图"→"演示文稿视图"→"幻灯片浏览"菜单命令，打开幻灯片浏览视图，如图 8-18 所示。

（12）按住【Ctrl】键的同时，依次单击第 6、9、13 张幻灯片，选中上述幻灯片。

（13）在选中的某个幻灯片上单击鼠标右键，在弹出的快捷菜单中选择"删除幻灯片"选项，删除选中的幻灯片。

（14）将第 7、8 张幻灯片，第 14、15 张幻灯片的位置互换。将鼠标指向第 7 张幻灯片，按住鼠标左键不放，拖动到第 8 张与第 9 张幻灯片中间空位置，释放鼠标，将鼠标指向第 14 张幻灯片，按住鼠标左键不放，拖动到第 15 张幻灯片后的空位置，释放鼠标，如图 8-19 所示。

（15）执行"演示文稿视图"→"普通视图"菜单命令，返回幻灯片普通视图。

（16）单击第 1 张幻灯片，选中的第 1 张幻灯片成为当前幻灯片，单击"开始"选项卡"幻灯片"组中的"新建幻灯片"按钮，打开新建幻灯片版式列表，从中选择"节标题"版式，在第 1 张幻灯片的后面插入一张新建的幻灯片。

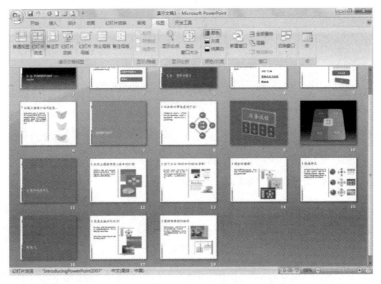

图 8-18　幻灯片浏览视图

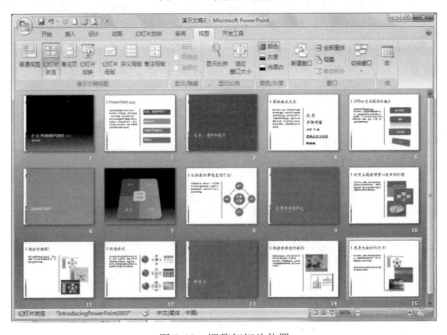

图 8-19　调整幻灯片位置

（17）将鼠标指向第 2 张新建的幻灯片并执行"剪切板"→"剪切"菜单命令。

（18）在最后一张幻灯片后单击鼠标，将出现一条闪动的横线，执行"剪切板"→"粘贴"菜单命令，在幻灯片的最后插入一张新幻灯片。单击当前幻灯片中"单击此处添加标题"占位符，输入文字"结束"。

（19）执行"Office"→"另存为"→"PowerPoint 文档"菜单命令。在打开的"另存为"对话框中，选择保存位置，文件名为"PowerPoint 2007 简介 2.pptx"，单击"保存"按钮。

（20）执行"幻灯片放映"→"开始放映幻灯片"→"从头开始"菜单命令。幻灯片将从头开始放映，单击鼠标直至幻灯片放映结束。单击右上角的"关闭"按钮，关闭演示文稿。

## 拓展与提升

根据本模块所学的内容，动手完成以下实战演练内容。

**课后练习 1　以"我的模板"模板为例练习幻灯片的基本操作**

执行"Office"→"新建"菜单命令，打开"新建演示文稿"对话框。设计并使用"我的模板"创建一个新的演示文稿，并利用新建的演示文稿进行幻灯片的插入、复制、删除、移动及更改幻灯片顺序等操作练习。

**课后练习 2　以"现有内容新建"模板为例练习幻灯片的基本操作**

执行"Office"→"新建"菜单命令，打开"新建演示文稿"对话框。设计并使用"现有内容新建"创建一个新的演示文稿，并利用新建的演示文稿进行幻灯片的插入、复制、删除、移动及更改幻灯片顺序等操作练习。

**课后练习 3　以"Microsoft Office Online"模板为例练习幻灯片的基本操作**

执行"Office"→"新建"菜单命令，打开"新建演示文稿"对话框。设计并使用"Microsoft Office Online"创建一个新的演示文稿，并利用新建的演示文稿进行幻灯片的插入、复制、删除、移动及更改幻灯片顺序等操作练习。

**课后练习 4　以"已安装的主题"模板为例练习幻灯片的基本操作**

执行"Office"→"新建"菜单命令，打开"新建演示文稿"对话框。设计并使用"已安装的主题"创建一个新的演示文稿，并利用新建的演示文稿进行幻灯片的插入、复制、删除、移动及更改幻灯片顺序等操作练习。

**课后练习 5　分别用下列三种方法启动 PowerPoint2007**

（1）利用"开始"菜单启动。（开始→程序→Microsoft Office→PowerPoint 2007）

（2）利用桌面上的快捷方式图标启动。

（3）通过打开已保存演示文稿启动。

**课后练习 6　分别用下列四种方法退出 PowerPoint2007**

（1）单击 PowerPoint 2007 窗口右上角"关闭"命令。

（2）双击"Office"按钮。

（3）用鼠标单击"Office"按钮，在其中选择"关闭"命令。

（4）按【Alt+F4】组合键。

**课后练习 7　视图操作**

（1）打开"介绍 PowerPoint.pptx"演示文稿，切换到幻灯片浏览视图，选择第 1、2、7、9、10、11、16 七张幻灯片并删除。

（2）切换到页面视图，复制第 1 张幻灯片文本"此演示文稿通过……一些启发！"。

（3）切换到备注页视图，粘贴文本到"单击此处添加文本"，返回页面视图查看变化。

（4）复制第 2 张幻灯片文本"PowerPoint 2007 中的文本……最佳的视觉效果。"，粘贴到"单击此处添加备注"处，调整备注区大小，使所有备注显示出来。

素材位置：模块 8\素材\介绍 PowerPoint 2007.pptx

**课后练习 8　制作欢迎页幻灯片**

双击桌面 PowerPoint2007 快捷方式图标，打开演示文稿，在单击此处添加标题处输入文字"欢迎新同学"，格式设为微软雅黑、72 号、加粗、文字阴影、红色，在单击此处添加副标题处输入文字"计算机 15 班"，格式设为微软雅黑、28 号、加粗、文字阴影、黑色，效果如图 8-20 所示。

**课后练习 9　设置 PowerPoint 2007 快速访问工具栏"在功能区下方显示"**，并将显示的命令设置为显示"新建""打开""保存""打印预览""撤消""恢复"。

图 8-20　欢迎页

**课后练习 10　在 F 盘下建立个人文档文件夹**，利用"Office"按钮设置默认文件保存位置为这个文件夹。

**课后练习 11　将当前视图显示比例设置为 80%**，显示网格线，并设网格间距为每厘米 8 个网格。

**课后练习 12　利用"PowerPoint 选项"功能设置"最多可取消操作数"为 150**，显示"最近使用文档"数为 10。

**课后练习 13　以只读方式打开"介绍 PowerPoint.pptx"演示文稿**（打开对话框→打开按钮的小三角），利用任务栏关闭（右击任务栏当前窗口图标→关闭）。

**课后练习 14　利用"Office"按钮打开"苹果和橙子.pptx"文件**，将该文档保存在与原文档相同的位置，名称为"myppt1.pptx"，保存类型为"PowerPoint 放映"。

素材位置：模块 8\素材\苹果和橙子.pptx

**课后练习 15　单击快速访问工具栏旁边的下三角按钮**，使用"其他命令"→"所有命令"功能，设置快速访问工具栏显示"字体""段落""页面设置"。

**课后练习 16　将幻灯片从一个演示文稿移动到另一个演示文稿**

（1）打开"介绍 PowerPoint.pptx""苹果和橙子.pptx"两个演示文稿，然后在幻灯片浏览视图中显示这些幻灯片。

（2）单击"窗口"菜单中的"全部重排"，重排两份演示文稿。

（3）单击要移动的幻灯片，并将它拖动到另一份演示文稿中。

（4）如果要选择多张幻灯片，请按下【Shift】键再单击各张幻灯片。在大纲视图中，可以使用剪切、复制和粘贴等功能来移动或复制幻灯片。

素材位置：模块 8\素材\苹果和橙子.pptx，介绍 PowerPoint.pptx

### 课后练习 17　幻灯片放映(一)

（1）打开"苹果和橙子.pptx"演示文稿，按 F5 键观看放映，放映结束后单击鼠标退出放映。

（2）在第 1 张幻灯片后面新建一张空白版式幻灯片。

（3）在第 3 张幻灯片后面新建一张内容与标题版式幻灯片。

（4）选择第 2 张幻灯片，使用"幻灯片放映"→"从当前幻灯片开始放映"功能，到第 6 张幻灯片时按 Esc 键退出。

（5）删除第 8 张幻灯片，将第 2 张和第 7 张幻灯片互换位置。

（6）幻灯片放映→从头开始，观看放映。

### 课后练习 18　幻灯片放映(二)

（1）打开"苹果和橙子.pptx"演示文稿，选择第 3 张幻灯片，单击右下角"幻灯片放映"观看放映，按 Esc 键退出。

（2）选择"幻灯片放映"组→"设置幻灯片放映"，打开"设置放映方式"对话框，勾选"循环放映，按【Esc】键终止"→"确定"按钮。按 F5 键观看放映，放映结束单击鼠标退出放映。

（3）打开"设置放映方式"对话框，勾选"观众自行浏览"→"确定"按钮。按 F5 键观看放映，拖到右边滚动条到最后，单击鼠标右键→"结束放映"。

（4）打开"设置放映方式"对话框，勾选"演讲者放映"→"确定"按钮。

（5）单击"自定义幻灯片放映"右下角小三角→打开"自定义放映"对话框，单击"新建"→"定义自放映"→添加 1、2、3、5、6 幻灯片，单击"确定"→"放映"选项，按鼠标右键→"结束放映"。

### 课后练习 19　幻灯片保存(一)

（1）打开"介绍 PowerPoint.pptx"演示文稿，切换到幻灯片浏览视图。

（2）选择第 2、7、9、10、11、16 六张幻灯片并删除，按【F5】键观看放映，按【Esc】键退出。

（3）单击"Office"按钮→另存为→PowerPoint97-2003 演示文稿，文件名为"2003ppt"。

（4）将第 8 张幻灯片放置在最后，另存为→powerpoint 放映，文件名为"放映 ppt"。

（5）关闭当前演示文稿，打开"放映 ppt.ppsx"观看。

### 课后练习 20　幻灯片保存(二)

（1）打开"介绍 powerpoint.pptx"演示文稿，切换到幻灯片浏览视图。

（2）选择第 1、2、7、9、10、11、16 七张幻灯片并删除，按【F5】键观看放映，按【Esc】键退出。

（3）单击"Office"按钮→另存为→PowerPoint 演示文稿，选择文件类型为 jpeg 文件交换格式，文件名为"PPT 图片"，在弹出的对话框中选择"每张幻灯片"。

（4）关闭当前演示文稿，打开"介绍 PowerPoint"文件夹查看保存的图片。

# 模块 9

# 演示文稿制作基础

**内容摘要**

　　演示文稿的主要功能是向用户传达一些简单而重要的信息，这些信息主要是由文本和图形构成的。

**学习目标**

📖 熟练掌握插入和编辑文本的方法。
📖 熟练掌握插入各种图形和图像的方法。
📖 熟练掌握编辑各种图形和图像的方法。

# 任务1 PowerPoint 2007 的文本操作

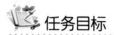
## 任务目标

演示文稿的标题、说明性文字都是文本，文本幻灯片是幻灯片中应用最广泛的一类。文本对演示文稿中的主题、问题具有说明及阐述作用，是其他对象不可替代的。

本任务的具体目标要求如下：

（1）掌握在幻灯片中添加文本的方法。

（2）掌握编辑占位符与文本框的方法。

（3）掌握在幻灯片中设置文本字体与段落的方法。

（4）熟练掌握插入艺术字的方法。

## 操作1 在幻灯片中插入文本

### 1. 在占位符中添加文本

占位符是幻灯片中的各种虚线边框，每个占位符都有提示文字，单击占位符可以在其中添加文字和对象。除空白幻灯片版式外，所有其他幻灯片版式中都包含占位符，如图 9-1 所示。在幻灯片中添加文本的方法是单击某个占位符，占位符中出现插入点光标后，输入文本，如图 9-2 和图 9-3 所示。

图 9-1　幻灯片版式　　　　图 9-2　定位文本插入点　　　　图 9-3　添加文本

除标题占位符外，在其他占位符内输入文字时，输入的文字内容超出占位符高度后，会自动减小文字字号和行间距，以适应占位符的大小。

**2．使用文本框添加文本**

如果要在占位符外输入文本，需要在幻灯片中插入文本框，然后在文本框中输入文字。文本框分横排文本框和竖排文本框两类。

**操作 2　　编辑占位符与文本框**

用户可以对占位符与文本框进行以下编辑操作。

（1）启动：单击占位符或文本框，可启动占位符或文本框，将出现插入点光标、虚线边框和尺寸控点。

（2）选中：单击占位符或文本框边框，可选中占位符或文本框，插入点光标消失，显示为实线边框。

（3）移动：在启动或选中状态下，将鼠标指针移动到占位符或文本框边框上，当鼠标指针变成双十字箭头形状时，拖动鼠标移动占位符或文本框。或将鼠标指针移动到占位符或文本框边框上，单击鼠标右键，在弹出的快捷菜单中选择"大小和位置"选项，在打开的"大小和位置"对话框的"位置"选项卡中，可精确调整占位符或文本框的位置，如图 9-4 所示。

（4）缩放：在启动或选中状态下，拖动尺寸控点可缩放占位符或文本框。或将鼠标指针移动到占位符或文本框边框上，单击鼠标右键，在弹出的快捷菜单中选择"大小和位置"选项，在打开的"大小和位置"对话框的"大小"选项卡中，可精确调整占位符或文本框的大小，如图 9-5 所示。

图 9-4　"大小和位置"对话框"位置"选项卡　　图 9-5　"大小和位置"对话框"大小"选项卡

（5）删除：按键盘上的【Backspace】键或【Delete】键可删除选中的占位符或文本框。

**操作 3　　设置文本的基本属性**

为了使演示文稿更加美观、清晰，通常需要对文本属性进行设置。文本的基本属性设置主要包括字体设置和段落设置。在 PowerPoint 2007 中，当幻灯片应用了版式后，幻灯片中的文字也具有了预先定义的属性。但在很多情况下，使用者仍然需要按照自己的要求对它们

图9-6 "字体"分组按钮

重新进行设置。

### 1．设置文本的字体格式

幻灯片的文本字体主要在"开始"选项卡的"字体"分组中设置，"字体"分组中的功能按钮如图 9-6 所示。PowerPoint 2007的字体设置与 Word 2007 的字体设置方法大致相同。

### 2．设置文本的段落格式

幻灯片的文本段落主要在"开始"选项卡的"段落"分组中设置，"段落"分组中的功能按钮如图 9-7 所示。PowerPoint 2007 的文本段落设置与 Word 2007 的段落设置方法大致相同。除标题占位符外，在其他占位符内输入的文字内容，可以设置项目符号和编号。

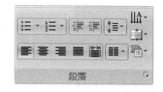

图9-7 "段落"分组按钮

## 操作4　插入与编辑艺术字

艺术字是一种特殊的图形文字，常用在幻灯片的标题文字中。

### 1．插入艺术字

在功能区的"插入"选项卡"文本"分组中单击"艺术字"按钮，打开艺术字样式列表，如图 9-8 所示。单击需要的样式，即可在幻灯片中插入艺术字。

### 2．编辑艺术字

插入艺术字后，如果对艺术字的效果不满意，可以对其进行编辑修改。可以像普通文字一样设置其字号、加粗、倾斜等效果，也可以像图形对象那样设置它的边框、填充等属性，还可以对其进行大小调整、旋转、添加阴影、三维效果等操作。可以利用"设置文本效果格式"对话框设置艺术字，选中艺术字，在"格式"选项卡"艺术字样式"分组中单击"对话框启动器"按钮，在打开的"设置文本效果格式"对话框中进行设置，如图 9-9 所示。

图9-8 艺术字样式列表

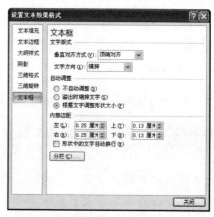

图9-9 "设置文本效果格式"对话框

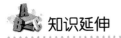知识延伸

### 3．插入公式

PowerPoint 2007 插入公式的方法与 Word 2007 插入公式的方法不同，在 PowerPoint 2007 幻灯片中插入公式的方法是，单击"插入"选项卡，在"文本"分组中单击"对象"按钮，在打开的对话框中选择"Microsoft Equation 2007"公式编辑器，在公式编辑器中编辑公式，如图 9-10 所示。

"文本"组对象按钮　　　　　　　"插入对象"对话框　　　　　　　编辑公式

图 9-10　插入公式

任务小结

本任务主要介绍了幻灯片文本的输入，文本的字体格式和段落格式设置，以及在幻灯片中插入与编辑艺术字和公式的方法。为幻灯片添加文本应考虑演示文稿的类型、使用场合、实际应用等因素，并且内容尽量简明扼要，格式设置也不宜太过于花哨，应多注意和把握演示文稿的主题和展示对象等多方面因素，将演示文稿的内容以简单明了、科学合理与艺术性相结合的形式展现出来。

## 任务 2　PowerPoint 2007 图形操作

### 任务目标

除文本外，图形也是幻灯片中的主要元素，图形可以给人带来视觉冲击，有时候起到的效果比文本更有效。在幻灯片中使用的图形对象通常是对文本内容进行补充的，从而使文本内容更直观明了，同时也能增加幻灯片的观赏性。PowerPoint 2007 中的图形对象有图片、剪贴画、相册、形状、SmartArt 和图表等。本任务将介绍 PowerPoint 2007 中有关图形对象的操作。

本任务的具体目标要求如下：

（1）熟练掌握插入与编辑图片的方法。

（2）熟练掌握在幻灯片中绘制与编辑图形的方法。

（3）掌握在幻灯片中插入及编辑表格与图表的方法。

（4）掌握创建和编辑 SmartArt 图形的方法。

（5）掌握在幻灯片中插入相册的方法。

## 操作1 在幻灯片中插入图片

在幻灯片中插入图片时，要充分考虑幻灯片的主题，使图片和主题和谐一致。在 PowerPoint 2007 幻灯片中插入图片一般有两种情况。

### 1. 在占位符外插入图片

可通过功能区的"插入"→"插图"→"要插入的图片对象（图片、剪贴画、形状、相册、形状、SmartArt、图表）"按钮来完成，如图 9-11 所示。除形状和相册外，插入的其他图形对象保持了原来的大小并位于幻灯片的中央位置。

图 9-11　"插入"选项卡功能区

### 2. 在占位符内插入图片

可通过幻灯片空内容占位符的中央图标（插入表格、插入图表、插入 SmartArt 图形、插入来自文件的图片、剪贴画、插入媒体剪辑）来完成，如图 9-12 所示。在空内容占位符内插入图形对象的大小不超过占位符的大小。

图 9-12　内容占位符中央图标

## 操作2 编辑图片

在幻灯片中插入图片对象后，可以根据需要调整图片的大小、排列及图片的样式等，从而使图片更适合演示文稿。双击图片对象，在"图片工具　格式"选项卡可对图片进行相应的编辑操作，如图 9-13 所示。

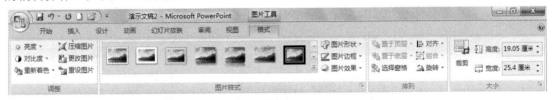

图 9-13　"图片工具　格式"选项卡功能区

## 操作 3　在 PowerPoint 2007 中绘制表格

使用 PowerPoint 2007 制作一些专业演示文稿时，通常需要使用表格。与幻灯片中的文本相比，表格更能体现内容的对应性及内在联系，适合用来展示比较性、逻辑性的主题内容。

### 1．在 PowerPoint 2007 中绘制表格

PowerPoint 2007 支持多种插入表格的方式，可以在幻灯片中直接插入，也可以从 Word 2007 或 Excel 2007 应用程序中调入。自动插入表格功能能够辅助用户轻松地完成表格的插入，提高在幻灯片中添加表格的效率。

### 2．手动绘制表格

当插入的表格不完全规则时，可以直接在幻灯片中绘制表格。绘制表格的方法很简单，单击"插入"选项卡，在"表格"分组中单击"表格"按钮，在弹出的下拉菜单中选择"绘制表格"选项。选择该选项后，当鼠标指针变为笔形形状时，可以在幻灯片中绘制表格。

### 3．设置表格样式和版式

插入幻灯片中的表格像文本框和占位符一样，可以进行选中、移动、重设大小操作，还可以添加底纹、设置边框样式、应用阴影效果等。除此之外，用户还可以对表格进行编辑，如拆分合并单元格、增加行列、设置行高列宽等。

## 操作 4　创建 SmartArt 图形

使用 SmartArt 图形可以直观地说明层级、附属、并列、循环等各种常见关系，而且制作出来的图形漂亮精美，具有很强的立体感和画面感。

### 1．插入 SmartArt 图形

在"插入"选项卡中，单击"插图"分组中的"SmartArt"按钮，打开"选择 SmartArt 图形"对话框，选择需要的样式，单击"确定"按钮，即可插入 SmartArt 图形，如图 9-14 所示。

### 2．编辑 SmartArt 图形

使用者可以根据自己的需要对插入的 SmartArt 图形进行编辑，如添加、删除形状，设置

形状的填充色、效果等。选中插入的 SmartArt 图形，功能区将显示"设计"和"格式"选项卡，通过选项卡中的各个功能按钮，可以设计出美观大方的 SmartArt 图形。

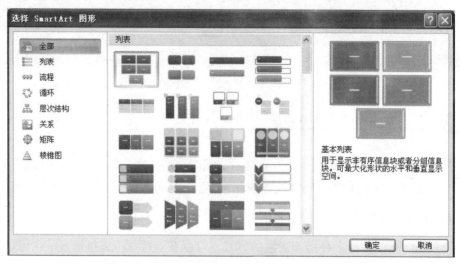

图 9-14　"选择 SmartArt 图形"对话框

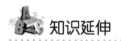 知识延伸

### 1. 插入 Excel 图表

与文字数据相比，形象直观的图表更容易让人理解，它以简单易懂的方式反映出各种数据关系。PowerPoint 2007 附带了 Microsoft Graph 图表生成工具，能够提供各种不同的图表来满足用户的需要，并使制作图表的过程简便、自动化。

（1）在幻灯片中插入图表。

插入图表的方法与插入图片、影片、声音等对象的方法类似，在功能区"插入"选项卡的"插图"分组中单击"图表"按钮，打开"插入图表"对话框，如图 9-15 所示，该对话框提供了 11 种图表类型，每种类型分别表示不同的数据关系。

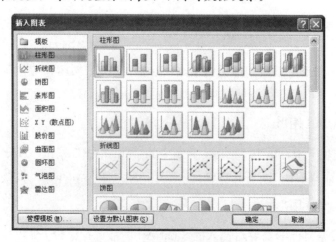

图 9-15　"插入图表"对话框

（2）编辑与修饰图表。

在 PowerPoint 2007 中创建的图表，可以像其他图形对象一样进行移动、重设大小操作，也可以设置图表的颜色、图表中元素的属性等。例如，设置快速样式、编辑图表数据、更改图表类型和改变图表布局等。

## 2．插入相册

当没有专门制作电子相册的软件时，使用 PowerPoint 2007 也能轻松地制作出漂亮的电子相册。这种方法适用于制作家庭电子相册、介绍公司的产品目录，或者分享图像数据及研究成果。

（1）新建相册。

在幻灯片中新建相册时，只要在"插入"选项卡的"插图"分组中单击"相册"按钮，在弹出的"相册"对话框中，单击"文件/磁盘"按钮，如图 9-16 所示。然后，从本地磁盘的文件夹中选择相关的图片文件插入，单击"创建"按钮即可，效果如图 9-17 所示。

> 素材位置：模块 9\素材\菊花.jpg，沙漠八.jpg，仙花.jpg，企鹅.jpg。
>
> 效果图位置：模块 9\源文件\相册.pptx

图 9-16　"相册"对话框

图 9-17　相册效果

（2）设置相册格式。

对于新建的相册，如果不满意它所呈现的效果，可以重新修改相册中的图片顺序、图片版式、相框形状及主题，调整图片的亮度、对比度与旋转角度等相关属性。设置完成后，单击"更新"按钮可重新整理相册。

以图 9-17 所示的相册为例，单击"插入"选项卡"插图"分组中的"相册"按钮，在弹出的菜单中选择"编辑相册"选项，打开"编辑相册"对话框，将第 4 张图片调整到第 1 张图片的位置，相框形状设置为"简单框架，白色"，主题设置为"流畅"，如图 9-18 所示，单击"更新"按钮，返回幻灯片视图，结果如图 9-19 所示。

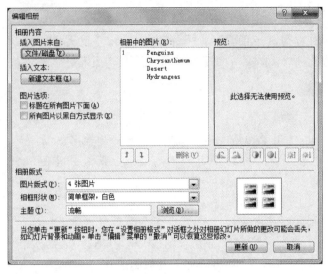

图 9-18 "编辑相册"对话框　　　　　　　　图 9-19 更新后的相册效果

 任务小结

本任务主要介绍了在 PowerPoint 2007 的幻灯片中插入和编辑图形图像的方法。熟练掌握这些知识可制作出图文并茂的演示文稿，使演示文稿的内容更加丰富。

## 实战演练 1 制作学习进步奖幻灯片

 演练目标

利用 PowerPoint 2007 的相关知识制作一张学习进步奖幻灯片，效果如图 9-20 所示。通过本演练应掌握使用 PowerPoint 2007 制作幻灯片的基本操作。

> 素材位置：模块 9\素材\奖杯.jpg。
>
> 效果图位置：模块 9\源文件\学习进步奖.pptx

图 9-20 学习进步奖幻灯片

**演练分析**

具体分析及思路如下。

（1）启动 PowerPoint 2007。

（2）在幻灯片中输入文本，并设置文本的格式。

（3）插入图片并调整其大小和位置。

（4）利用形状制作"黄红蓝"彩条。

（5）保存演示文稿到计算机中，并命名为"学习进步奖.pptx"。

## 实战演练2 制作优秀学生证书幻灯片

**演练目标**

在已有的一张优秀学生证书幻灯片基础上，利用插入文本框、输入文本和编辑形状等操作，编辑如图 9-21 所示的优秀学生证书幻灯片。

> 素材位置：模块 9\素材\优秀学生证书.pptx
>
> 效果图位置：模块 9\源文件\优秀学生证书.pptx

 **演练分析**

具体分析及思路如下。

（1）打开素材文件"模块 9\素材\优秀学生证书.pptx"。

（2）在幻灯片中插入两个文本框，分别输入"学校名称"和"学生姓名"文本，进行相应的格式设置，并移动文本框到幻灯片的相应位置。

（3）在幻灯片中插入矩形形状，并填充颜色为 RGB（174,194,126），设置透明度为 30%，线条颜色为无线条，然后调整其大小和位置，并在此形状上添加和编辑文字。

图 9-21 优秀学生证幻灯片

# 实战演练 3　制作公司简介演示文稿

 演练目标

利用所学知识制作完成公司简介演示文稿，完成后的效果如图 9-22 所示。通过本演练应掌握幻灯片的插入、文本的插入、文本及段落的格式化等操作。

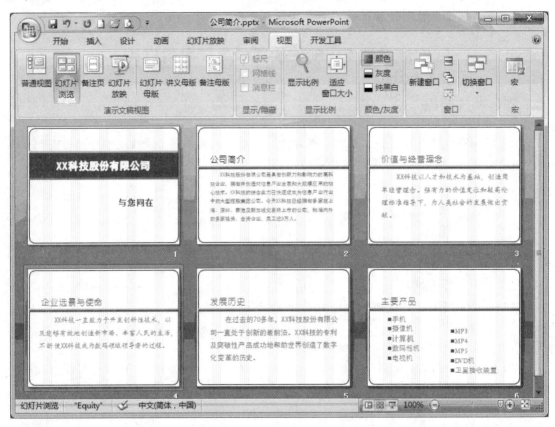

图 9-22　公司简介演示文稿效果

素材位置：模块 9\素材\

效果图位置：模块 9\源文件\公司简介.pptx

 演练分析

具体分析及思路如下。

（1）执行"开始"→"所有程序"→"Microsoft Office"→"Microsoft Office PowerPoint 2007"菜单命令，启动 PowerPoint 2007。

（2）执行"Office"→"新建"菜单命令，打开"新建演示文稿"对话框。在"模板"列表中，选择"已安装的主题"选项，单击"平衡"主题并查看预览，如图 9-23 所示。

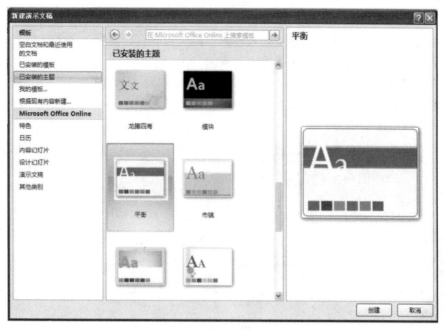

图 9-23　"平衡"主题

（3）单击"创建"按钮，创建一个以"平衡"主题为基础的新演示文稿，如图 9-24 所示。

（4）在新建演示文稿的"幻灯片编辑区"窗格中，单击"单击此处添加标题"占位符，并输入标题文本"XX 科技股份有限公司"，设置文本格式为黑体、48 号、加粗、阴影。

（5）单击"单击此处添加副标题"占位符，并输入副标题文本"与您同在"，设置文本格式为宋体、40 号、加粗，段落对齐为右对齐，对齐文本为底端对齐，效果如图 9-25 所示。

图 9-24　新建的演示文稿

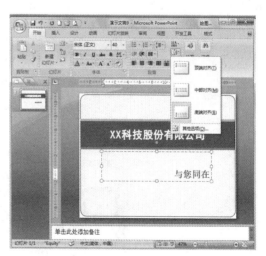

图 9-25　输入标题文本

（6）单击"开始"选项卡"幻灯片"分组中的"新建幻灯片"按钮，打开新建幻灯片版式列表，从中选择"节标题"版式。在第 1 张幻灯片后，插入一张新建的幻灯片，如

图 9-26 所示。

（7）单击第 2 张幻灯片的"单击此处添加标题"占位符，并输入文本"公司简介"，设置文本格式为幼圆、40 号，段落对齐为左对齐。

（8）在第 2 张幻灯片中，单击"单击此处添加文本"占位符，并输入文本内容，设置文本格式为黑体、24 号，段落格式为两端对齐、首行缩进 2 字符、行间距为 1.5 倍，效果如图 9-27 所示。

图 9-26　插入新幻灯片

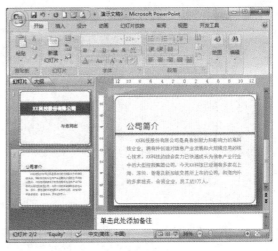
图 9-27　公司简介幻灯片

（9）在左侧的"幻灯片/大纲"窗格中，单击第 2 张幻灯片，然后按四次回车键，插入四张和第 2 张幻灯片同样版式的新幻灯片。

（10）分别单击第 3、第 4、第 5、第 6 张幻灯片的"单击此处添加标题"占位符，并分别输入文本"价值与经营理念""企业远景与使命""发展历史""主要产品"。文本格式都设置为幼圆、40 号，段落对齐为左对齐，如图 9-28 所示。

图 9-28　第 6 张幻灯片

（11）将鼠标指针分别指向第 3、第 4、第 5 张幻灯片的"单击此处添加文本"占位符的虚线边框并单击右键，在弹出的快捷菜单中选择"大小和位置"选项，打开"大小和位置"对话框，在对话框的"大小"选项卡中设置高度为 10 厘米，宽度为 22 厘米；"位置"选项卡中设置水平为 2 厘米，垂直为 7 厘米，其他参数为默认值。

（12）单击第 3 张幻灯片的"单击此处添加文本"占位符，根据素材输入文本，设置格式为楷体、32 号，段落格式为两端对齐、首行缩进 2 字符、行距为 1.5 倍。

（13）单击第 4 张幻灯片的"单击此处添加文本"占位符，输入文本，设置格式和第 3 张幻灯片相同。

（14）单击第 5 张幻灯片的"单击此处添加文本"占位符，输入文本，设置字体格式为黑体，其他格式同第 3 张幻灯片。

（15）将鼠标指针指向第 6 张幻灯片"单击此处添加文本"占位符的虚线边框并单击右键，在弹出的快捷菜单中选择"大小和位置"选项，打开"大小和位置"对话框，在"大小"选项卡中设置高度为 9 厘米，宽度为 8 厘米；"位置"选项卡中设置水平为 3 厘米，垂直为 7.5 厘米，其他参数为默认值。

（16）单击第 6 张幻灯片的"单击此处添加文本"占位符，并输入文本"手机、摄像机、计算机、数码相机、电视机"，设置文本格式为宋体、32 号，段落格式为左对齐，行距为单倍行距，并设置项目符号如图 9-22 第 6 张幻灯片所示。

（17）执行"插入"→"文本"→"文本框"→"横排文本框"菜单命令，在第 6 张幻灯片空白位置单击鼠标，插入一个文本框，将鼠标指针指向文本框的边框，当鼠标指针变为双十字箭头时单击鼠标右键，在弹出的快捷菜单中选择"大小和位置"选项，打开"大小和位置"对话框，在"大小"选项卡中设置高度为 9 厘米，宽度为 8 厘米；"位置"选项卡中设置水平为 14 厘米，垂直为 8 厘米，其他参数为默认值。

（18）单击第 6 张幻灯片中插入的文本框，并输入文本"MP3、MP4、MP5、DVD 机、卫星接收装置"，设置文本格式为宋体、32 号，对齐方式为左对齐、底端对齐，行距为单倍行距，并设置项目符号如图 9-22 第 6 张幻灯片所示。

（19）保存并放映演示文稿。

# 实战演练 4　制作员工培训演示文稿

## 演练目标

本演练要求综合利用所学知识制作员工培训演示文稿，完成后的效果如图 9-29 所示。通过本演练应掌握幻灯片的插入、文本的插入、文本及段落的格式化、插入编辑艺术字和 SmartArt 图形的操作。

> 素材位置：模块 9\素材\公司.jpg
> 效果图位置：模块 9\源文件\员工培训.pptx

图 9-29　员工培训演示文稿

## 演练分析

具体分析及思路如下。

（1）利用主题模板"都市"新建演示文稿。

（2）输入相应的文本并设置其格式和位置，使文本主题更加醒目。

（3）给第 3 张幻灯片中的图形应用"强烈效果"，使幻灯片更加有立体感。

（4）在第 4 张幻灯片中插入 SmartArt 图形中的基本蛇形结构，使流程一目了然。

（5）在第 6 张幻灯片中插入艺术字，使用倒 V 形效果，并插入素材文件"模块 9\素材\公司.jpg"，使幻灯片更加生动形象。

## 拓展与提升

根据本模块所学的内容，动手完成以下实践内容。

**课后练习 1　制作古诗赏析演示文稿。**

本练习将制作古诗赏析演示文稿，需要进行文本设置、分栏，艺术字设置等操作，最终效果如图 9-30 所示。

素材位置：模块 9\素材\

效果图位置：模块 9\源文件\古诗赏析.pptx

**课后练习 2　制作销售业绩演示文稿。**

销售业绩演示文稿是由 3 张幻灯片组成的，如图 9-31 所示，用来展示一个企业各分公司一个季度的销售情况及各品牌的销售业绩情况。此种类型的演示文稿幻灯片内容一般不多，在播放时通常以人工控制的方式进行，主要用于销售业绩汇报、财务报告等场合。本演示文稿主要用到的知识有幻灯片文本的插入与格式化，占位符样式的设置，幻灯片中表格的插入方法与表格样式的调整等操作。

　　💾　素材位置：模块 9\素材\

　　　　效果图位置：模块 9\源文件\销售业绩.pptx

图 9-30　古诗赏析演示文稿

图 9-31　销售业绩演示文稿

**课后练习 3　制作新产品上市演示文稿。**

　　本练习将制作新产品上市演示文稿，需要设置字体、字号和文字效果，插入图片、自选图形，设置图片和自选图形效果等操作，最终效果如图 9-32 所示。

　　💾　素材位置：模块 9\素材\新产品上市模板.pptx

　　　　效果图位置：模块 9\源文件\新产品上市.pptx

**课后练习 4　制作幻灯片首页。**

　　（1）新建一个演示文稿，删除占位符，绘制一个矩形，设为无轮廓，填充颜色为深红，大小为 8.6×25.4，位置为（0,3.53）。

　　（2）插入一个文本框并输入文字"Office2007 案例教程"，格式为微软雅黑、44 号、加粗、主题颜色倒数第 2 行第 7 个，"教程"为白色。

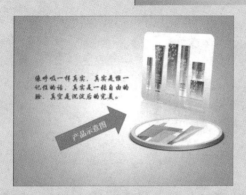

图 9-32  新产品上市演示文稿

（3）插入一个文本框并输入文字"——内蒙古自治区中等职业教育规划教材"，格式为仿宋、32 号、白色。

（4）插入一个文本框并输入文字"电子工业出版社"，格式为华文隶书、28 号、加粗、黑色。

（5）插入一个文本框并输入文字"PUBLISHING HOUSE OF ELECTRONICS INDUSTRY http://www.phei.com.cn"格式为：黑体、12 号（16 号）、加粗、黑色。（注：英文需要调整字符间距）

（6）调整各文本框位置，最终效果如图 9-33 所示。

图 9-33  幻灯片封面

效果图位置：模块 9\源文件\4 封面.pptx

**课后练习 5 制作幻灯片首页与文本页**。

操作提示：

（1）页面设置：设计→页面设置→宽度为 34 厘米、高度为 19.05 厘米。

（2）第 1 张幻灯片中小文字为 The most wonderful time is having so many holidays 内容转载：人民网 PPT 美化：PPT 美化大师。

（3）设文字"原来你一年可以休这么多假"颜色为：主题颜色选倒数第 2 行第 9 个，字号为 96 号、54 号。

（4）五边形颜色分别为浅绿、玫瑰红、深蓝、浅蓝。

（5）其他文字根据图样设计大小及颜色，第 2 张幻灯片文字下方绘制一根直线。调整各文本框、图形的位置及大小，最终效果如图 9-34 所示。

效果图位置：模块 9\源文件\5 休假.pptx

图 9-34 幻灯片效果图

**课后练习 6 制作最终效果如图 9-35 所示幻灯片**。

操作提示：

（1）文字"→学习领域教学设计"颜色为深蓝，文字"考核方案"颜色为橙色，其他文字为黑色、灰色。

（2）右边竖线由四条线段组成，颜色分别为浅蓝、橙色、浅绿色、紫色。

（3）左边圆角矩形左下角可用一个白色填充图形盖住。

（4）左边四个小圆轮廓线为灰色，宽度为 2.25 磅，填充色分别为浅蓝、橙色、浅绿色、紫色。

效果图位置：模块 9\源文件\7 教学设计.pptx

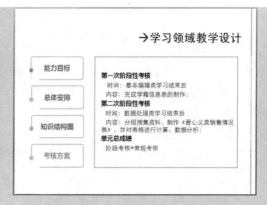

图9-35　幻灯片效果图

**课后练习7　制作3张幻灯片，最终效果如图9-36所示。**

操作提示：

（1）所有文字为华文细黑。

（2）圆角矩形线条颜色为灰色。

（3）第2张幻灯片按钮制作：绘制圆角矩形，使用形状样式和添加阴影效果。

效果图位置：模块9\源文件\8 精打细算的巧助手.pptx

图9-36　幻灯片效果图

**课后练习 8**　制作最终效果如图 9-37 所示幻灯片。

图 9-37　幻灯片效果图

操作提示：

（1）右边竖排小字为"简网络 享未来""广泛赞誉 鼓舞我们勇敢前行"。

（2）幻灯片上边文字与线条颜色为 RGB（230,0,0），其他文字线条颜色为 RGB（89,89,89）。

　　效果图位置：模块 9\源文件\9 简网络 享未来.pptx

**课后练习 9**　制作最终效果如图 9-38 所示幻灯片。

操作提示：

（1）矩形填充色为深蓝，文字颜色为白色，其他文字为黑色。

（2）项目符号为深红。

（3）下边粗线为红色，宽度 12 磅，细线为灰色。

　　效果图位置：模块 9\源文件\10 动画.pptx

| 问题一：PPT动画有哪些类型 | 问题二：PPT动画主要有哪些作用？ |
| --- | --- |
| ■ PPT页面中的切换效果-像书一样的PPT | ■ 修饰 |
| ■ PPT幻灯片中的动画-进入 退出 强调 自定义路径 | ■ 控制信息展现次序 |
| ■ PPT页面中的切换效果-外来的GIF动画 | ■ 强化信息或提示，引起注意 |
| ■ PPT页面中的切换效果-外来的FLASH（SWF）动画 | ■ 模拟现象 |
| 开放-参与-共享 | 开放-参与-共享 |

图 9-38　幻灯片效果图

**课后练习10　制作幻灯片**

（1）新建一个演示文稿，插入图形11.png，调整位置和大小。

（2）在"单击此处添加标题"处输入文字"如何进行有效的时间管理"，文字格式为宋体、44号、加粗、黑色，对齐方式为上下居中、左右居中。

（3）左侧窗格右键复制幻灯片，将新建的幻灯片版式更改为标题和内容，输入相应的内容，第2张幻灯片文字颜色为RGB（51,51,153）、RGB（0,0,0）、RGB(51,51,204)，字号为36号、32号、24号，项目符号为❖（符号库Wingsding中）。

（4）文本框大小为1.8×14.2，填充色为无，线条颜色为灰色，宽度为0.75磅。

（5）保存演示文稿，文件名为"有效的时间管理1.pptx"，最终效果如图9-40所示。

　　素材位置：模块9\素材\11.png

　　　　效果图位置：模块9\源文件\11 如何进行有效的时间管理.pptx 第1张、第2张幻灯片

**课后练习11　制作幻灯片。**

（1）新建一个演示文稿，打开"有效的时间管理1.pptx"演示文稿，如图9-39所示。复制第2张幻灯片，粘贴到新建的演示文稿中，删除空白幻灯片。

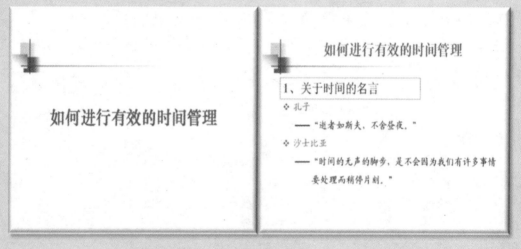

图9-39　演示文稿

（2）将文本"1、关于时间的名言"更改为"2、时间价值分析法"，文本框设置为无轮廓。

（3）将文本"孔子"更改为"时间价值表:"。

（4）删除其余文字，在下方插入六行六列表格并输入相应内容，如图9-40左图所示。

（5）在演示文稿左边窗格选中当前幻灯片点右键复制幻灯片，得到第2张幻灯片，在第2张幻灯片中将"2、时间价值分析法"更改为"3、成功=价值×速度$^2$（S=V×C$^2$）"。

（6）删除此张幻灯片表格，将"❖ 时间价值表:"更改为图9-40右图相应内容。

（7）保存演示文稿，文件名为"有效的时间管理2.pptx"，最终效果如图9-41所示。

注：公式输入方法

（1）插入→对象→新建→Microsoft公式3.0→确定→输入相应公式。

（2）本文公式也可用字体上标完成，如E=MC$^2$可先输入E=MC2，然后选择"2"，并右

键→字体→上标→确定。

效果图位置：模块 9\源文件\11 如何进行有效的时间管理.pptx 中第 3 张、第 4 张幻灯片

图 9-40　幻灯片效果图

**课后练习 12　制作幻灯片，最终效果如图 9-41 所示。**

制作方法同上题，完成后保存演示文稿，文件名为"有效的时间管理 3.pptx"。

效果图位置：模块 9\源文件\11 如何进行有效的时间管理.pptx 第 5 张、第 6 张幻灯片

图 9-41　幻灯片效果图

**课后练习 13　制作幻灯片。**

操作提示：

图中图形使用"插入"→"形状"中的箭头和直线工具绘制，文字使用文本框输入，完成后保存演示文稿，名为"有效的时间管理 4.pptx"，最终效果如图 9-42 所示。

效果图位置：模块 9\源文件\11 如何进行有效的时间管理.pptx 第 7 张、第 8 张幻灯片

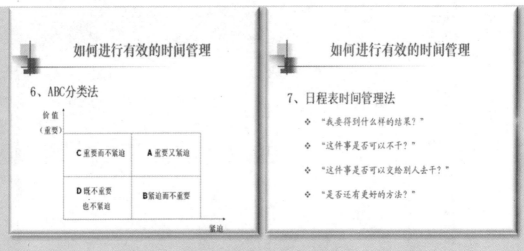

图 9-42　幻灯片效果图

**课后练习 14　制作最终效果如图 9-43 所示幻灯片，并将五个演示文稿合并。**

操作提示：

（1）完成后保存演示文稿，名为"有效的时间管理 5.pptx"。

（2）合并演示文稿：开始→新建幻灯片→重用幻灯片（最下面）→浏览（右面窗格）→浏览文件→……，将前 4 个演示文稿的幻灯片插入到当前演示文稿的相应位置。

（3）按 F5 键播放当前演示文稿，播放结束后单击鼠标退出放映模式。

（4）另存为当前演示文稿，文件名为"如何进行有效的时间管理.pptx"。

效果图位置：模块 9\源文件\11 如何进行有效的时间管理.pptx

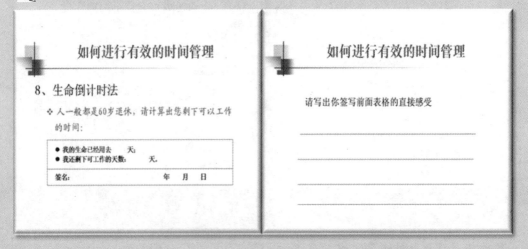

图 9-43　幻灯片效果图

**课后练习 15　制作如图 9-44 所示幻灯片。**

（1）新建一个空白版式演示文稿，打开"素材.pot"并复制其中第 1 张幻灯片的按钮到当前幻灯片。

（2）复制矩形按钮 3 个，使用对齐工具横向分布、底端对齐，使 4 个矩形处于一条水平线上，第 3 个按钮填充颜色为蓝色，其余为灰色，输入相应文字。

（3）使用直线工具绘制一根直线，颜色填充为灰色，大小为 0.24×25.4，放置于矩形下方如图 9-44 所示，合并以上 5 个图形。

（4）复制圆形按钮 10 个，分别填充不同颜色（填充时需要单击按钮两下，选中圆），使用文本框输入相应文字并和按钮组合。

（5）使"引入""告知""新授 1""任务 1""归纳 1" 5 个图形处于一行，将"引入"放在左端，"归纳 1"放在右端，使用对齐工具横向分布和底端对齐，排列好图标位置，然后合并 5 个图形，其余 6 个采用相同操作完成排列。

（6）调整合并后两组图形的位置，在相应位置绘制直线，输入相应文本。

（7）保存演示文稿为"教学实施.pot"，最终效果如图 9-44 所示。

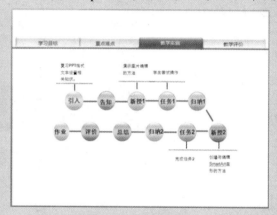

图 9-44　幻灯片效果图

素材位置：模块 9\素材\素材.pptx

效果图位置：模块 9\源文件\16 教学实施.pptx

**课后练习 16　制作两张如图 9-45 所示的幻灯片。**

操作提示：

可在 Excel 2007 中建立"2008 年各季度销售量表"，制作好后将图表粘贴到幻灯片中。

效果图位置：模块 9\源文件\17 图表制作.pptx

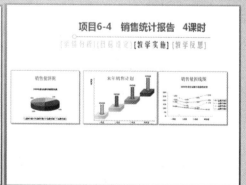

图 9-45　幻灯片效果图

**课后练习 17　制作如图 9—46 所示的幻灯片。**

操作提示：

（1）圆形填充为图片。

（2）下图三人图片存放在"素材.pptx"中第 2 张幻灯片内。

（3）在第 2 张幻灯片中的课本图片为 18.png。

　素材位置：模块 9\素材\18.png

　　效果图位置：模块 9\源文件\18 学情分析.pptx

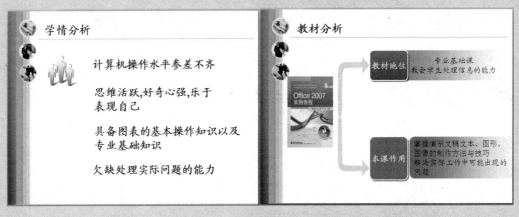

图 9-46　幻灯片效果图

**课后练习 18　制作如图 9—47 所示幻灯片。**

操作提示：

（1）文字格式为微软雅黑、36 号（24 号、20 号、18 号）、黑色。

（2）"单元分析"下直线颜色为灰色。

（3）圆与直线的颜色为浅绿、绿色。

（4）间断线颜色为橙色，小圆线条色为灰色、3 磅、无填充。

　效果图位置：模块 9\源文件\19 单元分析 1.pptx

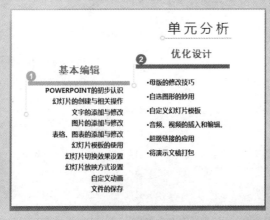

图 9-47　幻灯片效果图

**课后练习 19　制作如图 9-48 所示幻灯片。**

操作提示:

按钮素材存放在"素材.pptx"演示文稿第 3 张幻灯片中,完成操作后保存文件为"单元分析 2.pptx"。

　　素材位置: 模块 9\素材\素材.pptx

　　效果图位置: 模块 9\源文件\20 单元分析 2.pptx

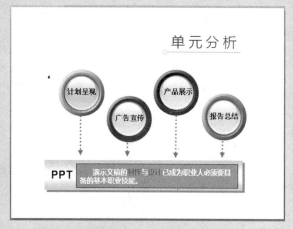

图 9-48　幻灯片效果图

**课后练习 20　制作如图 9-49 所示幻灯片。**

操作提示:

(1)插入→SmartArt→垂直块列表→确定。

(2)SmartArt 设计→SmartArt 样式→细微效果→添加形状→添加 8 个→降级。

(3)打开文本窗格,输入文本内容。

　　效果图位置: 模块 9\源文件\21 中职信息技术教学改革的机遇 1.pptx

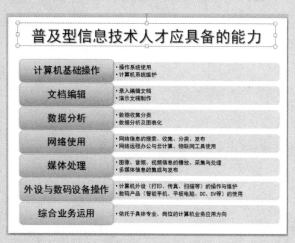

图 9-49　幻灯片效果图

**课后练习 21** 制作如图 9-50 所示幻灯片。

操作提示：

（1）SmartArt 图形→关系→公式。

（2）SmartArt 图形→堆栈列表，使用"强烈效果"形状样式。

（3）调整大小和位置并更改颜色，输入文本完成设计。

💾 效果图位置：模块 9\源文件\22 中职信息技术教学改革的机遇 2.pptx

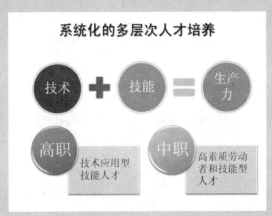

图 9-50　幻灯片效果图

**课后练习 22** 制作如图 9-51 所示幻灯片。

操作提示：

（1）插入 SmartArt 图形→流程→重点流程→确定→添加形状→在后面添加一个形状。

（2）SmartArt 样式→优雅，选择后面 4 个图形→开始→快速样式→强烈效果-强调颜色 5。

（3）调整大小，输入文字。

💾 效果图位置：模块 9\源文件\23 中职信息技术教学改革的机遇 3.pptx

图 9-51　幻灯片效果图

# 模块 10

# 美化演示文稿

**内容摘要**

　　在制作演示文稿时，经常要制作相同样式的幻灯片，如字体格式相同，在每 1 张幻灯片都显示公司标志等，为了提高工作效率，减少重复输入和设置，可以使用 PowerPoint 2007 提供的幻灯片母版功能。另外，通过使用配色方案、添加切换效果和动画效果，使演示文稿更加生动、更加具有观赏性。

**学习目标**

📖 熟练掌握在 PowerPoint 2007 中设置主题的方法。
📖 熟练掌握在 PowerPoint 2007 中设置背景的方法。
📖 熟练掌握在 PowerPoint 2007 中设置母版的方法。
📖 熟练掌握在 PowerPoint 2007 中设置动画的方法。
📖 掌握在 PowerPoint 2007 中插入声音和视频的方法。

任务 1 　美化幻灯片

　　模板是一种设定了文字格式和相应图案的特殊文件，可以通过模板来创建新的演示文稿，也可以将模板添加到已存在的演示文稿中。PowerPoint 2007 提供了大量的模板，包括主板、主题、背景样式等内容。应用这些模板，可以提高制作演示文稿的效率，减少重复输入和设置，轻松地制作出具有专业效果的幻灯片演示文稿，使演示文稿更加生动、更加具有观赏性。

　　本任务的目标是熟悉设置演示文稿主题和背景样式的基本步骤，掌握 PowerPoint 2007 的 3 种母版视图模式、更改和编辑幻灯片母版的方法，以及使用页眉/页脚、网格线、标尺等版面元素的方法。

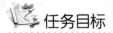任务目标

本任务的具体目标要求如下：
（1）熟练掌握幻灯片主题的设置方法。
（2）熟练掌握幻灯片背景的设置方法。
（3）熟练掌握幻灯片母版的设置方法。
（4）熟练掌握幻灯片页眉/页脚、网格线及标尺的设置方法。

操作 1 　设置幻灯片主题

　　主题是主题颜色、主题字体和主题效果三者的组合，是设置演示文稿专业外观的一种简单而快捷的方式，使用者可以根据需要为演示文稿选择不同的主题。如果对所选的主题不满意，还可以对选中的主题样式进行进一步的修改。

### 1．主题颜色

　　PowerPoint 2007 提供了几十种内置的主题颜色，是预先设置好的幻灯片的背景、文本、阴影、填充、强调和超链接等的颜色，极大地方便了用户的使用。更改主题颜色可通过执行"设计"→"主题"→"颜色"菜单命令，在打开的颜色库中重新选择合适的颜色组合，如图 10-1 所示。

### 2．主题字体

　　PowerPoint 2007 提供了二十多种内置的主题字体，每款主题都会定义两种基本的字体：标题字体和正文字体。改变主题字体，就会更改幻灯片中所有标题和内容的字体。更改主题字体可通过执行"设计"→"主题"→"字体"菜单命令，在打开的主题字体库中重新选择合适的字体模板，如图 10-2 所示。

### 3．主题效果

主题效果是线条和填充效果的组合，可以在演示文稿中选择所需的主题效果。更改主题效果可通过执行"设计"→"主题"→"效果"菜单命令，在打开的主题效果库中重新选择合适的主题效果，如图 10-3 所示。在"主题效果"下拉列表中可看到"主题效果"名称，以及用于每组主题效果的线条和填充效果。选择一种主题效果后，可改变演示文稿中所有形状、SmartArt 图形或表格的图形显示效果。

图 10-1　主题颜色库

图 10-2　主题字体库

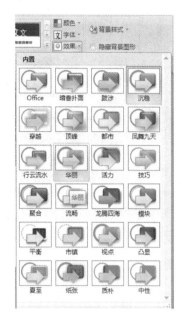

图 10-3　主题效果库

## 操作 2　设置背景样式

在演示文稿设计中，用户除了可以应用主题或主题颜色更改幻灯片的背景外，还可以根据需要更改幻灯片的背景设计，如删除幻灯片中的设计元素，添加图片或纹理，更改亮度、对比度等。

### 1．应用背景样式

执行"设计"→"主题"→"背景样式"菜单命令，在打开的背景样式列表中选择所需的背景样式，如图 10-4 所示。选择一种背景样式后，可改变演示文稿中所有幻灯片的背景样式。

### 2．改变背景样式

在设计演示文稿时，用户除了可以应用模板或更改主题更改幻灯片的背景外，还可以根据需要更改演示文稿中部分或全部幻灯片的背景颜色和背景设计。如果需要进行更多背景的修改，可在"背景样式"列表中选择"设置背景格式"选项，打开"设置背景格式"对话框，可在其中进行相关的设置，如图 10-5 所示，如删除幻灯片中的设计元素，添加底纹、图案、纹理或图片等。

## 操作3　设置幻灯片母版

幻灯片母版的主要作用是使用户能够方便地进行全局更改（如文本的格式、添加背景等），并使该更改应用于演示文稿中的所有幻灯片。在母版中所做的编辑和格式设置，只能在母版中进行修改。PowerPoint 2007 包含 3 种母版版式。

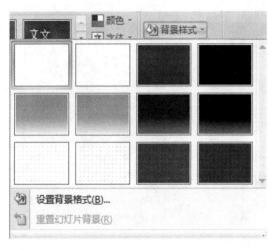

图 10-4　"背景样式"列表

图 10-5　"设置背景格式"对话框

### 1．幻灯片母版

幻灯片母版可以调整所有幻灯片的版式效果，执行"视图"→"演示文稿视图"→"幻灯片母版"菜单命令，可切换到幻灯片母版视图，如图 10-6 所示。

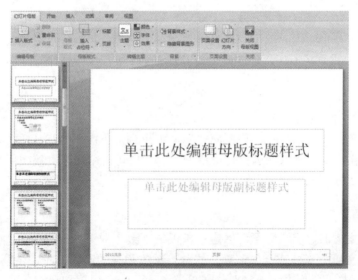

图 10-6　幻灯片母版视图

### 2．讲义母版

讲义母版主要用来设置幻灯片讲义的格式，通常需要打印输出，提供了 1、2、3、4、6、9 张幻灯片和幻灯片大纲共 7 种打印方式。在讲义母版中插入新的对象或更改版式时，新的页面效果不会反映在其他母版视图中，如图 10-7 所示。

### 3．备注母版

备注母版主要用来设置幻灯片备注的格式，一般也是用来打印输出的。

### 4．编辑幻灯片母版

如图 10-8 所示，进入"幻灯片母版"视图后，使用"编辑母版"功能组的命令可对其中的幻灯片进行删除、重命名、保留、插入版式及插入幻灯片母版操作。

图 10-7　讲义母版视图

图 10-8　"编辑母版"功能区

### 5．设置幻灯片母版

幻灯片母版是用来统一演示文稿中幻灯片的版式效果的，如图 10-9 所示。包括调整占位符的大小和位置，添加或删除占位符，设置每张幻灯片相同位置均要显示的内容（文本、图形）等。通过更改这些信息，就可以更改整个演示文稿中幻灯片的外观。如图 10-10 所示为改变了幻灯片母版的文本格式、占位符的大小和位置，以及添加新占位符的效果。

图 10-9　标题幻灯片默认母版版式

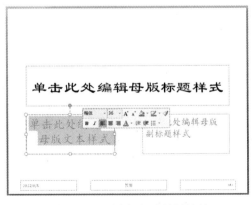

图 10-10　更改幻灯片母版效果

### 6．幻灯片母版中的文本格式化

用 PowerPoint 创建的演示文稿都带有默认的版式，这些版式一方面决定了占位符在幻灯片中的大小和位置，另一方面也决定了文本的格式。在幻灯片母版视图中，使用者可以根据需要设置母版版式，使其中的文本适应演示文稿的需要。

**操作4　设置背景图片**

用户可以根据实际需要在幻灯片母版视图中添加、删除或移动背景图片。在幻灯片母版视图中添加图片后，该图片将出现在每张幻灯片的相同位置上。在幻灯片母版中插入图片的具体操作步骤如下。

（1）打开需要添加背景图片的演示文稿。

（2）执行"视图"→"演示文稿视图"→"幻灯片母版"菜单命令，切换到幻灯片母版视图。

（3）在幻灯片母版视图中选择左侧窗格中的第1张母版。

（4）执行"插入"→"插图"→"图片"菜单命令，插入一张或几张合适的图片。

（5）调整图片的大小和位置。

（6）执行"视图"→"演示文稿视图"→"普通视图"菜单命令，切换到幻灯片视图。这样就可以在所有幻灯片的相同位置插入相同的图片或图形了。

**操作5　插入页眉和页脚**

在制作幻灯片时，用户可以利用 PowerPoint 提供的页眉和页脚功能，为每张幻灯片添加相对固定的信息，如在幻灯片的页脚处添加页码、时间、公司名称等内容。执行"插入"→"文本"→"页眉和页脚"菜单命令，打开"页眉和页脚"对话框，如图10-11所示。在该对话框中进行相应的设置，设置完成后单击"全部应用"按钮，设置将应用于当前演示文稿的全部幻灯片中；单击"应用"按钮，设置将只应用于当前幻灯片中，如图10-12所示。

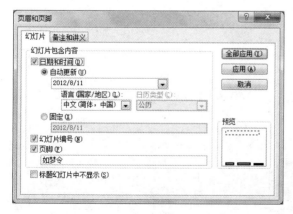

图 10-11　"页眉和页脚"对话框

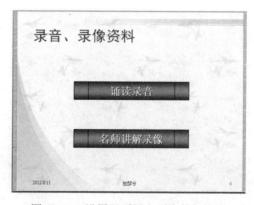

图 10-12　设置了页眉和页脚的幻灯片

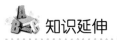知识延伸

### 使用网格线和标尺

当在幻灯片中添加多个对象后，可以通过显示的网格线或标尺来移动和调整多个对象之间的相对大小和位置。幻灯片中的标尺分为水平标尺和垂直标尺两种。网格线或标尺可以让用户方便、准确地在幻灯片中放置文本或图片对象，利用标尺还可以移动和对齐这些对象，调整文本中的缩进。选择"视图"选项卡，选中"显示/隐藏"功能组中的"网格线"或"标尺"复选框，可以在幻灯片中显示"网格线"或"标尺"，如图 10-13 所示。

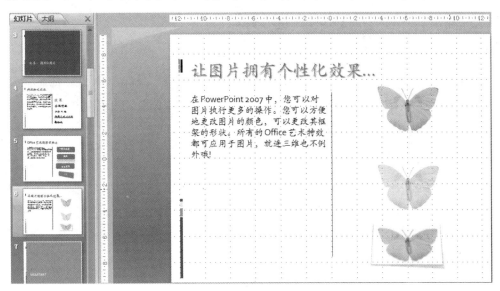

图 10-13　添加网格线和标尺的幻灯片效果

任务小结

本任务介绍了幻灯片模板的使用和设置方法。这些模板可以提高制作演示文稿的工作效率，为用户提供高效、快捷的便利工具，即使初学者也能制作出美观、大方的演示文稿。

## 任务 2　多媒体支持功能

任务目标

为了突出幻灯片的主题，使幻灯片更加具有观赏性和感染力，可以在幻灯片中插入影片和声音等多媒体对象，使演示文稿从画面到声音，多方位地向观众传递信息。本任务将介绍在幻灯片中插入声音和影片的方法，以及对插入的这些多媒体对象进行设置和控制的方法。

本任务的具体目标要求如下：
（1）掌握在幻灯片中插入声音的方法。
（2）掌握在幻灯片中设置声音属性的方法。
（3）掌握在幻灯片中插入影片的方法。
（4）掌握在幻灯片中设置影片属性的方法。
（5）掌握在幻灯片中插入 Flash 动画的方法。

**操作 1  在演示文稿中插入声音**

在演示文稿中插入声音的方法有以下几种。

### 1. 插入文档中的声音

选择要插入声音的幻灯片，执行"插入"→"媒体剪辑"→"声音"菜单命令，在弹出的菜单中选择"文件中的声音"选项，弹出"插入声音"对话框，选择要插入的声音文件，如图 10-14 所示，单击"确定"按钮选择声音的播放方式即可。

### 2. 插入剪辑管理器中的声音

选择要插入声音的幻灯片，执行"插入"→"媒体剪辑"→"声音"菜单命令，在弹出的菜单中选择"剪辑管理器中的声音"选项。在窗口右侧"剪贴画"窗格列表框中单击要插入的声音剪辑，在弹出的对话框中选择声音播放的方式，即可将其插入幻灯片中，如图 10-15 所示。

图 10-14  "插入声音"对话框    图 10-15  插入剪辑管理器中的声音

### 3. 播放 CD 乐曲

将 CD 音乐光盘放入光驱，执行"插入"→"媒体剪辑"→"声音"菜单命令，在弹出的菜单中选择"播放 CD 乐曲"选项，弹出"插入 CD 乐曲"对话框，在"开始曲目"和"结束曲目"数值框中输入开始曲目号和结束曲目号。设置完成后单击"确定"按钮，选择声音播放的方式，即可将其插入幻灯片中，如图 10-16 所示。

### 4. 插入录制声音

执行"插入"→"媒体剪辑"→"声音"菜单命令，在弹出的菜单中选择"录制声音"选项，弹出"录音"对话框，在"名称"文本框中输入录音的名称，单击"录制"按钮开始录音，如图 10-17 所示。单击"停止"按钮可停止录音，单击"播放"按钮可播放录制的声音，单击"确定"按钮即可在幻灯片中插入录制的声音。

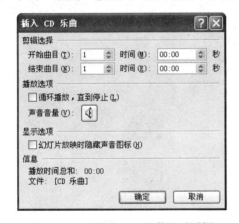

图 10-16　"插入 CD 乐曲"对话框

图 10-17　"录音"对话框

### 5. 设置声音属性

插入一个声音后，系统会自动创建一个声音图标，用以显示当前幻灯片中插入的声音。在幻灯片中选中声音图标，功能区将出现"声音工具　选项"选项卡，如图 10-18 所示，用以对声音进行设置。

图 10-18　"声音工具　选项"选项卡

**操作 2　在演示文稿中插入影片**

在演示文稿中插入影片，有以下两种方法。

### 1．插入文件中的影片

执行"插入"→"媒体剪辑"→"影片"菜单命令，在弹出的菜单中选择"文件中的影片"选项，弹出"插入影片"对话框，选择要插入的影片，如图 10-19 所示，单击"确定"按钮，选择影片播放的方式，即可将其插入幻灯片中。

### 2．插入剪辑管理器中的影片

执行"插入"→"媒体剪辑"→"影片"菜单命令，在弹出的菜单中选择"剪辑管理器中的影片"选项，打开"剪贴画"窗格，单击要插入的影片剪辑，即可将其插入幻灯片中，如图 10-20 所示。

图 10-19 "插入影片"对话框          图 10-20 插入剪辑管理器中的影片

当通过档的方式插入影片时，可以在"影片工具 选项"选项卡中进行设置，如图 10-21 所示，具体操作步骤如下。

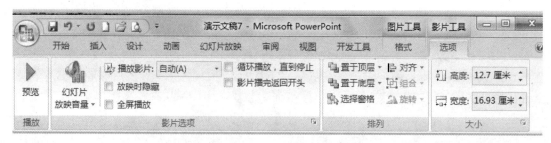

图 10-21 预览及设置电影播放效果

单击"影片工具 选项"选项卡"播放"功能组中的"预览"按钮，可预览影片的播放效果。

单击"影片工具　选项"选项卡"影片选项"功能组中的"幻灯片放映音量"按钮可调节播放音量；在"播放影片"下拉列表中可以选择影片播放的条件：自动、在单击时和跨幻灯片播放；另外，还可以设置播放的方式。

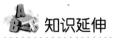

### 在演示文稿中插入 Flash 动画

除了可以在幻灯片中插入声音和影片外，还可以插入 SWF 格式的 Flash 动画（gif 格式的动画可直接用插入图片的方式插入），该类型的动画具有小巧灵活的优点。在插入 Flash 动画之前，需要先在计算机中安装 Flash Player 软件。在演示文稿中插入 Flash 动画的操作步骤如下。

（1）在演示文稿中单击"Office"按钮，在弹出的菜单中单击"PowerPoint 选项"按钮，弹出"PowerPoint 选项"对话框，选择左侧的"常用"选项，在右侧选中"在功能区中显示'开发工具'选项卡"复选框，单击"确定"按钮。

（2）选择要插入 Flash 动画的幻灯片，执行"开发工具"→"控件"→"其他控件"菜单命令，弹出"其他控件"对话框，在控件列表中，选择"Shockwave Flash Object"选项，如图 10-22 所示，单击"确定"按钮。

（3）在幻灯片中拖动鼠标以绘制控件，拖动控制点调整控件的大小，如图 10-23 所示。

图 10-22　"其他控件"对话框

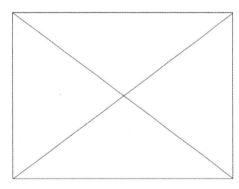

图 10-23　控件

（4）用右键单击幻灯片中的 Shockwave Flash Object 控件，在弹出的菜单中选择"设置控件格式"选项，在弹出的"设置控件格式"对话框中，设置 Shockwave Flash Object 控件的外观，如图 10-24 所示。

（5）用左键单击幻灯片中的 Shockwave Flash Object 控件，在弹出的菜单中选择"属性"选项，弹出"属性"对话框，在 Movie 属性右侧的文本框中输入计算机中 Flash 动画的存储路径，当播放演示文稿时，将自动播放 Flash 动画，如图 10-25 所示。

图 10-24 "设置控件格式"对话框

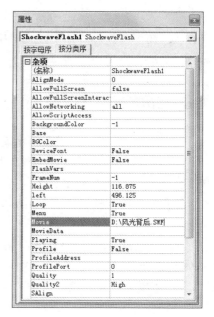

图 10-25 "属性"对话框

本任务主要介绍了在幻灯片中添加声音和影片的方法。通过对本任务的学习，用户可以根据需要将幻灯片制作得有声有色、主题鲜明，通过声音和视频的添加，可以使幻灯片更加具有吸引力与冲击力。

PowerPoint 2007 可以为演示文稿中的文本、图形、图像和多媒体对象设置动画，放映时将按照设定的方式产生动画效果，不仅可以使幻灯片的主题更加突出，同时还能增加幻灯片的观赏性和趣味性。PowerPoint 2007 提供了丰富的动画效果，用户可以设置幻灯片的切换动画和对象动画。本任务将介绍为幻灯片中的对象设置动画，以及为幻灯片设置切换动画的方法。

本任务的具体目标要求如下：

（1）熟练掌握幻灯片的切换效果的设置方法。

（2）熟练掌握幻灯片动画的设置方法。

**操作 1　设置幻灯片的切换效果**

幻灯片切换效果是指在放映演示文稿的过程中，从一张幻灯片过渡到下一张幻灯片的动画效果。幻灯片切换方式可以为一组幻灯片设置同一种切换效果，也可以为每张幻灯片设置不同的切换效果。在"幻灯片浏览视图"视图中，可以方便地为各幻灯片添加切换效果。

设置幻灯片的切换方式可以单击"动画"选项卡"切换到此幻灯片"功能组中切换效果区右下角的按钮，打开切换效果列表，如图 10-26 所示，其中提供了多种切换效果，使用者可根据喜好和需要进行选择。

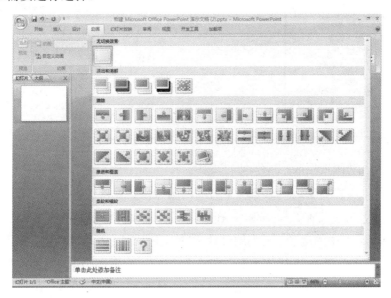

图 10-26　切换效果列表

**操作 2　设置动画效果**

在 PowerPoint 2007 中，除了可以为幻灯片设置切换效果外，还可以为幻灯片中的文本、图形、图像及表格等对象设置动画效果。PowerPoint 2007 提供了两种设置动画效果的方式，一种是标准动画效果，一种是自定义动画效果。

**1. 标准动画效果**

PowerPoint 2007 为了方便用户设置动画效果，分别为文本和图形对象设置了标准的动画效果，标准动画比较简单，设置方法也比较简单。具体设置方法如下：选中需要设置动画效果的对象，单击"动画"选项卡"动画"功能组中"动画"的下拉按钮，弹出下拉列表，如图 10-27 和图 10-28 所示，选择需要的动画效果即可。

在标准动画效果中，文本对象的动画效果有淡出、擦除和飞入 3 种，每种效果有两种情况：整批发送和按第一级段落。图形对象的动画效果只有淡出、擦除和飞入 3 种。

### 2．自定义动画效果

自定义动画的效果比较丰富，是用户最常用的动画设置方法，可以设置对象的进入、退出、强调效果等。具体设置方法是单击"动画"选项卡"动画"功能组中的"自定义动画"按钮，在左侧窗口弹出的"自定义动画"任务窗格中进行设置。

图 10-27　标准文本动画

图 10-28　标准图形动画

（1）设置进入动画效果。

进入动画可以设置对象进入放映屏幕时的动画效果。设置进入动画效果的方法如下：选中要设置动画的对象（文本、图形等），在"自定义动画"任务窗格中单击"添加效果"按钮，选择"进入"菜单中的选项，可为幻灯片中的对象添加进入动画效果，如图 10-29 所示。用户还可以执行"进入"→"其他效果"菜单命令，打开"添加进入效果"对话框，添加更多进入动画效果，如图 10-30 所示。

图 10-29　进入动画效果列表

图 10-30　"添加进入效果"对话框

（2）设置强调动画效果。

强调动画是为了突出幻灯片中的某部分内容而设置的特殊动画效果。添加强调动画的方法和添加进入效果的大体相同，强调动画效果列表和"添加强调效果"对话框如图 10-31 和图 10-32 所示。

图 10-31　强调动画效果列表

图 10-32　"添加强调效果"对话框

　　（3）设置退出动画效果。

　　除了可以给幻灯片中的对象添加进入、强调动画效果外，还可以添加退出动画效果。退出动画可以设置对象退出放映屏幕时的动画效果。添加退出动画的方法和添加进入、强调动画效果的大体相同。

　　（4）利用动作路径制作动画效果。

　　动作路径可以使指定对象沿预定的路径运动。PowerPoint 2007 中的动作路径动画不仅提供了大量默认路径效果，还可以由用户自定义路径动画，自定义动作路径列表和"添加动作路径"对话框如图 10-33 和图 10-34 所示。

图 10-33　自定义动作路径列表

图 10-34　"添加动作路径"对话框

## 知识延伸

### "自定义动画"任务窗格

当为对象添加了动画效果后，该对象就应用了默认的动画格式。在"自定义动画"任务窗格中可以查看动画效果的相关信息，用户可以根据需要对其进行相应的设置，如图 10-35 所示。

◆ "添加效果"（更改）按钮：可以打开一个下拉菜单，用于设置或更改幻灯片对象的动画效果。

◆ "删除"按钮：用于删除已设置的动画效果。

◆ "开始"下拉列表框：设置动画效果的激发方式。

◆ "方向"下拉列表框：设置动画的运动方向。

◆ "速度"下拉列表框：设置动画动作的速度。

◆ "列表框"：用来显示各个对象在放映时的先后顺序和动画种类（"进入""强调""退出"式），以及动画效果的选项设置等。

图 10-35 "自定义动画"窗格

 任务小结

本任务主要介绍了为幻灯片添加动画的方法，包括添加标准动画效果和自定义动画效果，动画效果的设置可以使幻灯片的播放更具活力，更有吸引力。动画效果的设置并不是一成不变的，使用者可以根据自己的需要对动画效果进行组合使用，可以设置进入、强调和退出效果等，各种效果的合理搭配可以使幻灯片更具魅力。

# 实战演练 制作国画欣赏幻灯片

## 演练目标

利用幻灯片中艺术字、图片、自选图形和幻灯片动画效果的设置等相关知识制作国画欣赏幻灯片。通过本演练应熟练掌握 PowerPoint 2007 强大的功能应用，最终效果如图 10-36 所示。

> 素材位置：模块 10\素材\003.jpg
>
> 效果图位置：模块 10\源文件\国画欣赏.pptx

目标效果：首先出现标题和背景，然后在屏幕中央出现两根画轴，两根画轴缓缓向两边打开，随着画轴的展开，展现一幅作品。

图 10-36 国画欣赏幻灯片

### 演练分析

操作思路及具体分析如下。

（1）启动 Powerpoint 2007，应用主题"行云流水"，在幻灯片的标题占位符内输入"国画欣赏"。设置字号为 72 号，艺术字样式为第 5 行第 3 列。

（2）删除副标题占位符。然后插入图片模块 10\素材\003.jpg，调整图片的大小和位置。

（3）使用矩形工具绘制一个矩形，设置其高度和图片一样，宽为 1 厘米，作为画轴。然后绘制一个圆，设置圆的高度和宽度为 1 厘米，然后复制圆，分别将两个圆移动到画轴的上端和下端，并把它们置于画轴的下一层，调整好三者的位置，然后组合图形。

（4）选中组合图形，执行"开始"→"绘图"→"形状填充"→"渐变"→"线性向右"菜单命令，"形状轮廓"→"无轮廓"菜单命令，"形状效果"→"阴影"→"向右偏移"菜单命令，"形状填充"→"纹理"→"深色木质"菜单命令，完成第 1 根画轴的制作。复制得到第 2 根画轴，将两根画轴放置在图形的中央（使用网格线或标尺可查找中央位置）。

（5）选择国画图形，执行"动画"→"自定义动画"菜单命令，在右侧出现的"自定义动画"任务窗格中，执行"添加效果"→"进入"→"劈裂"菜单命令。在"方向"栏中选择"中央向左右展开"选项，"速度"栏中选择"慢速"选项。

（6）选中右边的画轴，执行"添加效果"→"进入"→"出现"菜单命令，在"自定义动画"中选择"开始"为"之前"选项。执行"添加效果"→"动作路径"→"向右"菜单命令，调整路径的长度，使之到达图画的右侧。在"自定义动画"中选择"开始"为"之前"选项，速度为"慢速"。单击列表框中右边画轴动画右侧的下拉按钮，在下拉列表中选择"效果"选项，取消对"平稳开始"和"平稳结束"的勾选，单击"确定"按钮。

（7）将第 2 根画轴的"动作路径"改为"向左"，其余设置同上。

（8）保存演示文稿。

（9）按 F5 放映并观看效果。

## 拓展与提升

根据本模块所学内容，动手完成以下课后练习。

**课后练习 1　制作员工激励机制演示文稿。**

本练习要求利用幻灯片形状的设置、幻灯片切换效果的设置、幻灯片动画的设置等操作，制作员工激励机制演示文稿，幻灯片最终效果如图 10-37 所示。

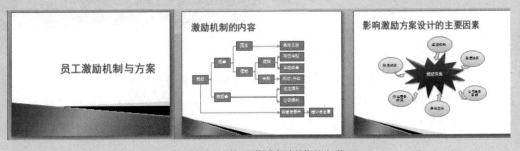

图 10-37　员工激励机制演示文稿

素材位置：模块10\素材\

效果图位置：模块10\源文件\员工激励机制.pptx

**课后练习 2　制作宽屏演示文稿。**

本练习将制作宽屏演示文稿，在了解宽屏演示文稿制作方法的同时，进一步熟悉幻灯片母版的设置、绘制和设置图形、设置幻灯片切换效果、设置幻灯片动画效果等操作。幻灯片的最终效果如图10-38所示。

素材位置：模块10\素材\蝴蝶.jpg、图表1.png、向日葵.jpg

效果图位置：模块10\源文件\宽屏演示文稿.pptx

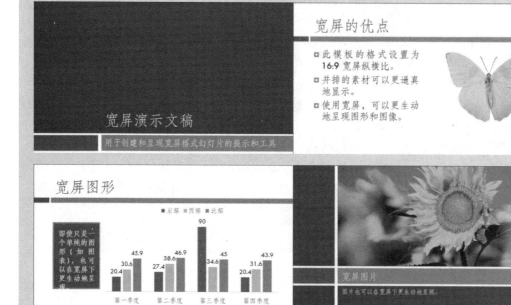

图 10-38　宽屏演示文稿效果

练习2所使用的宽屏演示文稿是 PowerPoint 2007 自带的范本文件，本练习的目的是通过自己亲手制作宽屏演示文稿，体会并掌握演示文稿制作过程中主题设计、颜色应用等方面的知识，从而能制作出精美的演示文稿。

**课后练习 3　制作幻灯片。**

（1）新建一个演示文稿，输入标题"中职学校计算机相关专业设置"，格式为黑体、40号、加文字阴影、居中。

（2）绘制一个矩形，输入"计算机应用"，文字格式为微软雅黑、28号、加粗、白色，文字方向为所有文字旋转270度，使用"浅色1轮廓"快速样式，更改填充颜色为深绿色。

（3）再绘制一个矩形，调整大小，设置为无轮廓，填充颜色为青绿色，添加阴影"右下斜偏移"，输入文字"数字媒体技术应用"，格式为微软雅黑、16号、白色。

（4）复制同样9个矩形，按图10-41所示排列，修改每个矩形中相应文字。

（5）为第3列第1个矩形填充蓝色，使用格式刷将这一格式复制到其他五个矩形。

（6）使用"肘形连接符"形状连接矩形，最后效果图10-39所示。

效果图位置：模块10\源文件\3 中职信息技术教学改革的机遇 4.pptx

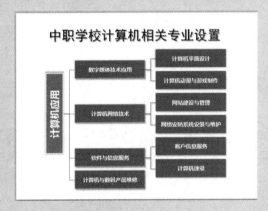

图 10-39　幻灯片效果图

**课后练习 4　制作如图 10-40 所示幻灯片。**

有兴趣的可将下边的胶片也制作出来，胶片由图形，黑色矩形背景、白色矩形小点、白色线条、图形、文字组成。

效果图位置：模块10\源文件\4 探照文字效果.pptx

图 10-40　幻灯片效果图

**课后练习5** 制作旋转风车效果。

启动 PPT→插入 "5 风车.png" →设置动画为 "陀螺旋" →开始 "之前" →效果选项→计时/重复 "直到幻灯片末尾"。按 F5 键放映幻灯片，按 Esc 键结束放映。效果如 "5 风车.pptx" 所示。（有兴趣可多复制几个风车，有正转的，倒转的，转得快的，转得慢的，也可自己制作风车。）

　　素材位置：模块 10\素材\5 风车.png

　　效果图位置：模块 10\源文件\5 风车.pptx

**课后练习6** 制作如图 10-41 所示幻灯片。

　　效果图位置：模块 10\源文件\6 钟摆.pptx

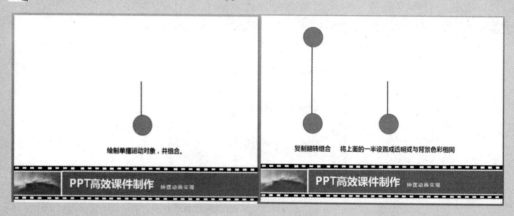

图 10-41　幻灯片效果图

**课后练习7** 制作如图 10-42 所示幻灯片，练习多个图形操作及层处理技术。

（1）用 Word 绘制一个圆角矩形，填充效果为图案中的一种，复制这一矩形，关闭 Word。

（2）新建一个空白版式演示文稿，粘贴两个矩形到幻灯片中，设置线条粗细为 2.25 磅，颜色为黑色。

（3）将矩形 1 的线条颜色设为无（表示液体部分）。

（4）绘制一个和矩形 2 等宽的矩形 4（运动层），设为无轮廓，填充色为白色。

（5）将矩形 2 的填充设为无填充，绘制一个比矩形 2 略宽的矩形 3，放置在矩形 2 的上半部，并设填充色为白色，无轮廓；组合矩形 2 和矩形 3（组合图形表示容器部分）。

（6）将矩形 1、矩形 4、容器叠放在一起，这时矩形 4 是容器和矩形 1 的中间层。

（7）选择所有图形复制，将复制好的图形粘贴到另一个容器的位置。

（8）制作中间管道及液体流动方向的箭头，插入文本并格式化。

（9）设置动画效果，左边矩形 4 向下，右边矩形 4 向上，箭头向右，缩短动画移动距离，效果如图 10-42 所示。

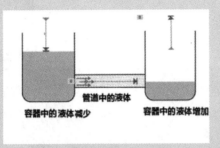

图 10-42　幻灯片效果图

（10）制作完成后放映查看效果，保存演示文稿。

效果图位置：模块 10\源文件\7 流动的液体.pptx

**课后练习 8　制作如图 10-43 所示幻灯片，自选图形绘制及动作路径动画练习。**

效果图位置：模块 10\源文件\5 循环往复的小球运动.pptx

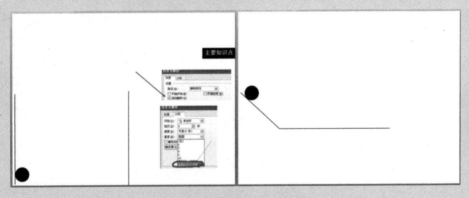

图 10-43

**课后练习 9　制作如图 10-44 所示幻灯片（制作两个半圆）。**

（1）复制得到另一半圆，旋转 180 度，调整位置使两个半圆合成一个圆。

（2）为左边半圆设置为进入动画"擦除"，参数为：之后、自顶部、中速。

（3）为右边半圆设置为进入动画"擦除"，参数为：之后、自底部、中速。

（4）为左边半圆设置为退出动画"擦除"，参数为：之后、自顶部、中速。

（5）为右边半圆设置为退出动画"擦除"，参数为：之后、自底部、中速。

（6）按F5键放映幻灯片。

💾 效果图位置：模块10\源文件\9 循环往复的小球运动.pptx

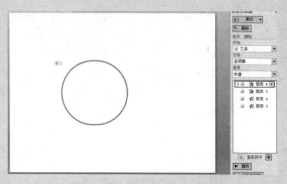

图10-44　幻灯片效果图

课后练习 10　制作如图 10-45 左图所示幻灯片，利用动作路径和触发器完成动画效果。

💾 效果图位置：模块10\源文件\10 触发器应用.pptx

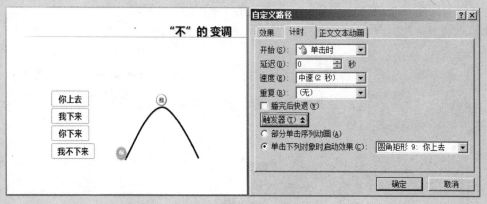

图10-45

课后练习 11　制作如图 10-46 所示幻灯片，控制多个动画呈现的顺序。

操作提示：

（1）制作如图10-46所示幻灯片，然后设置动画完成下面要求。

（2）你觉得生活中有烦恼吗？→没有→那你担心啥!!!，使用进入动画逐个出现，包括箭头。

（3）→没有→那你担心啥!!!，使用退出动画一次性消失。

（4）→有→你能解决这些烦恼么？→不能→那你担心啥!!!，使用进入动画逐个出现，包括箭头。

（5）→不能→那你担心啥!!!，使用退出动画一次性消失。

（6）→能→那你担心啥!!!，使用进入动画逐个出现，包括箭头。

（7）使用进入动画显示所有信息。效果如"11 控制信息呈现次序.pptx"所示。

💾 效果图位置：模块10\源文件\11 控制信息呈现次序.pptx

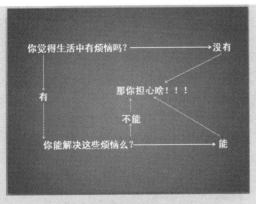

图 10-46　幻灯片效果图

**课后练习 12　制作如图 10-47 所示幻灯片。**

操作提示：

（1）胶片制作：利用矩形、线条制作电影胶片。

（2）插入 7 或 8 张图片，如图 10-47 所示水平排列，组合后设置向右动画。

（3）动画设置：去掉"平稳开始，平稳结束"，速度设为 10 秒。

（4）动画运行距离与幻灯片同宽。

（5）复制设置好的组合图片，放置在后面。

　　效果图位置：模块 10\源文件\12 走马灯效果.pptx

**课后练习 13　制作如图 10-48 所示幻灯片。**

　　素材位置：模块 10\素材\13.pptx

　　效果图位置：模块 10\源文件\13 树叶的飘落.pptx

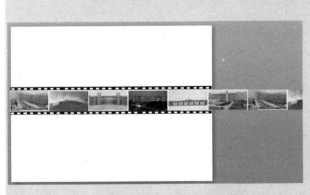

图 10-47　幻灯片效果图　　　　　　　　图 10-48　幻灯片效果图

**课后练习 14　制作书写效果幻灯片，如图 10-49 所示。**

操作提示：

（1）选择合适的字体，写一个字，尽可能大。

（2）在插入形状中选择任意多边形工具。

（3）按字的轮廓和书写笔画的起落描出笔画。

（4）为了让描的字比较精确，可以适当放大幻灯片比例。

（5）选中所绘制的图形将填充和轮廓颜色调整一致。

（6）按书写笔顺设置自定义动画：进入-擦除，注意方向。

（7）可以在文字下方添加田字格，增强效果。

效果图位置：模块 10\源文件\14 书写效果-示例.pptx

**课后练习 15　制作如图 10-50 所示幻灯片。**

操作提示：

插入→SmartArt 图形→连续图片列表→格式→形状样式→浅色轮廓，SmartArt 图形→线性维恩图，调整大小并更改颜色，输入文本，完成设计。

效果图位置：模块 10\源文件\15 中职信息技术教学改革的机遇.pptx

图 10-49　幻灯片效果图

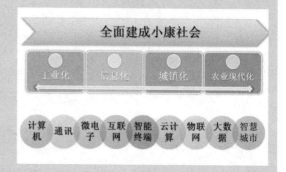

图 10-50　幻灯片效果图

**课后练习 16　制作如图 10-51 所示幻灯片。**

（1）新建一个演示文稿，输入文字"早发白帝城的作者是"。

（2）插入一个文本框，输入李白，再插入一个矩形，设置为透明。

（3）将李白放在文字后面，将透明文本框放在李白上面。

（4）为李白文本框设置进入动画淡入，并设触发器为透明矩形，再为李白文本框设置退出动画淡出。

（5）单击右下角放映幻灯片按钮播放幻灯片。

效果图位置：模块 10\源文件\16 制作填空题案例.pptx

**课后练习 17　制作如图 10-52 所示幻灯片，并为 SmartArt 图形设置逐个动画（效果选项/SmartArt 动画/逐个）。**

效果图位置：模块 10\源文件\17 中职信息技术教学改革的机遇.pptx

图 10-51　幻灯片效果图　　　　　　　　　　图 10-52　幻灯片效果图

**课后练习 18**　制作如图 10-53 所示幻灯片，并为 SmartArt 图形设置动画。

操作提示：

第 1 张：伸展→效果选项→SmartArt 动画→逐个按分支；第 2 张：闪动→效果选项→SmartArt 动画→整批发送。

💾　效果图位置：模块 10\源文件\18 中职信息技术教学改革的机遇.pptx

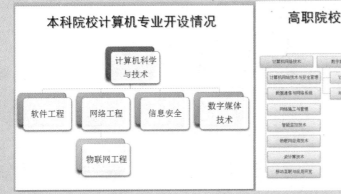

图 10-53　幻灯片效果图

**课后练习 19**　倒计时动画制作。

操作提示：

制作 0~9 文本框→用白色填充→9 最上层，依次最下层 0→使用对齐工具使所有文本框处于一个位置→选择所有文本框→闪烁一次动画→上一项之后开始→调整动画出现顺序 9 最上层→设置字体字号→完成制作，效果如"19 倒计时.pptx"所示。

💾　效果图位置：模块 10\源文件\19 倒计时.pptx

**课后练习 20**　制作特效动画幻灯片。

操作提示：

（1）新建一个幻灯片，将页面设置为宽度 25.4 厘米、高度 16 厘米，插入图片 20.jpeg，大小为（25.4 厘米，16 厘米），在幻灯片外四周插入若干圆，填充各种颜色。

（2）按住 Ctrl 键分别单击，选择所有外围圆，设置动画为退出动画"缩放"，所有圆的缩放动画参数设置为：在上一项开始之前、缩小到屏幕中心、在效果选项面板中，设置速度为 0.75 秒，重复为 2，按 F5 键观看效果。

（3）按住 Ctrl 键分别单击 2、4、6…等几个圆，在效果选项面板中，设置延迟为 0.3 秒，同样将 3、5、7…等几个圆的延迟设为 0.5 秒，按 F5 键观看效果。

（4）为图片设置进入动画为"缩放"，参数为在上一项之后、缩小、快速；设置退出动画为"缩放"，参数为在上一项开始之前、缩小到屏幕中心、快速。按 F5 键观看效果。

（5）绘制一个圆，填充为图片 20.jpeg，放置在幻灯片正中央，设置进入动画为"圆形扩展"，参数为在上一项之后、缩小、慢速；设置动作路径为"向上"，参数为在上一项之前、中速；调整路径方向如图 10-54 所示。按 F5 键观看效果，保存为"特效动画.pptx"

素材位置：模块 10\素材\20.jpeg

效果图位置：模块 10\源文件\20 特效动画.pptx

图 10-54　幻灯片效果图

**课后练习 21　制作特效动画幻灯片。**

（1）新建一个幻灯片，将页面设置为宽度 25.4 厘米、高度 16 厘米，插入图片 21.jpeg，调整宽度为 25.4 厘米并裁剪掉上下边。

（2）插入一个 9 列 4 行的表格，调整成和图片一样大小，选择"设计"菜单项→"绘图边框"区→设置线为实线、粗细 6 磅、颜色白色。在"表格样式"区右端选择"边框"→选择"所有边框"，设表格填充色为无。

（3）为部分单元格填充颜色，有的是实色，有的是一定比例的透明色。

（4）绘制两根直线，与幻灯片等宽，颜色为蓝色，粗细为 6 磅，分别放置于表格的上下。

（5）设置这两根线条的进入动画为"飞入"，第 1 根的动画参数为之前、自左侧、非常快、延迟 0.3 秒，第 2 根的动画参数为之后、自左侧、非常快，图片动画为"擦除"，动画参数为之前、自右侧、快速。

（6）放映幻灯片，观看效果，保存为"等效动画.ppt"。

（7）有兴趣的学生可制作后面两张幻灯片。

素材位置：模块 10\素材\21.jpg

效果图位置：模块 10\源文件\21 特效动画.pptx

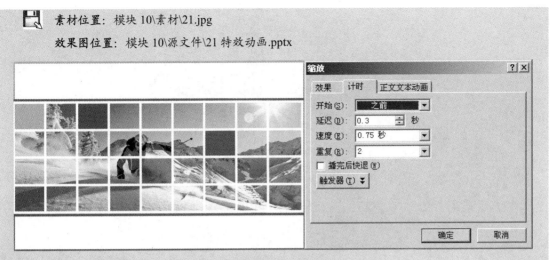

图 10-55　幻灯片效果图

# 模块 11

# 放映演示文稿

**内容摘要**

    设计演示文稿的最终目的是播放，PowerPoint 2007 提供了灵活、方便的幻灯片放映方式，可以满足不同使用者在不同环境放映的需要。用户可以选择最为理想的放映速度与放映方式，使幻灯片放映结构清晰、节奏明快、过程流畅。

**学习目标**

    📖 掌握幻灯片放映的方法。
    📖 掌握创建超链接的方法。
    📖 掌握演示文稿输出的方法。
    📖 掌握演示文稿打印的方法。

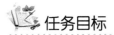

## 任务1　幻灯片放映设置

### 任务目标

本任务的目标是掌握幻灯片的各种放映方式和设置幻灯片放映的操作。

本任务的具体目标要求如下：

（1）熟练掌握幻灯片的各种放映方式。

（2）掌握自定义幻灯片放映的方法。

（3）掌握设置幻灯片放映时间的方法。

（4）掌握录制旁白的方法。

### 操作1　幻灯片的放映方式

图 11-1　"设置放映方式"对话框

幻灯片的放映方式是指放映时的播放类型和播放范围，主要是为了适应不同场合的需求。设置幻灯片的放映方式可通过"设置放映方式"对话框进行，如图 11-1 所示。打开"设置放映方式"对话框的方法是单击"幻灯片放映"选项卡中的"设置幻灯片放映"按钮。

幻灯片的放映类型主要有以下几种。

（1）演讲者放映：最常用的放映方式，以全屏方式放映。演讲者可以采用手动或自动方式进行放映，也可以直接切换到演示文稿中的任意一张幻灯片放映。演讲者对幻灯片的放映具有完整的控制权。

（2）观众自行放映：以窗口方式放映，在放映的同时，观众可以通过使用垂直滚动条快速切换幻灯片，也可以对幻灯片进行复制和打印等操作。

（3）在展台浏览：以全屏方式自动放映，适合于展览会场或会议等，这种放映方式需要事先为幻灯片的所有动画设置好放映时间，并选择"设置放映方式"对话框中的"换片方式"为"如果存在排练时间，则使用它"单选按钮。这种方式会循环放映，直到按【Esc】键退出为止。

### 操作2　自定义放映幻灯片

自定义放映是指使用者可以根据需要选择放映演示文稿中的某些幻灯片，使一个演示文稿适用于多种观众，以便为特定的观众放映演示文稿中的特定部分。可以有多种实现方法，这里介绍以下两种常用的方法。

（1）使用"幻灯片放映"选项卡中的"自定义放映"命令，打开"自定义放映"对话框，如图 11-2 所示。单击"新建"按钮，在打开的"定义自定义放映"对话框中选择需要的幻灯片，如图 11-3 所示。

图 11-2　"自定义放映"对话框

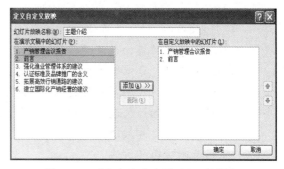
图 11-3　"定义自定义放映"对话框

（2）使用 PowerPoint 2007 的"隐藏幻灯片"功能，即在放映时不显示隐藏的幻灯片。选中要设置为隐藏的幻灯片，单击"幻灯片放映"选项卡中的"隐藏幻灯片"按钮，可将选中的幻灯片隐藏。再次单击"隐藏幻灯片"按钮可以撤销隐藏。

## 操作3　设置放映时间

幻灯片放映时，默认方式是通过单击鼠标或按空格键切换到下一张幻灯片。用户可以设置幻灯片的放映时间，使其自动播放。设置放映时间有两种方式：人工设定时间和排练计时。

（1）人工设定时间：人工设置幻灯片放映时间是通过设置幻灯片切换效果来实现的，如图 11-4 所示，在"动画"选项卡的"换片方式"功能组，勾选"在此之后自动设置动画效果"复选框，在其右侧的微调框中输入时间间隔，这个时间就是当前幻灯片或所选中幻灯片的放映时间。如果要使所有幻灯片都使用这个时间间隔，单击左侧的"全部应用"按钮即可。

图 11-4　"动画"选项卡功能区

（2）排练计时：如果使用者对人工设定的放映时间不满意或没有把握，可以在排练幻灯片的过程中自动记录每张幻灯片的放映时间。执行"幻灯片放映"→"设置"→"排练计时"菜单命令，切换到幻灯片放映视图，同时屏幕上将出现如图 11-5 所示的"预演"工具栏。

图 11-5　"预演"工具栏

在"预演"工具栏中，第 1 个时间框是当前幻灯片的计时，第 2 个时间框是幻灯片放映总计所用的时间。当所有幻灯片放映完或中断排练计时，将弹出一个对话框，用户可决定是否接受排练时间。

**操作 4　利用超链接控制放映**

在 PowerPoint 2007 中，利用超链接控制幻灯片的放映，有创建超链接和创建动作按钮两种方式。若在演示文稿中创建了超链接，可实现幻灯片之间的任意跳转，是解决放映时幻灯片播放顺序的主要方法。

### 1．创建超链接

用户可以为幻灯片中的文本、图形和图片等对象添加超链接。当放映幻灯片时，将鼠标指针移动到这些对象上，鼠标指针变成手形时，单击即可切换到演示文稿中指定的幻灯片或执行指定的程序。演示文稿不再是从头到尾播放的线形模式，而是具有了一定的交互性，能够按照预先设定的方式，在适当的时候放映需要的内容。

创建超链接的方法：选中要设置超链接的对象，执行"插入"→"链接"→"超链接"菜单命令，打开"插入超链接"对话框，如图 11-6 所示。选中要插入的超链接对象即可。

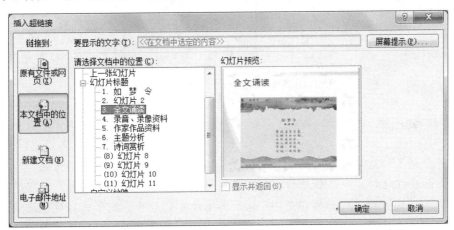

图 11-6　"插入超链接"对话框

> **素材位置：** 模块 11\素材\如梦令.pptx
>
> **效果图位置：** 模块 11\源文件\

### 2．创建动作按钮

动作按钮是 PowerPoint 2007 中预先设置好的一组带有特定动作的图形按钮，这些按钮被预先设置为指向前一张、后一张、第 1 张、播放声音及播放电影等链接，应用这些预置好的按钮，可以实现在放映幻灯片时的跳转。

创建动作按钮的方法：选中要创建动作按钮的对象，执行"插入"→"插图"→"形状"菜单命令，在打开的形状列表中的最下方即可看到"动作按钮"，如图 11-7 所

图 11-7　动作按钮

示。根据需要进行选择，并在幻灯片中拖曳即可，此时不但会显示动作按钮，还会弹出"动作设置"对话框，可根据要求进行相关的设置。

 知识延伸

## 录 制 旁 白

放映幻灯片时，为了便于观众理解，一般演示者会同时进行讲解，但有时演讲者不能参加演示文稿的放映或需要自动放映演示文稿，这时可以使用录制旁白的功能，也就是为演示文稿增加解说词，在放映状态下主动播放语音说明。录制旁白需要用户的计算机上安装有声卡、麦克风等，如果没有相应的硬设备，不能使用录制旁白的功能。录制旁白的方法：执行"幻灯片放映" → "设置" → "录制旁白"菜单命令，弹出"录制旁白"对话框，进行录制，如图 11-8 所示。

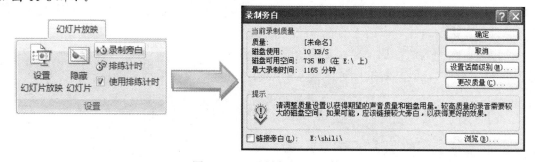

图 11-8 "录制旁白"对话框

 任务小结

本任务介绍了幻灯片放映需要进行的设置和方法，包括幻灯片放映的方法、设置放映时间、录制旁白及在幻灯片中添加动作按钮和超链接的方法等。需要注意的是不同的环境和观众要有不同的放映方式，比如要在 LED 电子屏上放映幻灯片，就要选择展台放映的方式，要对幻灯片中的内容进行讲解、演说时，一般应选择演讲者放映，通过讲解者的讲述和肢体语言更好地反映幻灯片中的内容，使讲解或演说更加精彩。例如，使用幻灯片为员工介绍公司的激励机制，对新员工应侧重讲解公司的基本情况和福利待遇及优秀员工等问题；对原有员工就应侧重于讲解荣誉与晋升、培训与发展等问题。

 任务2 输出与打印演示文稿

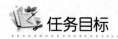 任务目标

本任务的目标是掌握幻灯片的各种输出方式和打印幻灯片的操作。

本任务的具体目标要求如下：

（1）掌握演示文稿输出的各种方式。

（2）掌握打包演示文稿的方法。

（3）掌握演示文稿页面设置的方法。

（4）掌握打印演示文稿的各种方法。

**操作 1　演示文稿的多种输出方式**

用户可以将演示文稿输出为多种格式，以满足使用者多种用途的需要。在 PowerPoint 2007 中，除了可以将演示文稿保存为"PowerPoint 演示文稿"默认格式（pptx 格式）外，还可以输出的方式主要有以下几种。

◆ "PowerPoint 放映"格式（ppsx 格式）：将演示文稿保存为总是以幻灯片放映的形式打开演示文稿的格式。

◆ "PowerPoint 97-2003 演示文稿"格式（ppt 格式）：主要是为了兼容以前版本的 PowerPoint 软件。

◆ "PDF 或 XPS"格式：PowerPoint 2007 的新增功能。PDF 或 XPS 格式的文件都是电子文件格式，结构稳定，特别适合用来打印和阅读。

◆ 输出为其他图形文件格式：PowerPoint 2007 支持将演示文稿中的幻灯片输出为 GIF、JPG、PNG、TIFF、BMP、WMF 及 EMF 等格式的图形文件。这有利于用户在更大范围内交换或共享演示文稿中的内容。

**操作 2　打印演示文稿**

### 1. 演示文稿的页面设置

在打印演示文稿前，可以根据自己的需要对打印页面进行设置，使打印的形式和效果更符合实际需要。在"设计"选项卡的"页面设置"功能组中单击"页面设置"按钮，在打开的"页面设置"对话框中，对幻灯片输出的纸张大小、幻灯片编号和方向进行设置，如图 11-9 所示。

### 2. 打印演示文稿

在 PowerPoint 2007 中可以将制作好的演示文稿打印出来。在打印时，根据不同的目的可将演示文稿打印为不同的形式，在"打印"对话框中，如图 11-10 所示，可以对"打印内容"（幻灯片、讲义、备注和大纲视图）和"颜色/灰度"（颜色、灰度和纯黑白）等打印参数进行设置。

另外，为了避免不必要的损失，设置完打印参数后，可以利用"打印预览"功能打印预览效果，预览效果满意后再进行打印输出。

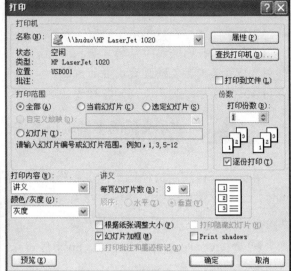

图 11-9　"页面设置"对话框　　　　　　　图 11-10　"打印"对话框

 知识延伸

### 打包演示文稿

PowerPoint 2007 中提供了将演示文稿打包成 CD 功能，在安装有刻录光驱的计算机上可以方便地将制作的演示文稿及其链接的各种媒体文件一次性打包到 CD 上，也可以直接把 CD 数据报复制到本地磁盘。打包后的演示文稿档在没有安装 PowerPoint 的计算机上，可以用其他播放器进行播放。

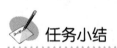 任务小结

本任务介绍了幻灯片的各种输出方式和幻灯片的打印操作，包括演示文稿的各种输出方式，演示文稿页面设置的方法，打印演示文稿的方法等。

## 实战演练　制作规章制度演示文稿

 演练目标

利用设置幻灯片母版、插入和设置图形格式、插入 gif 格式动画、应用 SmartArt 图形对象、插入和设置表格格式、插入和编辑超链接、设置幻灯片切换效果等操作，制作规章制度演示文稿，其中部分幻灯片最终效果如图 11-11 所示。

　　素材位置：模块 11\素材\008.jpg，LOGO.GIF

　　效果图位置：模块 11\源文件\规章制度.pptx

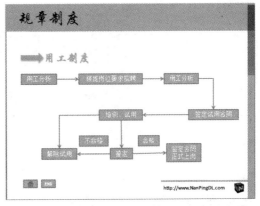

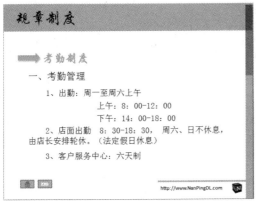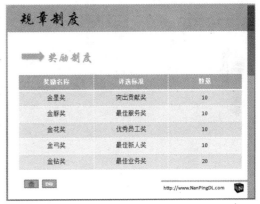

图 11-11  规章制度演示文稿部分幻灯片效果

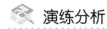 演练分析

操作思路及具体分析如下。

在演示文稿的制作过程中，尽量不要用太多的颜色，颜色太多会显得过于零乱，本演练制作的演示文稿主要用两种色彩：橄榄色和黑色。所有的图形、文字都不使用其他颜色。

（1）新建空白演示文稿，在幻灯片母版中进行设置，如图 11-12 所示。其中幻灯片的右边彩条上面为黑色（50%透明），左下角第 1 个动作按钮为"插入"→"插图"→"形状"→"动作按钮"→"（第 1 张）🏠"，第 2 个动作按钮为"（自定义）□"，动作按钮的样式为"绘图工具"→"形状样式"→"第 2 行第 4 个（彩色填充-强调颜色 3）"，并添加文字"END"。右下角 LOGO 为 Flash 动画文件 LOGO.GIF（GIF 格式动画插入方法和插入图片方法一致），LOGO 前面输入网址：http://www.NanPingDL.com。

（2）第 1 张幻灯片标题文字为"华文行楷，54 号"，艺术字样式为"第 1 行第 5 列，填充-强调文本颜色 3，轮廓-文本 2"，如图 11-13 所示。图片文件为模块 11\素材\008.jpg，插入 SmartArt 图形，调整其大小和位置，输入文字内容。

（3）为第 1 张幻灯片中的"用工制度""出勤制度""奖励制度"分别设置超链接到第 2、第 3、第 4 张幻灯片。执行"设计"→"主题"→"颜色"菜单命令，在"新建主题颜色"对话框中，如图 11-14 所示，将"超链接"和"已访问的超链接"的颜色都设为绿色。

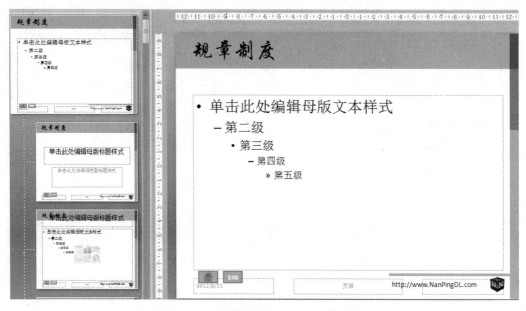

图 11-12　编辑规章制度演示文稿母版

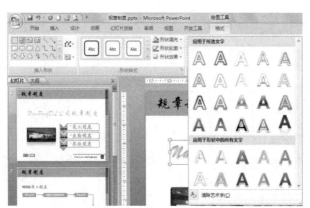

图 11-13　艺术字样式库

图 11-14　"新建主题颜色"对话框

（4）在第 2 张幻灯片上绘制一个矩形，并复制同样的矩形 10 个，输入文字内容，重设大小和位置，图形对齐可执行"开始"→"绘图"→"排列"→"对齐"菜单命令，如图 11-15 所示，再使用形状中的线条进行连接，选择所有图形并组合，然后执行"绘图工具"→"形状样式"→"第 2 行第 4 个样式（彩色填充-强调颜色 3）"菜单命令，填充组合好的图形。

（5）在第 4 张幻灯片中插入表格，输入相应的内容，应用表格样式，设置表格内文字格式和对齐方式，调整表格的大小和位置。

（6）保存并放映演示文稿。

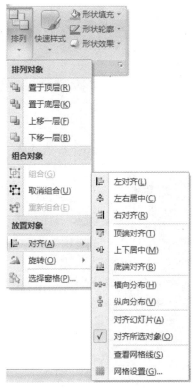

图 11-15　"对齐"命令行表

# 拓展与提升

根据本模块所学内容，动手完成以下课后练习。

**课后练习 1　制作"我们的航海旅行！"演示文稿。**

本练习要求利用所学的制作演示文稿的有关知识制作"我们的航海旅行！"演示文稿。然后以展台浏览方式放映，放映结束后应用幻灯片打印和打印设置功能将幻灯片打印出来，并打包成 CD 数据报存储到本地计算机上。

素材位置：模块 11\素材\我们的航海旅行！.pptx

效果图位置：模块 11\源文件\

具体要求和参考思路如下：

（1）按照演示文稿中各幻灯片中的提示完成演示文稿的制作。

（2）在"设置放映方式"对话框中设置放映类型为"在展台浏览"，换片方式为"如果存在排练时间，则使用它"，并为演示文稿所有幻灯片排练计时，时间为 2 秒。

（3）在"设计"选项卡中，打开"页面设置"对话框，设置"备注、讲义和大纲"的方向为横向，在打印对话框中设置打印内容为"讲义"，每页幻灯片数为"4"，选择左下角预览按钮观看打印效果，满意后单击"打印"按钮。

（4）执行"Office"→"发布"→"CD 数据报"菜单命令，在"打包成 CD"对话框中选择复制到文件夹，将演示文稿打包成 CD 数据报。

**课后练习2　制作"古典型相册"演示文稿。**

素材位置：模块 11\素材\古典型相册.pptx

效果图位置：模块 11\源文件\

本练习要求利用本模块所学知识对古典型相册演示文稿进行如下操作：

（1）分别将演示文稿保存为幻灯片放映格式、PDF 格式、XPS 格式和 JPG 格式，并分别打开所保存的档预览保存效果。

（2）隐藏第 2 张幻灯片，使用观众自行浏览方式放映演示文稿。并用人工设定时间的方法设定所有幻灯片的播放时间为 2 秒。

**课后练习3　首页制作，效果如图 11-16 所示（没有注明的单位为厘米）。**

（1）制作上面第一个矩形：新建一个演示文稿，版式设为空白，插入一个矩形，大小设为 6×6.4，形状轮廓设为"无轮廓"。

（2）四个矩形：复制矩形三份，分别填充 RGB 色为（255,255,0）、（85,142,213）、（131,201,55）、（89,89,89），放置于如图 11-16 所示位置。（也可自习选择颜色填充）

（3）插入外来图片：插入素材库 3A、3B、3C、3D 四张图片，重设大小为 6×6.4，放置于如图 11-16 所示位置。

（4）利用对齐工具进行顶端对齐和底端对齐，分别对齐上面 4 张和下面 4 张图形。

（5）中间矩形：再复制一份矩形，重设大小使之完全遮盖中间空白区域，填充颜色为橄榄色，深度为 25%。插入文本框并输入文字，文字格式为微软雅黑、48 号（18 号）、白色、加粗。

（6）选择所有图形，进行组合操作。

（7）设置第 2 张幻灯片。复制幻灯片，将第 2 张幻灯片的第 1 个矩形颜色填充为主题颜色第 4 行第 7 个颜色。

（8）删除版面文字，重新输入文字"×××市中等职业技术学校 李学乐"，文字格式为微软雅黑、40 号、RGB（255,255,0）、白色、加粗。

（9）保存文档，名为"PPT 封面.pptx"。

素材位置：模块 11\素材\3A.jpeg、3B.jpeg、3C.jpeg、3D.jpeg

效果图位置：模块 11\源文件\PPT 版面设计.pptx

图 11-16　幻灯片效果图

**课后练习 4　幻灯片主题制作,效果如图 11-17 所示。**( 没有注明的单位为厘米 )

（1）打开上一题制作的"PPT 封面.pptx"演示文稿。

（2）复制第 1 张幻灯片,粘贴到第 2 张后面。

图 11-17

（3）组合右上角 4 个图形。将第 3 张幻灯片作为当前幻灯片,取消组合并删除下面的图形,将第 1 个矩形颜色填充为橙色,将上面 4 个图形组合后,在"大小和位置"对话框中,锁定纵横比,宽度设为 7。

（4）设置左上绿色矩形。绘制一个矩形,形状轮廓设为"无轮廓",填充色为 RGB（116,216,0）,调整其位置并置于底层。

（5）设置下面的黄色矩形。复制矩形并放置于上一矩形下面,填充颜色为标准色第 4 个黄色,高度为 0.9 厘米。

（6）设置右边的黑色小矩形。复制第 1 个矩形,颜色设置为黑色,重设大小和位置,放置于 4 个组合图形与黄色矩形中间。

（7）输入文字:PPT 版面设计。

（8）设置最下边的图形。复制第 2 张幻灯片下面的 4 个图形,将其粘贴到第三张幻灯片,利用裁剪工具,裁剪图形到 0.6 厘米高,宽度不变,将其放置于幻灯片底部。插入 1 个与幻灯片等宽的线条,高度为 3 磅,放置于这 4 个图形的上面。

（9）选择第 3 张幻灯片中的所有元素,组合后复制,打开幻灯片母版视图,粘贴到幻灯片母版视图的第 1 张幻灯片。

（10）关闭幻灯片母版视图,选择设计→主题→其他主题→Office 主题最下部选择"保存当前主题",主题名为"版面设计"。

💾　效果图位置:模块 11\源文件\主题.pptx

**课后练习 5　版面设计( 一 ),效果如图 11-18 所示。**( 没有注明的单位为厘米 )

（1）应用主题。

（2）组合正方形与矩形。插入一圆角矩形,使用快速样式中任一强烈效果,填充颜色为主题颜色第 2 行第 2 个,取消锁定纵横比,重设大小为 1.5×3.8,再复制一个这个矩形,重设大小为 1.5×1.5。

（3）插入一个正文形,无轮廓,填充色为标准色第五个,再复制两个正方形,调整成品字形后组合,重设大小为 1×1,放置于正方形正中。

（4）右击矩形图形→编辑文字,输入"教材分析"文字,格式为微软雅黑、20 号、黄色、

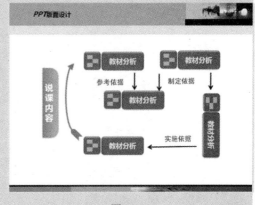

图 11-18

加粗。

（5）调整两图形位置，组合，并复制四份。

（6）按图标调整 5 个图形的位置，并按图标插入箭头，更改品字形图形的颜色，更改文字内容，插入文本框并输入其他 3 个文本内容，组合页的所有元素。

（7）制作箭头。插入箭头、弧形线条、燕尾形。

（8）调整左边矩形。插入同侧圆角矩形，圆角调整为最大，顺时针旋转 90 度，大小为 1.6×7，填充格式为格式→形状样式→中等强烈第 4 个，输入文字"说课内容"，文字方向为"所有方案旋转 270 度"，文字格式为微软雅黑、24 号、加粗、白色。

（9）保存演示文稿，命名为"版面设计 1.pptx"。

📁 效果图位置：模块 11\源文件\PPT 版面设计.pptx

**课后练习 6　版面设计（二），效果如图 11-19 所示。**（没有注明的单位为厘米）

（1）新建一个演示文稿，应用"版面设计"主题，更改版式为空白版式。

（2）在幻灯片中插入一个圆角矩形，无轮廓，设置大小为 1.1×4.1，填充颜色为主题颜色第 4 行第 4 个，右键编辑文字"教材分析"，格式为微软雅黑，黄色。

（3）将圆角矩形复制 4 个，按图标排列对齐，文字分别更改为"学情分析""教学目标""教学方法""教学过程"，字体颜色设为白色。

（4）插入一个圆角矩形，无轮廓，设置大小为 1.3×12.7，渐变填充预设颜色"熊熊火焰"→类型（线性）→方向（线性向下）→结束位置（90%），输入"掌握 PPT 背景、主板、配色"文字，格式为微软雅黑、加粗、黑色。复制同样两个放置于下方，更改文字为"结合学生平面设计专业特点""企业的岗位需求"，将第 3 个矩形按图示缩小。

（5）插入向下箭头、椭圆、圆角矩形，使用快速样式第 6 行第 1 个效果，重设大小。编辑文字，设置字体、字号、颜色，效果如图所示。

（6）绘制一个圆，使用快速样式第 6 行第 3 个效果，重设大小。编辑文字，设置字体、字号、颜色，效果如图所示。

（7）插入文本框输入"【联排课时间为 90 分】"。

（8）插入图片 6.png，重设大小和位置。

（9）另存为"版面设计 2.pptx"。

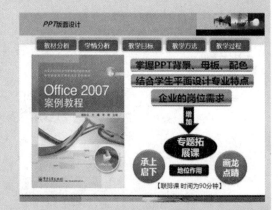

图 11-19

📁 素材位置：模块 11\素材\6.png

效果图位置：模块 11\源文件\PPT 版面设计.pptx

**课后练习 7　版面设计（三），效果如图 11-20 所示。**（没有注明的单位为厘米）

（1）打开课后练习 6 的"版面设计 2.pptx"。

（2）在下方插入一张新幻灯片，复制"教材分析"等 5 个按钮到新建幻灯片中，将"教材分析"的颜色改为白色，"学情分析"的颜色改为黄色。

（3）插入文本"不善于总结学习方法"，格式为微软雅黑、18号、黑色。剪切"总结"并粘贴，格式为微软雅黑、28号、加粗、蓝色。

（4）同时复制上面两个文本框，更改文字颜色，其中："活"为粉红色，"强"为深红色，"好奇!"为红色，"总结"为蓝色，"少"为浅绿色，"经验"为浅蓝色。旋转并调整位置如图所示。

（5）绘制两个圆，分别输入"优""缺"，填充为"蓝色""红色"，字体颜色设为黄色。

（6）插入一个文本框输入"平面设计专业"，格式为微软雅黑、32号、加粗、深红。使用任意多边形工具绘制下面的三角形，重设大小和位置，填充颜色为深蓝。

图 11-20

（7）同时复制一份文本框与三角形，文本颜色设为深蓝，旋转并调整三角形大小，填充颜色为深红。

（8）使用任意多边形工具绘制感叹号的四边形，在下方绘制作一正圆，填充为深红，旋转并重设大小和位置，如图 11-20 所示。

（9）插入图片 7.jpeg，裁剪、调整图片大小和位置，设置图片格式为格式→图片样式→柔化边缘矩形。

（10）打印预览，查看效果，按 F5 键放映查看效果，保存演示文稿为"版面设计 3.pptx"。

素材位置：模块 11\素材\7.jpeg

效果图位置：模块 11\源文件\PPT 版面设计.pptx

**课后练习 8　版面设计（四），效果如图 11-21 所示。（没有注明的单位为厘米）**

（1）新建一个演示文稿，更改为空白版式，应用主题"版面设计"。

（2）打开"版面设计 3.pptx"，复制"教材分析"等 5 个按钮，粘贴到新建幻灯片中，关闭"版面设计 3.pptx"，更改"教学目标"的颜色为黄色，"学情分析"的颜色为白色。

（3）打开素材库中的"素材.pptx"，将第 4 张幻灯片中的素材复制到新建的幻灯片中，将其中的图形粘贴到新建的幻灯片中。

（4）将复制的图形重设大小和位置，在幻灯片相应位置输入文字。

（5）第 2 张幻灯片：选择左边窗格幻灯片并回车，新建一个幻灯片，复制"教材分析"等 5 个按钮。

（6）插入一个椭圆，使用快速样式第 6 行每两个，大小为 7×7，插入一个文本框，输入"企业需要什么样的人才"，文字样式为微软雅黑、加粗、44 号、28 号、48 号，黄色、白色、黄色。

（7）复制圆，更改文字制作另外一个圆。

（8）利用任意多边形工具绘制加号并填充颜色。

（9）另存为"版面设计 4.pptx"。

素材位置：模块 11\素材\素材.pptx

效果图位置：模块 11\源文件\PPT 版面设计.pptx

**课后练习 9　版面设计（五）**，效果如图 11-22 所示。（没有注明的单位为厘米）

（1）新建一个演示文稿，应用主题"版面设计"。

（2）插入一个椭圆，大小为 7×7，线条颜色为黑色、14 磅、填充颜色橙色，插入文本框输入文字"重点 PPT 中版面设计的原则要求"，文字样式为微软雅黑、加粗、60 号、20 号、黑色，设置动画效果为下降、在上一项之后开始、中速。

（3）复制椭圆，更改文字为"难点文字、图形、图片的对比搭配"，调整位置。

（4）插入右箭头，重设大小和位置，填充颜色为黑色，设置动画效果为出现、在上一项之后开始、中速。（调整箭头动画到难点圆动画之前）

（5）插入圆角矩形，无轮廓，填充颜色为黑色，重设大小和位置，编辑文字，文字颜色为黄色，设置动画效果为下降、在上一项之后开始、中速。

（6）第 2 张幻灯片：左边窗格点右键→新建幻灯片，在第 2 张幻灯片中制作如右图样幻灯片，将每行图形组合。

（7）复制"教材分析"等 5 个按钮，分别粘贴到两张幻灯片上，并更改颜色。

（8）另存为"版面设计 5.pptx"。

效果图位置：模块 11\源文件\PPT 版面设计.pptx

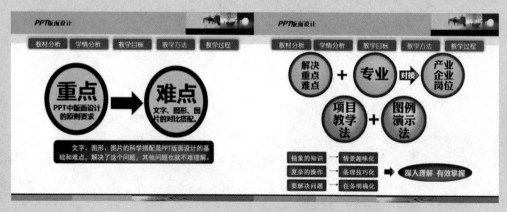

图 11-22

**课后练习 10　版面设计(六)**,效果如图 11-23 所示。(没有注明的单位为厘米)

(1) 打开"版面设计 5.pptx",在第 2 张幻灯片后新建一张幻灯片。

(2) "Office"按钮→打开→版面设计 1.pptx→打开/复制"教材分析"矩形及前面正方形图形→关闭版面设计 1.pptx→粘贴到当前第 3 张幻灯片中。

(3) 调整矩形的宽度,填充颜色为水绿色,更改文字为"学习指导:自主探索法——合作学习法",其中"学习指导:"为黄色,其余为白色。

(4) 绘制圆角矩形、正方形,拖动图形黄色句柄调整圆角角度,填充颜色为红色,输入白色文字。

(5) 插入"素材.pptx"第 5 张幻灯片图片,重设大小和位置。

(6) 第 2 张幻灯片:绘制圆角矩形,轮廓线宽 6 磅,填充色为橄榄色,重设大小。输入文字"案例展示导入课程",字体格式为微软雅黑、24 号、加粗。

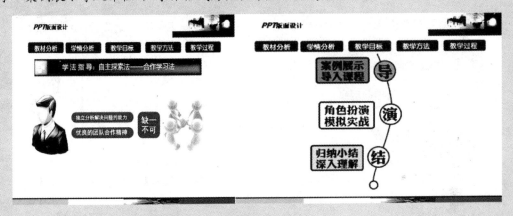

图 11-23

(7) 复制两个圆角矩形,更改填充颜色为黄色、浅蓝,更改文字内容;将 3 个图形按图标排列。

(8) 绘制一条如图所示曲线(3 磅、蓝色),在下方连接一小圆(蓝色、黄色),再制作 3 个圆填充颜色,输入文字,放置于曲线上。

(9) 完成后将演示文稿另保存为"版面设计 6.pptx"。

　　素材位置:模块 11\素材\素材.pptx

　　效果图位置:模块 11\源文件\PPT 版面设计.pptx

**课后练习 11　版面设计(七)**,效果如图 11-24 所示。(没有注明的单位为厘米)

(1) 新建演示文稿,应用"版面设计"主题,复制"教材分析"等 5 个按钮,复制完成后在按钮上单击右键,选择另存为图片,文件名为"教学分析.png"。

(2) 复制"版面设计 6.pptx"中图形"案例展示导入新课"图形。

(3) 绘制一个 6×6 的圆角矩形,调整圆角角度,格式设置:开始→绘图→快速样式→其他主题填充→样式 11,右键→设置形状格式→填充→渐变填充→光圈 1 黄色,光圈 2 橙色,关闭。右键编辑文字,输入"知识复习",格式为微软雅黑、54 号、加粗。

(4) 复制一个圆角矩形,更改文字为"案例展示"。

（5）用同样方法绘制两个圆形。

图 11-24

（6）新建 3 张幻灯片，将"安全展示导入课程"图形复制到第 2 张幻灯片的相应位置。

（7）输入文本"当你毕业要找工作"，格式为竖排、微软雅黑、36 号、加粗、深蓝。

（8）利用"任意多边形"线条形状绘制感叹号，填充颜色为深蓝，复制这个多边形并缩小作为感叹号的点，填充颜色为深红。

（9）复制文本和感叹号，粘贴到第 3、第 4 张幻灯片相应位置，并更改文本。

（10）在第 3、第 4 张幻灯片中插入文本框，输入相应文字，颜色为深红。

（11）分别插入图形 11A、11B、11C 三张 png 图片到幻灯片相应位置，重设大小和位置完成操作。

（12）保存演示文稿为"版面设计 7.pptx"。

素材位置：模块 11\素材\11A.png、11B.png、11C.png

效果图位置：模块 11\源文件\PPT 版面设计.pptx

**课后练习 12 版面设计（八），制作如图 11-25 所示四张幻灯片。**

图形可复制或插入前面制作的图形，粘贴后更改文本或填充颜色，完成后保存为"版面设计 8.pptx"。

素材位置：模块 11\素材\12.png

效果图位置：模块 11\源文件\PPT 版面设计.pptx

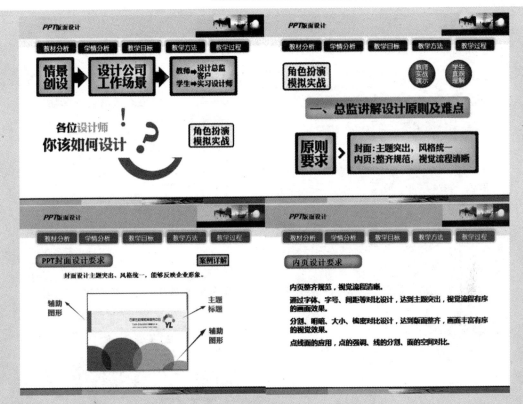

图 11-25

**课后练习 13 版面设计(九),效果如图 11-26 所示。(没有注明的单位为厘米)**

(1)插入一个正六边形,大小为 4×4,线条宽度为 0.25 磅,无填充。

(2)再插入一个正六边形,大小为 8×8,线条宽度为 0.25 磅,无填充。

(3)将小正六边形放置于大六边形的正中。

(4)将视图显示比例设为 200%,沿大、小六边形顶点绘制六个梯形,绘制时尽量使边线重合。

(5)将大、小六边形置于梯形上面。

(6)小六边填充为黑色,梯形依次填充为黄色、橙色、深红、粉红色、浅蓝色、浅绿色,大六边形线条宽度为 10 磅,颜色黑色。

(7)输入相应文字,并设置好大小、方向、字体。

(8)制作其他图形及输入文字,完成本幻灯片的制作。

(9)将演示文稿另存为"版面设计 9.pptx"。

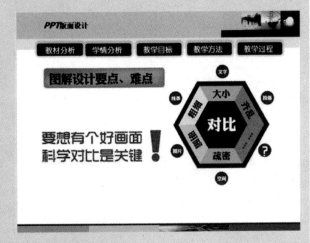

图 11-26

效果图位置：模块 11\源文件\PPT 版面设计.pptx

**课后练习 14　版面设计（十），效果如图 11-27 所示。**

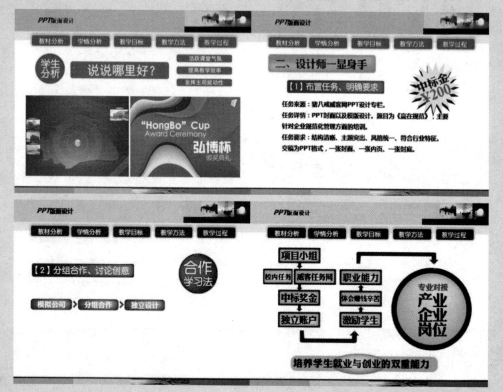

图 11-27

制作如图 11-27 所示的四张幻灯片，可复制或插入前面制作的图形，粘贴后更改文本或填充，完成后另存为"版面设计 10.pptx"。

素材位置：模块 11\素材\14A.png、14B.png

效果图位置：模块 11\源文件\PPT 版面设计.pptx

**课后练习 15　版面设计（十一），效果如图 11-28 所示。**

（1）插入文本框，输入文字"【3】总结想法、绘制草图"，格式设为微软雅黑、24 号、白色。文本框使用快速样式第 6 行第 2 个填充。

（2）复制文本框，颜色填充为橙色，文字更改为"为计算机完成 PPT 作品打下基础"，颜色为黑色，字号为 20 号。

（3）再复制一个文本框，颜色填充为黄色，文字更改为"学生在进行草图设计"，颜色为黑色，字号为 20 号，调整文本框大小使其适合文本。

（4）插入一圆，重设大小，格式设置为：开始→绘图→快速样式→其他主题填充→样式 11，右键→设置形状格式→填充→渐变填充→光圈 1 深红、光圈 2 红色，关闭；右键编辑文字，输入"自主探索法"，格式设为微软雅黑、40 号、24 号、白色。

（5）插入图片 15.png，重设大小和位置完成第 1 张幻灯片的制作。

（6）选中左窗格幻灯片，回车得到第 2 张幻灯片，复制第 1 张幻灯片文本框，粘贴到第

2 张幻灯片两次。

（7）在第 2 张幻灯片中，将更改文本内容，将"深入课堂、发现问题、及时指导"文本框设旋转 90 度，文字方向为所有文字旋转 270 度。

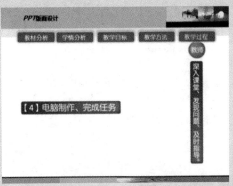

图 11-28

（8）调整位置，复制每一张幻灯片圆，粘贴在"深入……"文本框上方，重设大小，更改文字。

（9）完成后另存为"版面设计 11.pptx"。

素材位置：模块 11\素材\151.png

效果图位置：模块 11\源文件\PPT 版面设计.pptx

**课后练习 16　版面设计（十二），制作如图 11-29 所示两张幻灯片，完成后将文件保存为"版面设计 12.pptx"**

素材位置：

效果图位置：模块 11\源文件\PPT 版面设计.pptx

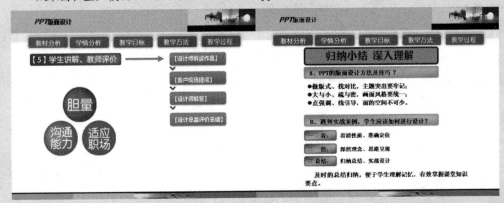

图 11-29

**课后练习 17　版面设计（十三），制作如图 11-30 两张幻灯片。**

（1）新建演示文稿，应用主题"版面设计"。

（2）插入→图片→14.png，"教材分析"五个按钮插入到幻灯片中。

（3）复制"教材分析"矩形、前面的正文形及品字图形，粘贴到"教材分析"等五个按钮下方：右键→编辑文字→输入文字。

（4）绘制一个矩形，大小如图 11-30 所示，填充灰色，轮廓线型为复合线型：由粗到细，颜色为黑色，宽度为 12 磅。输入黑板文字，格式为微软雅黑、20 号、白色。

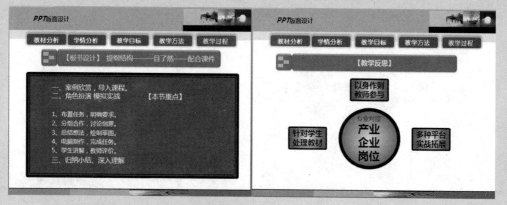

图 11-30

（5）在左边窗格点右键，复制幻灯片，得到第 2 张幻灯片。

（6）在第 2 张幻灯片中，更改文字为"【教学反思】"。

（7）删除黑板及文字，复制"版面设计 8.pptx"演示文稿中"情境创设"图形到第 2 张幻灯片中，重设大小，输入文字，格式为微软雅黑、22 号、加粗、黑体。

（8）绘制一个圆，重设大小，选择其中一个矩形用格式刷复制格式，单击圆，使圆复制了矩形的格式，将圆的轮廓线设为 10 磅，输入相应的文字并设置格式，上面文字为深红，下面的为黑色。

（9）放映观看效果，另存为"版面设计 13.pptx"。

效果图位置：模块 11\源文件\PPT 版面设计.pptx

**课后练习 18　幻灯片尾页制作，制作如图 11-31 所示幻灯片。**

（1）输入文字"Thank you"，格式为微软雅黑、96 号、加粗、紫色、红色、橙色、黄色、浅绿、绿色、浅蓝、深蓝，添加"阴影"效果，参数设置如图 11-31 所示。

图 11-31

（2）绘制线条如图 11-31 所示，颜色为茶色。

（3）输入文字"谢谢"，第 1 个"谢"格式为方正姚本、80 号、茶色，第 2 个"谢"格式为隶书、80 号，黑色。

（4）调整各图形位置，组合所有图形。

（5）将演示文稿保存为"尾页.pptx"。

💾　效果图位置：模块 11\源文件\PPT 版面设计.pptx

**课后练习 19　幻灯片综合操作**

（1）打开"尾页.pptx"演示文稿，开始/新建幻灯片/重用幻灯片/浏览/浏览文件，分别将"封面.pptx""版面设计 1.pptx""版面设计 2.pptx"、……"版面设计 13.pptx"中幻灯片按顺序插入到当前幻灯片中，保存文件为"版面设计.pptx"。

（2）"Office 按钮"/另存为/其他格式/JPEG 文件交换格式（*.jpg）/每张幻灯片，可将幻灯保存为图片。

（3）"Office 按钮"/另存为/其他格式/PowerPoint 放映（*.ppsx）/保存，打开"版面设计.ppsx"观看放映。

（4）返回"版面设计.pptx"演示文稿，动画/切换到此幻灯片/向右揭开/全部应用，切换声音：风铃/全部应用，为所有幻灯片设置向右揭开换片方式，F5 观看放映。

（5）动画/切换到此幻灯片/在此之后自动设置动画效果（00.02）/全部应用，去掉"单击鼠标时"对勾并观看放映；保存演示文稿并退出。

💾　素材位置：

效果图位置：模块 11\源文件\PPT 版面设计.pptx

**课后练习 20　幻灯片综合操作**

（1）打开演示文稿"20 影片和声音.pptx"，在幻灯片的空白位置点右键→选择"设置背景格式"→纯色填充，颜色为 RGB（32.64.58）→全部应用。

（2）为第 3 张幻灯片中文字设置超链接，分别超链接到第 4、第 5、第 6、第 7 张幻灯片。

（3）为第 3 张幻灯片中文字设置进入动画"飞入"，分别为自左侧、自右侧、自底部、自底部。

（4）为第 4 张幻灯片插入影片，调整占位符大小，并设置外框线。

（5）为第 5 张幻灯片插入声音文件，并更改图片。

（6）为第 6 张幻灯片插入 GIF 动画。

（7）为第 7 张幻灯片插入 Flash 动画。

# 反侵权盗版声明

电子工业出版社依法对本作品享有专有出版权。任何未经权利人书面许可，复制、销售或通过信息网络传播本作品的行为；歪曲、篡改、剽窃本作品的行为，均违反《中华人民共和国著作权法》，其行为人应承担相应的民事责任和行政责任，构成犯罪的，将被依法追究刑事责任。

为了维护市场秩序，保护权利人的合法权益，我社将依法查处和打击侵权盗版的单位和个人。欢迎社会各界人士积极举报侵权盗版行为，本社将奖励举报有功人员，并保证举报人的信息不被泄露。

举报电话：（010）88254396；（010）88258888

传　　真：（010）88254397

E-mail：　dbqq@phei.com.cn

通信地址：北京市万寿路 173 信箱

　　　　　电子工业出版社总编办公室

邮　　编：100036